A. A. Bühlmann · P. H. Rossier

# Klinische Pathophysiologie der Atmung

Mit 64 Abbildungen

Springer-Verlag  Berlin · Heidelberg · New York 1970

Professor Dr. A. A. Bühlmann
Kantonsspital Zürich
Medizinische Universitätsklinik
CH-8006 Zürich, Rämistraße 100

Professor Dr. P. H. Rossier
CH-8032 Zürich, Heuelstraße 28

ISBN-13: 978-3-642-87195-5     e-ISBN-13: 978-3-642-87194-8
DOI: 10.1007/978-3-642-87194-8



Titel-Nr. 1675

# Vorwort

Die Pathophysiologie der Atmung hatte während Jahrzehnten mehr theoretisches Interesse als praktische Bedeutung. Die Einführung neuer Narkosemethoden, die Fortschritte der Lungen- und Herzchirurgie und die Entwicklung einer Notfall- und Wiederbelebungsmedizin sorgten für eine immer noch zunehmende Verbreiterung und Einführung der Methoden für die Untersuchung der Lungenfunktion.

Unsere zusammen mit K. WIESINGER 1956 publizierte Monographie „Physiologie und Pathophysiologie der Atmung" war der erste Versuch, die Ergebnisse der Spirometrie, atemmechanischen Untersuchungen, arterieller Blutgasanalyse und Herzsondierung zu integrieren. Das Fehlen eines neue Konzeptionen vermittelnden Buches im damaligen Zeitpunkt und das allgemein gesteigerte Interesse an einer exakten Beschreibung funktioneller Zusammenhänge begünstigten den Erfolg der 1. Auflage, der 1958 eine 2. folgte, die ins Englische, Französische und Italienische übersetzt wurde. Bereits 1959 veröffentlichten H. BARTELS, E. BÜCHERL, C. W. HERTZ, R. RODEWALD und M. SCHWAB eine ausführliche und kritische Beschreibung der verschiedenen Untersuchungsmethoden, die heute noch Gültigkeit hat. In der Folge erschienen mehrere Monographien über Teilaspekte des Gebietes und einige umfangreichere Darstellungen, von denen wir hier nur die Werke von J. H. COMROE, R. E. FORSTER, A. B. DUBOIS, W. A. BRISCOE und E. CARLSEN (1962), von D. V. BATES und R. V. CHRISTIE (1964) sowie von H. DENOLIN, P. SADOUL und N. G. M. ORIE (1964) als Beweis dafür anführen wollen, welche Bedeutung die Atempathophysiologie inzwischen für die Klinik gewonnen hatte.

Mit der Neufassung unserer Monographie, die sich nicht nur an die Spezialisten, sondern vor allem an die Kliniker wendet, beabsichtigen wir, unter Berücksichtigung eines im Vergleich zu 1956 viel größeren und anders zusammengesetzten Beobachtungsmaterials eine den heutigen Erfahrungen gemäße Übersicht der pathophysiologischen Syndrome und der Atemstörungen bei thorakalen und extrathorakalen Erkrankungen zu geben. Entsprechend unserem besonderen Interesse für die Korrelationen zwischen Ventilation, Diffusion und Lungendurchblutung wird die Hämodynamik des Lungenkreislaufes nicht nur bei den zum Cor pulmale führenden Lungenerkrankungen, sondern auch bei den angeborenen und erworbenen Herzfehlern und einigen weiteren, Atmung und Kreislauf beeinflussenden extrathorakalen Erkrankungen berücksichtigt.

Es lag uns daran, die typischen Befunde durch Mittelwerte größerer Untersuchungsreihen zu dokumentieren, ohne die Lesbarkeit mit zu vielen Beispielen und Tabellen zu erschweren. Deshalb werden im Text nur die Hauptbefunde meistens mit Abbildungen, die die wesentlichen Unterschiede zur Norm und zwischen verschiedenen Patientengruppen leicht erkennen lassen, dargestellt. Im Tabellenanhang sind die zusätzlichen Daten mit allen wichtigen Sollwerten zusammengefaßt. Dafür verzichten wir auf eine Beschreibung der Untersuchungstechniken und berücksichtigen die normale Atemphysiologie nur mit einer Zusammenfassung der für die Klinik wichtigen Begriffe und Ergebnisse. Dieses einleitende Kapitel wurde von Herrn Dr. H. MATTHYS geschrieben, dem wir für seine Mitarbeit und Anregungen herzlich danken.

Die Störungen der Atmung betreffen nicht nur die Lungenerkrankungen, sie sind in der Klinik häufiger Ausdruck von Schäden und Funktionsstörungen anderer Organsysteme. Deshalb darf die Pathophysiologie der Atmung als Beispiel für eine die verschiedenen Gesichtspunkte berücksichtigende Betrachtungsweise der Regulations- und Anpassungsmöglichkeiten des kranken Menschen bezeichnet werden.

A. A. BÜHLMANN<br>
P. H. ROSSIER

Zürich, im März 1970

# Inhalt

# I. Normale Physiologie der Atmung

## A. Atemmechanik

### 1. Lungenvolumina

Die Untersuchungen der Atemmechanik befassen sich mit den Kräften, die am Thorax-Lungensystem angreifen, um ein bestimmtes Luftvolumen zu ventilieren.

Man unterscheidet mobilisierbare und nicht mobilisierbare Lungenvolumina (Abb. 1). Die ersteren können direkt mit einfachen Methoden spirometrisch registriert werden. Für die Messung der nicht mobilisierbaren Volumina müssen indirekte Methoden angewandt werden. Das Gasvolumen, das nach einer maximalen Exspiration noch in den Lungen verbleibt, ist das Residualvolumen. Die funktionelle Residualkapazität ist das Gasvolumen nach einer normalen Exspiration und setzt sich aus dem Residualvolumen und dem exspiratorischen Reservevolumen zusammen. Die funktionelle Residualkapazität wird unter statischen Bedingungen, z. B. in Apnoe durch das entgegengesetzte elastische Verhalten von Thorax und Lungen bestimmt und ist lageabhängig. Die endexspiratorischen Fußpunkte des Spirogrammes stellen die Atemmittellage dar. Unter dynamischen Bedingungen ist das Volumen der funktionellen Residualkapazität auch von den bronchialen Strömungswiderständen abhängig, indem eine Erhöhung der Widerstände zu einer Vergrößerung der funktionellen Residualkapazität, also zu einer inspiratorisch verschobenen Atemmittellage führt. Die Vitalkapazität ist als maximal inspirierbares Luftvolumen nach einer vorangehenden maximalen Exspiration definiert.

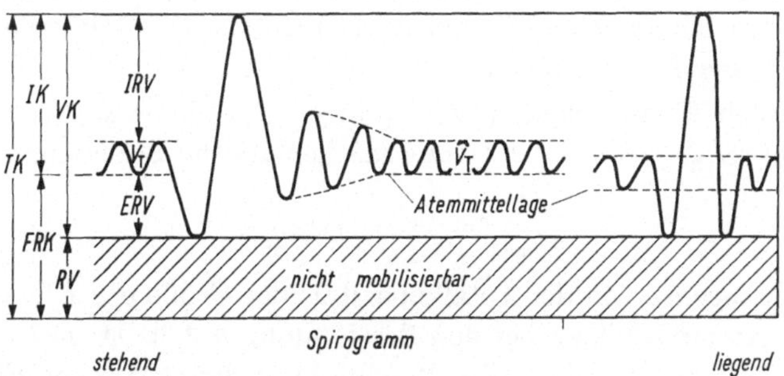


Abb. 1. Spirogramm, Unterteilung der Totalkapazität in Vitalkapazität, funktionelle Residualkapazität, Residualvolumen, inspiratorisches und exspiratorisches Reservevolumen. Atemmittellage im Liegen und Stehen

Die Synonyma Atemvolumen, Atemzugvolumen oder Atemhubvolumen bezeichnen das Luftvolumen eines Atemzuges der normalen Spontanatmung, die entsprechend den metabolischen Bedürfnissen reguliert wird. Als Totalkapazität bezeichnet man das nach einer maximalen Inspiration in der ganzen Lunge enthaltene Gasvolumen. Das inspiratorische Reservevolumen ist das maximale Volumen, das am Ende einer normalen Inspiration noch zusätzlich eingeatmet werden kann. Ausgehend von einer normalen Exspiration, d. h. von der Atemmittellage entspricht die inspiratorische Kapazität dem maximalen Volumen, das eingeatmet und das exspiratorische Reservevolumen dem maximalen Volumen, das exspiriert werden kann.

## 2. Elastische Eigenschaften des Thorax-Lungensystems

Kommt durch die Thoraxwand oder die Lunge genügend Luft in den Pleuraspalt, so entsteht ein Pneumothorax, der die elastischen Eigenschaften des Thorax-Lungensystems demonstriert. Der entsprechende Lungenflügel zieht sich auf ein minimales Volumen zusammen, während die Thoraxwand ihre Stellung inspiratorisch verschiebt, so daß die betreffende Thoraxseite an Volumen zunimmt. Der Pneumothorax zeigt, daß im Bereich der normalen Atemmittellage die elastischen Kräfte von Lungen und Thorax in entgegengesetzter Richtung wirken.

Um diese elastischen Retraktionskräfte quantitativ zu erfassen, wurden die Begriffe „Dehnbarkeit" oder "Compliance" eingeführt.

$$C = \frac{\Delta V}{\Delta P} \text{ ml/cm H}_2\text{O} .$$

Der Oesophagusdruck entspricht bei freiem Mediastinum annähernd dem Mittel des Pleuradruckes beider Seiten des Thorax, weshalb atemmechanische Untersuchungen in der Klinik in der Regel mittels einer Oesophagussonde durchgeführt werden, die in der Regel eine zuverlässige Messung der respiratorischen Druckdifferenzen, weniger der absoluten Druckwerte erlaubt. Für die Bestimmung der statischen Compliance wird der Oesophagusdruck am Ende einer normalen Exspiration und nach Inspiration von ca. 1000 ml und einer kurzen Apnoe mit offenen Luftwegen zwecks Blähungsausgleich aller Lungenpartien gemessen. Der Quotient aus dem eingeatmeten Volumen ($\Delta V$) und der Druckdifferenz ($\Delta P$) ergibt die Compliance der Lunge (Abb. 2).

Zwischen den Dehnbarkeiten von Lunge ($C_{\text{L}}$), Thorax ($C_{\text{Th}}$) und Thorax-Lungensystem ($C_{\text{Th}+\text{L}}$) besteht folgende mathematische Beziehung:

$$\frac{1}{C_{\text{Th}+\text{L}}} = \frac{1}{C_{\text{L}}} + \frac{1}{C_{\text{Th}}} .$$

Die Compliance ist von der Totalkapazität, der Größe des Atemzugsvolumen und von der Atemmittellage bei der Bestimmung abhängig. Der zahlenmäßige Wert gibt deshalb keine vollständige Beschreibung der elastischen Eigenschaften. Das gleiche gilt sinngemäß für die Compliance des Thorax, die mit der Oesophagussonde bei künstlicher Beatmung und Muskelerschlaffung und bei speziell trainierten Versuchspersonen bei geschlossenem Mund und willkürlich relaxierter Atemmuskulatur gemessen werden kann.

Die dynamische Compliance wird während normaler Spontanatmung also ohne willkürliche Apnoe mit zunehmenden Atemvolumina mittels simultaner Registrierung der Stromstärke und des Oesophagusdruckes gemessen, indem Volumen-

und Druckdifferenz an den Phasenwechselpunkten zwischen In- und Exspiration, d. h. bei der Stromstärke 0 miteinander in Beziehung gesetzt werden. Die so ermittelte dynamische Compliance ist etwas frequenzabhängig und insbesondere bei erhöhten bronchialen Strömungswiderständen wegen des ungenügenden Blähungsausgleichs an den Phasenwechselpunkten kleiner als die statisch gemessene Compliance.

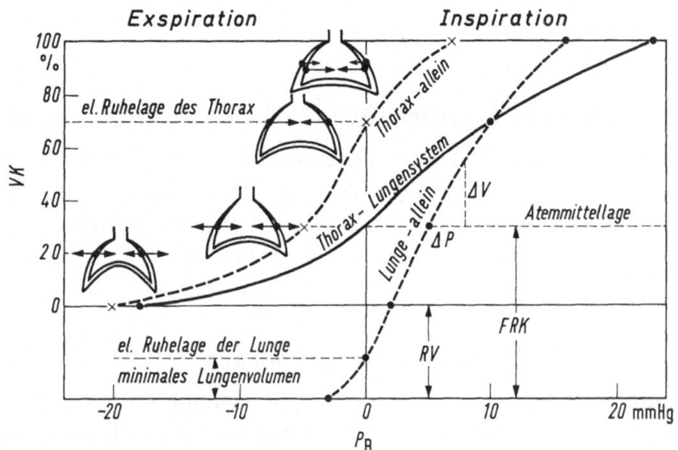


Abb. 2. Richtung der elastischen Kräfte von Thorax und Lungen in Abhängigkeit vom Blähungszustand

Die dynamische Dehnbarkeit der Erwachsenenlunge beträgt im Bereich der normalen Atemmittellage größenordnungsmäßig 200 ml/cm $H_2O$, damit ergibt sich eine Differenz des Pleura- bzw. des Oesophagusdruckes nach Inspiration von 1000 ml Luft von 5 cm $H_2O$. Dieser Druck ist 4—6 mal geringer als es dem Füllungsdruck einer „ausgewaschenen" Lunge entspricht. Dieser Unterschied weist darauf hin, daß in der lebenden Lunge die Oberflächenspannung an der Grenzschicht durch einen Oberflächenfilm zwischen Gewebe und Alveolargasen herabgesetzt wird. Dieser wäßrige, Proteine, Phospholipide und Polysaccharide enthaltende Film ermöglicht es auch, die Oberflächenspannung den mit der Atmung variierenden Radien der Alveolen anzupassen, indem der die Oberflächenspannung herabsetzende Effekt mit zunehmender Blähung durch Verdünnung des Filmes reduziert wird. Auf diese Weise ergibt sich zwischen einer normalen In- und Exspiration für die einzelne Alveole und die ganze Lunge eine annähernd lineare Volumen-Druck-Beziehung. Mit der abnehmenden Dicke des aktiven Filmes erhöht sich die Oberflächenspannung zwischen voller Exspiration und maximaler Blähung größenordnungsmäßig um das zehnfache.

Diese oberflächenaktive Substanz begünstigt auch die gleichmäßige Blähung verschieden großer Alveolen, weil der Nachteil des kleinen Radius z. T. kompensiert werden kann. Nach der für Blasen mit Kugelform geltenden Formel von LAPLACE ist der Innendruck direkt proportional zur Oberflächenspannung und indirekt proportional zum Radius:

$$P = \frac{2\,T}{r} \quad (P = \text{Druck},\ T = \text{Oberflächenspannung},\ r = \text{Radius})\,.$$

1*

Bei gleicher Oberflächenspannung wäre der Druck in den kleinen Alveolen höher als in den großen, so daß die kleinen Alveolen bei freier Kommunikation noch kleiner und die großen noch größer würden und somit das ganze System instabil wäre. Eine Schädigung dieser die Oberflächenspannung der Atmung anpassenden aktiven Substanz vermindert die Compliance, verschlechtert die Luftdurchmischung und fördert die Atelektasenbildung. Die Schädigung des Lungenparenchyms durch Hyperoxie und andere toxische Gase führt aber nicht zwangsläufig zu einer Verminderung des "surfactant"-Films.

## 3. Dynamische Eigenschaften des Thorax-Lungensystems

Wirken auf das Thorax-Lungensystem keine äußeren Kräfte, so stellt es sich in seine Atemmittellage ein und enthält ein Volumen, das der funktionellen Residualkapazität entspricht. Soll nun dieses Volumen geändert werden, muß eine äußere Kraft, bei Spontanatmung die Atemmuskulatur am Thorax angreifen und dabei verschiedene Widerstände überwinden.

### a) Strömungswiderstand

Um die Luft in die Alveolen zu befördern, ist Energie notwendig. Der Energieaufwand hängt von der Geometrie der Atemwege, den physikalischen Eigenschaften der Atemgase und der pro Zeiteinheit strömenden Gasmenge ($\dot{V}$) ab. Die Beschleunigungskräfte spielen unter physiologischen und pathologischen Bedingungen keine Rolle. Der als aerodynamischer Strömungswiderstand definierte Quotient aus dem momentan herrschenden Alveolardruck und dem dadurch erzeugten Fluß $R_a = \dfrac{P_A}{\dot{V}}$ ist eine Funktion der Gasviscosität, der Gasdichte und der Atemwegsgeometrie, die sich in Larynx mit Stimmritze, Trachea und Hauptbronchien und kleine Bronchien unterteilen läßt, wobei nach neueren Untersuchungen unter physiologischen Verhältnissen ca. 75% des Widerstandes im Larynx lokalisiert werden. Die Atemwegsgeometrie ändert etwas mit dem Blähungszustand der Lungen, so daß während eines Atemzuges keine konstante Druck-Fluß-Beziehung zu erwarten ist. Bei rein laminärer Strömung und konstanter Atemwegsgeometrie wäre eine lineare Druck-Fluß-Beziehung zu erwarten, weil der Strömungswiderstand dann nur eine Funktion der dynamischen Viscosität des Gases ist (Kap. II, B, 3). Die Zunahme des Strömungswiderstandes bei hohen Stromstärken (Abb. 20) weist darauf hin, daß unter diesen Bedingungen vermehrt Turbulenz entsteht, weil der Strömungswiderstand für den turbulenten Anteil mit dem Quadrat der Stromstärke zunimmt. (Abb. 3).

Da die Druck-Fluß-Beziehung schon normalerweise nicht linear ist, muß der aerodynamische Widerstandsquotient für eine bestimmte Stromstärke, z. B. 1000 ml/sec definiert werden und zudem angegeben werden, ob es sich um den in- oder exspiratorischen Strömungswiderstand handelt. Da die Druck-Fluß-Beziehung nicht nur alinear ist, sondern noch zu einer in- und exspiratorischen Schleifenbildung führen kann, sind abgesehen vom maximalen Strömungswiderstand in- und exspiratorisch zwei verschiedene Atemwegwiderstände für jede Atemstromstärke möglich. Da der maximale Strömungswiderstand bei einer derartigen Schleifenbildung in der Regel aber nicht mit der maximalen Strom-

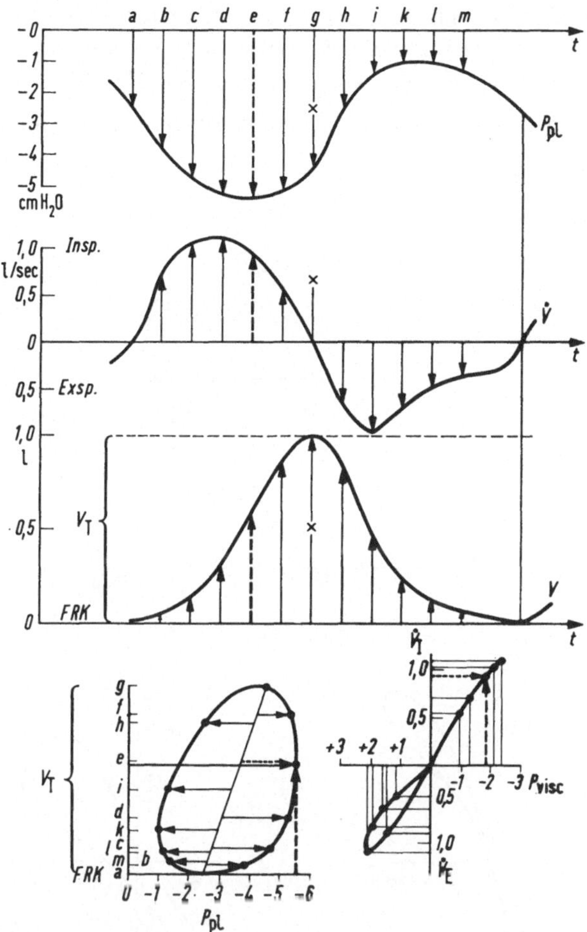

Abb. 3. Beziehungen zwischen intrathorakalem Druck (Oesophagusdruck), Stromstärke und Atemvolumen. Konstruktion der Atemvolumen- und Viscance-Schleifen, d. h. der Druck-Volumen- und der Druck-Fluß-Beziehungen. a—g = Inspiration, g—m = Exspiration. a, g, m = Stromstärke O. d = maximale Stromstärke während Inspiration, i = maximale Stromstärke während Exspiration. e = maximaler negativer Pleuradruck

stärke erreicht wird, ist es für die genaue Interpretation der Widerstandsverhältnisse vorteilhaft, das graphisch registrierte Druck-Fluß-Diagramm heranzuziehen. Die Angabe des Widerstandsquotienten für eine gegebene Stromstärke wird den komplizierten physikalischenVerhältnissen nicht gerecht und hat deshalb nur orientierende Bedeutung.

### b) Gewebsdeformationswiderstand

Neben der Überwindung der elastischen Atemwiderstände muß auch Arbeit geleistet werden, um die Lunge zu deformieren. Mittels des Ganzkörperplethysmographen kann der zur Überwindung der Atemwegswiderstandes notwendige Alveolardruck kontinuierlich ermittelt werden. Wird gleichzeitig der Oesophagusdruck registriert, dessen respiratorische Änderungen denen des Pleuradrucks gleichgesetzt werden können, so entspricht bei Annahme einer konstanten Compliance die Differenz dem für die Deformation des Lungengewebes notwendigen Druck ($P_t$) (Abb. 4a u. b). Für den so gemessenen Gewebswiderstandskoeffizienten ($R_t$) $R_t = \dfrac{P_t}{\dot{V}}$ gelten sinngemäß die gleichen Einwände wie für die Strömungswiderstände der Atemwege.

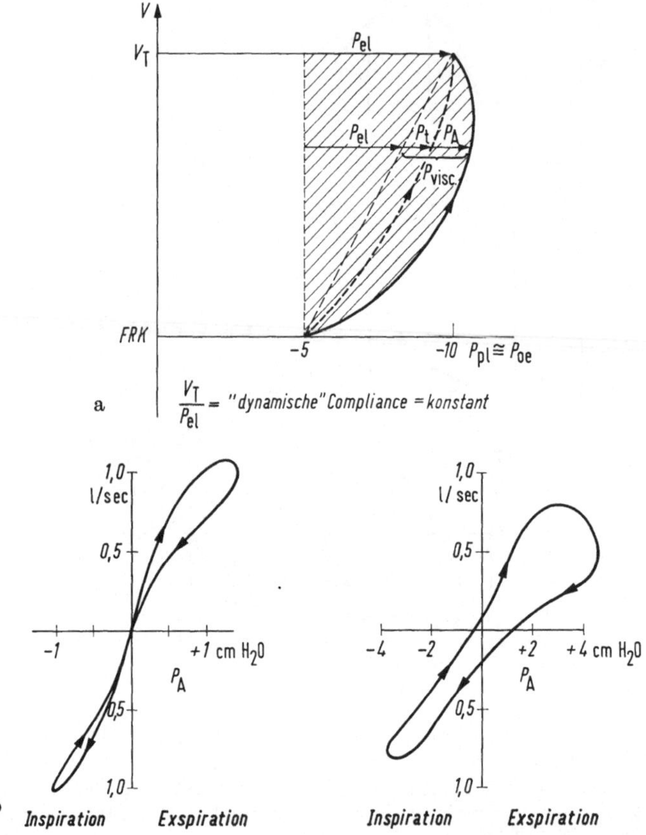


Abb. 4. a Unterteilung der Atemschleife in Atemarbeit gegen bronchiale Strömungswiderstände und gegen Gewebedeformationswiderstände. b Deformation der Viscance-Schleife, insbesondere während der Exspiration bei erhöhten bronchialen Strömungswiderständen

### c) Viscance

Die Viscance entspricht der Summe der Strömungswiderstände, gebildet aus Atemwegwiderstand und Gewebsdeformationswiderstand. $R_{\mathrm{visc}} = R_a + R_t$. Dieser Wert läßt sich relativ einfach mittels Oesophagussonde und Pneumotachograph messen. Auch die Viscance wird nach Möglichkeit für eine Stromstärke von 1000 ml/sec angegeben, was einer leicht forcierten Normalatmung entspricht (Normalwerte, Tab. 1c).

Auch am Thorax muß ein Gewebsdeformationswiderstand überwunden werden. Er ist sogar bedeutsamer als die Viscance der Lungen und Luftwege. Seine Messung ist aber nur bei künstlicher Beatmung des curaresierten Patienten möglich, wobei die Werte wegen der Muskelerschlaffung noch leicht verfälscht werden. Unter „Thorax" sind in diesem Zusammenhang alle der Atmung einen Widerstand entgegensetzenden extrapulmonalen Strukturen, so vor allem auch das Abdomen zu verstehen [1—14].

### d) Respiration und Kreislauf

Während der Inspiration wird im Abdomen der Druck durch das Tiefertreten des Zwerchfelles erhöht, intrathorakal jedoch erniedrigt (Abb. 5). Dadurch kommt es während der Inspiration zu einem vermehrten venösen Rückfluß zum rechten Herzen und somit zu einem Anstieg des Herzzeitvolumens. Da diese Zunahme im wesentlichen über eine Schlagfrequenzzunahme des Herzens geht, resultiert aus diesem Mechanismus die inspiratorische Zunahme der Pulsfrequenz.

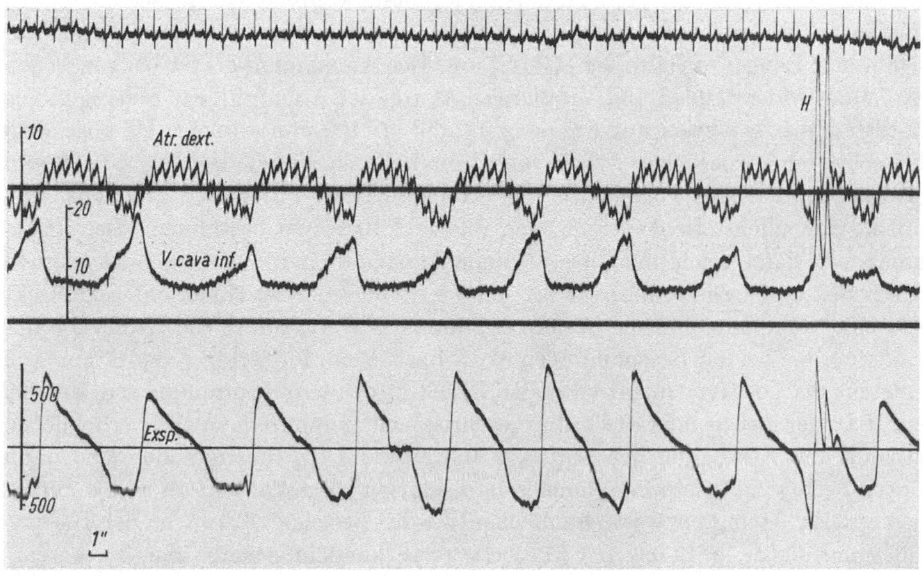


Abb. 5. Übertragung der im Thorax- und im Abdominalraum entgegengesetzten respiratorischen Druckschwankungen auf den rechten Vorhof und auf die V. cava inf. unterhalb des Zwerchfelles. Beim Husten (H.) entstehen gleichgerichtete Druckstöße in beiden Räumen. Druck im rechten Vorhof und in der V. cava inf. in mmHg, Stromstärke während In- und Exspiration in ml/sec

## 4. Klinische Methoden zur Schätzung der dynamischen Eigenschaften des Lungen-Thoraxsystems

### a) Sekundenkapazität (Tiffeneau-Test)

Man läßt vollständig einatmen und fordert den Patienten auf, mit maximaler Anstrengung so schnell wie möglich auszuatmen. Das während der 1. Sekunde ausgeatmete Volumen wird in Prozent der Vitalkapazität oder als Absolutwert angegeben. Die Sekundenkapazität sollte mindestens 75% der Vitalkapazität betragen. Der Wert ist bei Jugendlichen etwas höher und bei Älteren etwas niedriger. Der Vergleich mit den Normwerten gibt einen ersten Anhaltspunkt für das Vorhandensein einer bronchialen Obstruktion, wobei nicht übersehen werden sollte, daß es sich um eine grobe Methode handelt, die bei normalen oberen Luftwegen erst bei einer beträchtlichen Einengung der Mehrzahl der kleinen Bronchien und Bronchiolen sicher pathologische Werte liefert.

### b) Pneumometerstoß nach Hadorn

Bei der Bestimmung dieses Wertes wird das gleiche Manöver wie beim Tiffeneau-Test durchgeführt; man registriert jedoch mittels eines Pneumotachographen die maximal erreichte exspiratorische Stromstärke ($\dot{V}_{E\,max.}$).

### c) Atemgrenzwert (AGW)

Die Bestimmung des Atemgrenzwertes dient zur Abschätzung der dynamischen Atemreserven. Man läßt den Patienten während ca. 10 sec so schnell und so tief wie möglich atmen und rechnet das so gemessene Atemvolumen auf 1 min und Lungenverhältnisse (BTPS) um. Der Atemgrenzwert ist bei gegebenen Strömungswiderständen und Vitalkapazität von der Atemfrequenz abhängig. Die höchsten Werte werden mit Frequenzen von 70–100/min erreicht. Da aber auch bei schwerer körperlicher Arbeit nicht mit höheren Frequenzen als 40–50/min geatmet wird, ist es vorteilhaft, den Atemgrenzwert mit dieser Frequenz, also mit 6–8 möglichst tiefen Atemzügen während 10 sec zu bestimmen. Der Atemgrenzwert kann auch aus der Sekundenkapazität indirekt berechnet werden (SKK in $l \times 37$). Dieser indirekt berechnete Atemgrenzwert entspricht dem direkt mit einer Frequenz von ca. 45/min bestimmten Wert, sofern die Geometrie der Luftwege bei beiden Bestimmungen ähnlich ist. Beim forcierten Exspirationsstoß entsteht ein positiver intrathorakaler Druck in der Größenordnung von 70–100 cm $H_2O$, der insbesondere beim fortgeschrittenen Emphysem zu einer erheblichen zusätzlichen Einengung der Luftwege führen kann. In diesen Fällen sind dann Sekundenkapazität und Pneumometerstoß stärker eingeschränkt als es dem direkt gemessenen Atemgrenzwert entsprechen würde. Bei einer Schwäche der Inspirationsmuskulatur, z. B. bei der Hyperthyreose kann umgekehrt der Atemgrenzwert bei normaler Vital- und Sekundenkapazität reduziert sein. Da Geschicklichkeit und Mitarbeit der Patienten eine große Rolle spielen, ist es praktisch sehr wichtig, die Messungen immer mehrmals durchzuführen und jeweils das beste Ergebnis zu verwerten. Mittelschwere und schwere Obstruktionen werden mit diesen einfachen Methoden zumindestens semiquantitativ erfaßt. Die zuverlässige quantitative Bestimmung der Strömungswiderstände, insbesondere die Feststellung nur leicht erhöhter Strömungswiderstände gelingt nur mit der Registrierung der Druck-Fluß-Beziehungen mittels Pneumotachographie und Oesophagusdruckmessung bzw Ganzkörperplethysmographie

## B. Gaswechsel

### 1. Beziehung zwischen Ventilation und $O_2$-Aufnahme

#### a) Spezifische Ventilation (Atemäquivalent)

Man registriert unter Ruhebedingungen während mindestens 10 min, während Arbeit genügen 5 min, die Ventilation und die $O_2$-Aufnahme

$$\text{Spez. Ventilation} = \frac{\dot{V}_E \ \text{(BTPS) ml/min}}{\dot{V}_{O_2} \ \text{(STPD) ml/min}}$$

(BTPS = Körpertemperatur, Barometerdruck, Wasserdampfsättigung bei Körpertemperatur, STPD = 0° C, 760 mmHg, trocken)

Dieser Quotient gibt Auskunft über die Atemökonomie In Ruhe werden im Liegen normalerweise $28 \pm 3$ ml Luft für die Aufnahme von 1 ml $O_2$ ventiliert. Jede Hyperventilation führt zu einer Erhöhung der spezifischen Ventilation. Die Unterscheidung zwischen alveolärer Hyperventilation und Totraumhyperventilation ist nur mit zusätzlichen Meßwerten möglich.

### b) Respiratorischer Totraum

In den zuführenden Luftwegen wie Nasen-Rachenraum, Larynx, Trachea, Bronchien und Bronchiolen erfolgt hinsichtlich $O_2$ und $CO_2$ kein Gaswechsel, weshalb man ihr Volumen zutreffend als „anatomischen" Totraum bezeichnet, weil seine Größe zwar etwas vom Blähungszustand der Lungen beeinflußt, zur Hauptsache aber von den anatomischen Gegebenheiten bestimmt wird. Die früher auch benützte Bezeichnung „schädlicher" Raum ist hingegen für den „anatomischen" Totraum unzutreffend, weil die eingeatmete Luft in den Luftwegen der Körpertemperatur angeglichen und mit Wasserdampf gesättigt wird, was sicher nützlich ist. Mit dem „anatomischen" Totraum ergibt sich zudem ein nützlicher Pufferraum, der mithilft, die Schwankungen der alveolären Gaskonzentrationen zwischen In- und Exspiration klein zu halten. Bei der Exspiration erscheint als 1. Portion ein hinsichtlich Wasserdampf und Temperatur den Alveolargasen, hinsichtlich $O_2$- und $CO_2$-Konzentration aber der Inspirationsluft entsprechendes Gasgemisch.

Bei Fortsetzung der Exspiration nähern sich die Gaskonzentrationen denen der Alveolargase an. Die endexspiratorischen Gaskonzentrationen entsprechen unter normalen Bedingungen den mittleren alveolären Gaskonzentrationen. Sind In- und Exspirationsvolumen annähernd gleich ($V_E = V_T$), so können mit diesem Volumen und den mittleren exspiratorischen Gaskonzentrationen bei Kenntnis der inspiratorischen Konzentrationen die aufgenommene $O_2$-Menge, die ausgeschiedene $CO_2$-Menge und der Totraum pro Atemvolumen berechnet werden. Da bei der Atmung von atmosphärischer Luft die inspiratorische $CO_2$-Konzentration ($F_{I\,CO_2}$) = 0 gesetzt werden kann, ist es üblich, den Totraum über die $CO_2$ zu bestimmen:

$$V_D = \frac{(F_{A\,CO_2} - F_{E\,CO_2}) \cdot V_E}{F_{A\,CO_2}} \ .$$

An Stelle der Konzentrationen können auch die Gasteildruckwerte in die Formel eingesetzt werden:

$$V_D = \frac{(P_{A\,CO_2} - P_{E\,CO_2}) \cdot V_E}{P_{A\,CO_2}}$$

[($P_{CO_2} = F_{CO_2} \cdot (P_B - 47)$, (47 = Wasserdampfdruck bei 37° C)]. Für die Beurteilung der Atemökonomie ist die Kenntnis des Totraumquotienten wichtiger als das absolute Totraumvolumen:

$$\frac{V_D}{V_T} = \frac{P_{A\,CO_2} - P_{E\,CO_2}}{P_{A\,CO_2}} \ .$$

Dieser Quotient beträgt bei Ruheatmung im Liegen $0,35 \pm 0,04$. Beim Patienten ist es oft schwierig, ohne großen technischen Aufwand den alveolären und mittleren exspiratorischen $P_{CO_2}$ zu bestimmen, zudem ist ein einzelnes gemessenes Atemvolumen nicht immer representativ für das mittlere Atemvolumen über eine längere Zeitperiode. Unter normalen Bedingungen entspricht der art. $P_{CO_2}$ dem endcapillären $P_{CO_2}$ und damit dem Durchschnitt des alv. $P_{CO_2}$ der ventilierten und durchbluteten Alveolen, weshalb statt $P_{ACO_2}$ $P_{aCO_2}$ in die angeführten Formeln eingesetzt werden kann. Die Messung des Totraumes wird methodisch weiter vereinfacht, falls statt des Exspirationsvolumens und des mittleren exspiratorischen $P_{CO_2}$ die alveoläre Ventilation aus $CO_2$-Ausscheidung, Ventilationsvolumen und art $P_{CO_2}$ berechnet wird.

$$\dot{V}_D = \dot{V}_E - \dot{V}_A \,,\ \dot{V}_D = \dot{V}_E - \left( \frac{\dot{V}_{CO_2} \cdot 863}{P_{aCO_2}} \right),$$
$$V_D = \frac{\dot{V}_D}{F}\,.$$

Diese Kombination spirometrischer und blutgasanalytischer Werte für die Berechnung der alveolären Ventilation und des Totraumes erwies sich als sehr fruchtbar für die Weiterentwicklung der Atempathophysiologie in der Klinik. Da der art. $P_{CO_2}$ weder unter allen physiologischen Verhältnissen noch unter allen pathologischen Bedingungen dem Durchschnitt des alv. $P_{CO_2}$ entspricht, ist es notwendig, den auf diese Weise berechneten Totraum besonders zu kennzeichnen und zu definieren. Der über den art. $P_{CO_2}$ bestimmte Totraum wird als „funktioneller" Totraum bezeichnet. Sein Volumen entspricht bei der Inspiration einer Gasmenge mit der Zusammensetzung der Alveolargase, die mit den Lungencapillaren in Kontakt sind und am Gasaustausch teilnehmen. Bei der Exspiration stellt der „funktionelle" Totraum jenes Gasvolumen dar, das hinsichtlich $O_2$ und $CO_2$ noch die Zusammensetzung der Inspirationsluft hat.

Die Größe des „funktionellen" Totraumes wird unter normalen und pathologischen Bedingungen durch folgende Faktoren beeinflußt:

1. Anatomischer Totraum,
2. Inhomogenität des $P_{CO_2}$ zwischen Membran und Bronchioli respiratorii,
3. anatomisch bedingte venöse Beimischung,
4. Nebeneinander verschiedener Ventilations/Durchblutungs-Verhältnisse,
5. Nebeneinander verschiedener Diffusions/Durchblutungs-Verhältnisse.

Der anatomische Totraum führt entsprechend der Formel 2 zu einem $P_{CO_2}$-Gradienten zwischen Alveolar- und Exspirationsgasen. Die Faktoren 2—5 bedingen zusätzliche $P_{CO_2}$-Gradienten zwischen arteriellem Blut und Alveolargasen, was erklärt, warum der „funktionelle" Totraum in der Regel etwas größer ist als der „anatomische" Totraum.

Schon unter normalen Verhältnissen ist keiner dieser 5 Faktoren konstant. Der anatomische Totraum variiert etwas mit der Lungenfüllung. Bei stark gesteigertem Gaswechsel während körperlicher Arbeit ergibt sich ein Konzentrationsabfall der $CO_2$ von der Austauschfläche in Richtung der Bronchiolen, damit eine Schichtung des alv. $P_{CO_2}$, so daß der art. $P_{CO_2}$ nicht mehr dem mittleren alv. $P_{CO_2}$ entspricht. Auf diese Weise wird ein Teil der Alveolen in den Totraum einbezogen, was die beträchtliche Zunahme des „funktionellen" Totraumes während Arbeit erklärt. Trotz volumenmäßiger Vergrößerung des „funktionellen" Totraumes, nimmt bei Arbeit der Totraumquotient ab, so daß sich unter diesen Bedingungen keine Verschlechterung, sondern eine Verbesserung der Atemökonomie ergibt. Das Nebeneinander verschiedener regionärer Ventilations/Durchblutungs-Verhältnisse entsteht aus einem Nebeneinander unterschiedlicher Atemwiderstände und Strömungswiderstände in den Lungengefäßen. Sowohl eine ungleichmäßige Luftdurchmischung als auch eine regionäre Mangeldurchblutung führen zu einer Vergrößerung des „funktionellen" Totraumes. Gut durchblutete und ventilierte Alveolarbezirke mit einem wegen hohen Diffusionswiderständen stark reduziertem Gasaustausch haben denselben Effekt.

Bei sehr frequenter Atmung mit Atemvolumina in der Größenordnung des Volumens der zuführenden Luftwege wird der „funktionelle" Totraum kleiner als der „anatomische", weil ein Teil des Gasaustausches zwischen Außenluft und Alveolen dank der bei diesen Bedingungen entstehenden großen Druckdifferenzen per diffusionem („Diffusionsatmung") erfolgt.

Die Faktoren 2, 4 und 5 führen zu „alveolären" Toträumen, die auch als „Parallel"-Toträume im Gegensatz zu den „Serie"-Toträumen der Luftwege bezeichnet werden. Unter pathologischen Verhältnissen sind abgesehen vom Lungenemphysem regionäre Minderdurchblutungen bei Lungenembolien die häufigste Ursache für die Entstehung großer „alveolärer" Toträume. Sofern es möglich ist, den endexspiratorischen $P_{CO_2}$ genau zu messen, kann der „alveoläre" Totraum in erster Annäherung folgendermaßen berechnet werden:

$$V_D \text{ alv.} = \frac{\dot{V}_{A'}}{F} \cdot \frac{P_{aCO_2} - P_{\bar{A}CO_2}}{P_{aCO_2} - P_{A'CO_2}} \,,$$

$$P_{A'CO_2} = \frac{V_{D'}}{V_T} \cdot P_{\bar{A}CO_2}$$

$(P_{\bar{A}CO_2} = \text{endexsp.} P_{CO_2}, \dot{V}_{A'} \text{ und } \dot{V}_{D'} \text{ mit } P_{\bar{A}CO_2} \text{ berechnet})$ .

Sind arterieller und endexspiratorischer $P_{CO_2}$ identisch, so ist der „alveoläre" Totraum = Null (Tab. 3).

### c) Alveoläre Ventilation

Die alveoläre Ventilation ist im Gegensatz zur Totraumventilation derjenige Anteil der Gesamtventilation, der mit dem Lungenblut zum Gasaustausch kommt. Da die gesamte $CO_2$-Menge, die pro Zeiteinheit in der Exspirationsluft erscheint, aus den ventilierten und am Gasaustausch teilnehmenden Alveolen stammt, so ergibt sich folgende Gleichung:

$$\dot{V}_A \cdot P_{ACO_2} = \dot{V}_{CO_2} \cdot P_B \,.$$

Wird statt des alveolären der arterielle $P_{CO_2}$ eingesetzt, so erhält man nur die Ventilation der am Gasaustausch teilnehmenden Alveolen, d. h. einen funktionellen Wert, der unter pathologischen Bedingungen von der alveolären Ventilation im anatomischen Sinne stark abweichen kann. Da das ausgeschiedene $CO_2$-Volumen für STPD Bedingungen gilt, die alveoläre Ventilation aber für Körpertemperatur angegeben werden soll, ergibt sich ein Korrekturfaktor, für $37°$ C z. B. $\frac{273 + 37}{273}$ und die Formel lautet:

$$\dot{V}_A = \frac{\dot{V}_{CO_2} \text{(STPD)}}{P_{aCO_2}} \cdot \frac{760 \cdot 310}{273} \,,$$

$$\dot{V}_A = \frac{\dot{V}_{CO_2} \cdot 863}{P_{aCO_2}} \,.$$

Diese Gleichung entspricht den üblichen Clearanceformeln. Man kann deshalb die alveoläre Ventilation auch als alveoläre Clearance, d. h. als den Teil der Gesamtventilation bezeichnen, der von $CO_2$ befreit wird. Es handelt sich um einen funktionellen Wert, dessen Größe von denselben Faktoren beeinflußt wird wie der „funktionelle" Totraum [2, 3, 7, 8, 9, 15, 16, 17, 21, 23, 29, 30].

## 2. Diffusion

Der Gasaustausch in den Lungen erfolgt passiv, d. h. die Gasmoleküle bewegen sich zwischen Alveolarraum und Blut gemäß den physikalischen Gesetzen, was entsprechende Druckdifferenzen voraussetzt. Die Größe des Druckgefälles entspricht der Differenz zwischen dem $P_{O_2}$ bzw. $P_{CO_2}$ in den Alveolen und in den Capillaren, wo sich aber diese Druckwerte mit der Blutpassage vom Capillarbeginn bis zu deren Ende dauernd ändern. Die exakte Messung der wirklichen Druckdifferenz stellt die wesentliche Schwierigkeit aller Diffusionsbestimmungen, insbesondere unter pathologischen Bedingungen dar. Bei gegebener Druckdifferenz sind die diffundierenden Gasvolumina direkt proportional ihrer Löslichkeit in den zu traversierenden Medien. Wegen der im Vergleich zum $O_2$ ca. 20 mal größeren Löslichkeit der $CO_2$ in Gewebe und Blut ist der $CO_2$-Austausch nicht diffusionslimitiert. Bei stark erhöhten Diffusionswiderständen wird vor allem der $O_2$-Austausch betroffen. In der Regel gibt man nicht den Diffusionswiderstand, sondern dessen reziproken Wert, die Diffusionskapazität an:

$$D_{LO_2} = \frac{\dot{V}_{O_2}}{\Delta P_{O_2}} \text{ ml/min/mm Hg}$$

($\Delta P_{O_2}$ = mittlere $P_{O_2}$ Differenz zwischen Alveolen und capillärem Blut).

Die Diffusionskapazität ist somit ein Maß für die Leichtigkeit, mit der ein Gas von den Alveolen in das Blut oder vice versa diffundiert.

Die Diffusionsstrecke setzt sich aus folgenden Medien zusammen:

1. Alveolo-capilläre Membran (Lipoproteinfilm, Alveolarepithel, Basalmembran, Capillarendothel),

2. Blutplasma,

3. Erythrocyt (Erythrocytenmembran, Stroma des Erythrocyten, Geschwindigkeit der chemischen Bindung des $O_2$ an das Hämoglobin).

Wie Abb. 6 zeigt, entspricht die „funktionelle" Dicke der verschiedenen Anteile der zu diffundierenden Medien nicht den anatomisch gemessenen Distanzen der entsprechenden Strukturen. Unter pathologischen Bedingungen können zusätzliche funktionelle Größen wie eine ungenügend lange Verweildauer des Blutes an der alveolo-capillären Membran, also eine massive Verkürzung der Kontaktzeit oder eine verzögerte chemische Bindung des $O_2$ an das Hämoglobin und schließlich auch eine massive Abnahme des Hämoglobingehaltes zu einer Abnahme der Diffusionskapazität führen. Bei gegebenen Diffusionswiderständen ist die Diffusionskapazität abhängig von der ventilierten und durchbluteten alveolo-capillären Kontaktfläche und wird somit von der Körperhaltung, von der Aktivität und vom Blähungszustand der Lungen beeinflußt. Mit der CO-Methode konnte gezeigt werden, daß die Diffusionskapazität für die „Membran" bei voller Inspiration in Ruhe und bei Arbeit um ca. 50% größer ist als bei normaler Atemmittellage Diese Versuche zeigten auch, daß der membranbedingte Widerstand bei Arbeit nicht wesentlich abnimmt. Die Zunahme der Diffusionskapazität bei Arbeit wäre

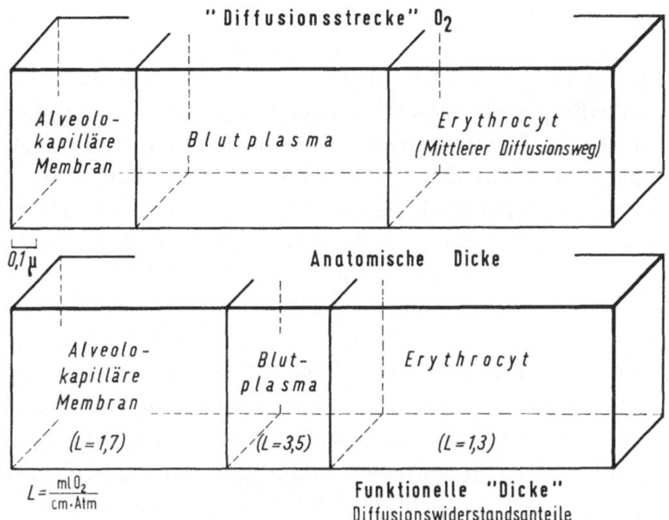


Abb. 6. Anatomische und funktionelle Dicke der Diffusionsstrecke für den Sauerstoff von der alveolo-capillären Membran bis zum Hämoglobin. Anatomisch ist der Diffusionsweg im Plasma am längsten. Funktionell haben die alveolo-capilläre Membran und der Erythrocyt den größten Diffusionswiderstand

somit hauptsächlich auf die sich mit der Ventilationssteigerung ergebende inspiratorische Blähung zurückzuführen. In Ruhe ergeben die CO-Methoden für die Messung der Diffusionskapazität bei Umrechnung auf $O_2$ erheblich höhere Werte als die $O_2$-Methoden. Während Arbeit mißt man mit beiden Methoden ähnliche Werte, sofern die CO-Diffusionskapazität bei einem normalen alv. $P_{O_2}$ bestimmt wird [5, 14, 18, 20, 22, 24, 25, 27, 28].

## 3. Beziehungen zwischen Ventilation, Diffusion und Perfusion

Die Perfusion ist selbst bei normalen Lungen nicht optimal der alveolären Ventilation angepaßt. In aufrechter Körperhaltung werden die Lungenspitzen im Verhältnis zur Durchblutung leicht hyperventiliert, und die Lungenbasis wird leicht hypoventiliert, was die venöse Zumischung etwas vergrößert. Diese regionalen Differenzen im $\dot{V}_A/\dot{Q}$ Verhältnis sind beim Lungengesunden im wesentlichen auf die Wirkung der Gravitationskraft am Thorax-Lungensystem zurückzuführen. Alle diese Faktoren bewirken eine Differenz zwischen alveolären und arteriellen $P_{O_2}$. Der alveolo-arterielle $P_{O_2}$-Gradient beträgt in Ruhe 4—6 mmHg und setzt sich aus einer anatomisch und einer funktionell bedingten Komponente zusammen:

*Anatomisch bedingte venöse Beimischung*    2 mmHg
(Thebesianische Venen und Bronchialkreislauf)

*Funktionell bedingte venöse Beimischung*

    a) Inhomogenität der Ventilations/Perfusionsverhältnisse    3 mmHg
    b) Inhomogenität der Diffusions/Perfusionsverhältnisse    <u>1 mmHg</u>
                                             6 mmHg

Während größerer körperlicher Arbeit oder bei Hypoxie entsteht ein zusätzlicher diffusionsbedingter alveolo-endcapillärer $P_{O_2}$-Gradient von einigen mmHg, doch nimmt die venöse Beimischung insbesondere als Folge einer ungleichmäßigen Ventilation relativ ab, so daß der alveolo-arterielle $P_{O_2}$-Gradient annähernd gleich bleibt bzw. nur wenig größer wird. Damit ändern sich während Arbeit die relativen Anteile am Gradienten. Unter pathologischen Bedingungen können alle schon normalerweise vorhandenen Faktoren und der diffusionsbedingte Gradient erheblich zunehmen, so daß ein großer alveolo-arterieller $P_{O_2}$-Gradient und damit eine Hypoxämie entstehen. Abb. 7 demonstriert an einem Modell mit 3 Kompartinenten den Einfluß des $\dot{V}_A/\dot{Q}$ Verhältnisses auf den alveolo-arteriellen $P_{O_2}$-Gradienten. Ist der Durchblutungsanteil eines hypoventilierten Lungenabschnittes oder eines Bezirkes mit erhöhten Diffusionswiderständen klein, so haben diese pathologischen Lungenabschnitte nur einen geringen Effekt auf den alveolo-arteriellen $P_{O_2}$-

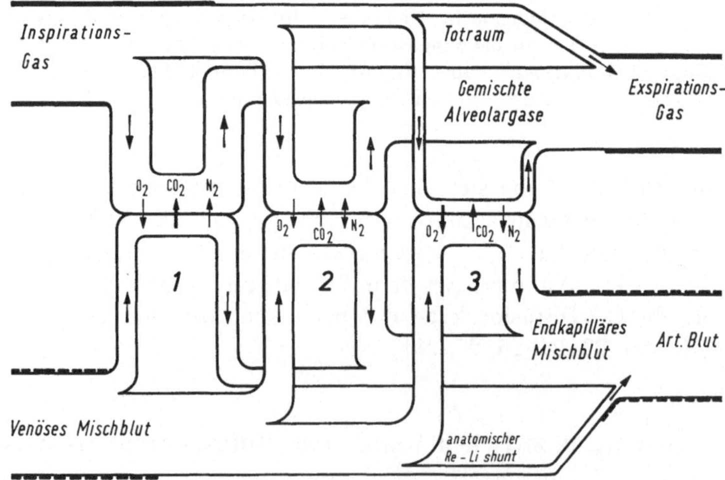


Abb. 7. Unterschiedliche Ventilations-Durchblutungsverhältnisse ($\dot{V}_A/\dot{Q}$) dargestellt an einem Lungenmodell mit 3 Kompartimenten. *1* Alveoläre Hyperventilation mit reduzierter Durchblutung. Es wird verhältnismäßig mehr $CO_2$ abgegeben als $O_2$ aufgenommen sowie $N_2$ vom Blut an die Alveolen abgegeben. *2* Die Ventilation ist der Durchblutung angepaßt, der respiratorische Quotient ist normal, und es besteht keine Druckdifferenz für den $N_2$ zwischen Alveolen und Blut. *3* Alveoläre Hypoventilation mit normaler Durchblutung. Es wird verhältnismäßig mehr $O_2$ aufgenommen als $CO_2$ abgegeben sowie $N_2$ aus den Alveolen in das Blut aufgenommen. Die Zusammensetzung der Exspirationsluft wird hauptsächlich von *1* und *2*, die Zusammensetzung des arteriellen Blutes von *2* und *3* beeinflußt, so daß Druckgradienten zwischen Alveolargasen und arteriellem Blut für $O_2$, $CO_2$ und $N_2$ entstehen, die nicht den lokalen Druckgradienten entsprechen

Gradienten. Die Ventilation von nicht durchbluteten Abschnitten vergrößert den funktionellen Totraum, hat aber keinen Effekt auf den alveolo-arteriellen $P_{O_2}$-Gradienten, sofern der alv. $P_{O_2}$ indirekt über den art. $P_{CO_2}$ bestimmt wird. Die Ventilation und Durchblutung von Bezirken mit einem wegen hohen Diffusionswiderständen reduzierten Gasaustausch hat sowohl eine Vergrößerung des funktionellen Totraumes als auch eine Zunahme des alveolo-arteriellen $P_{O_2}$-Gradienten zur Folge (Tab. 2). [3, 6, 9, 10, 13, 19, 22, 26, 27, 32, 33].

## C. Gastransport im Blut

### 1. Sauerstoff

Der Sauerstoff wird im Blut zum kleinsten Teil physikalisch gelöst, zur Hauptsache aber chemisch gebunden. 1 g Hämoglobin bindet bei voller Sättigung 1,34 ml $O_2$ (STPD). Die $O_2$-Transportkapazität des Blutes ist deshalb vor allem eine Funktion der Hämoglobinkonzentration. Das Mengenverhältnis zwischen chemischer Bindung und physikalischer Lösung beträgt im normalen arteriellen Blut annähernd 70:1.

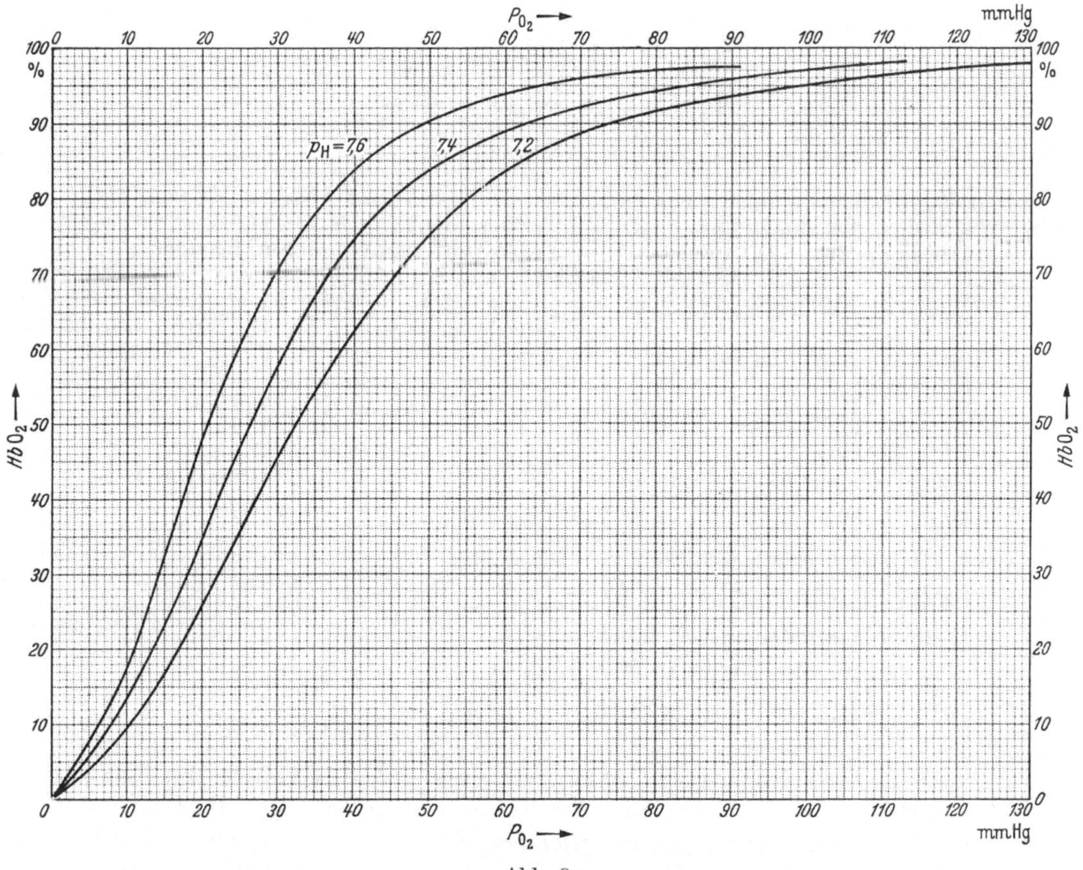


Abb. 8a

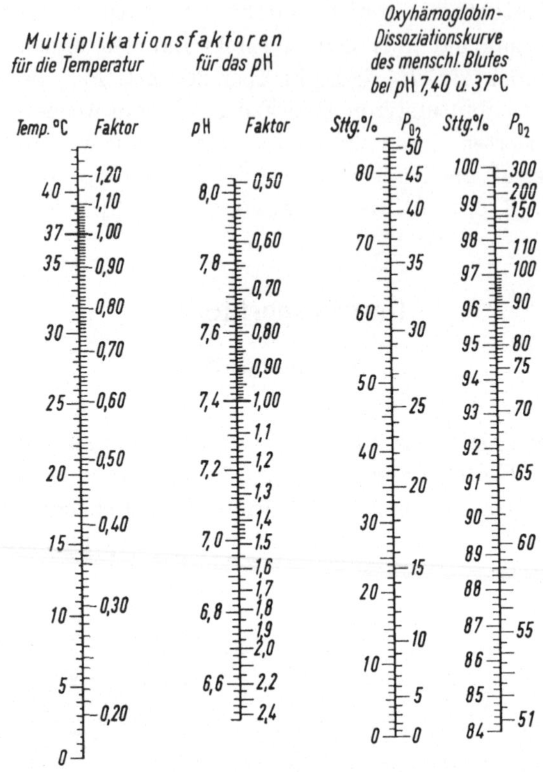

Abb. 8b

Abb. 8. $O_2$-Dissoziationskurve. a = Normale $O_2$-Dissoziationskurven mit Abhängigkeit der $O_2$-Bindung von $P_{O_2}$ und pH bei 37° C. b = Nomographische Darstellung der Beziehungen zwischen $P_{O_2}$ und $O_2$-Sättigung in Abhängigkeit von pH und Temperatur. Bei einem $P_{O_2}$ von 80 mmHg, einem pH von 7,40 = Faktor 1,00 und einer Temperatur von 37° C = Faktor 1,00 beträgt die $O_2$-Sttg. 95%. Sinkt das pH auf 7,20 ab, so ergibt sich mit demselben $P_{O_2}$ von 80 mmHg nur eine $O_2$-Sttg. von 91,7% wie bei einem $P_{O_2}$ von 66 mmHg = 80/1,22. Beträgt zudem die Temperatur 40° C, so sinkt die $O_2$-Sttg. auf 88,4% ab, wie bei einem $P_{O_2}$ von 58 mmHg = 66/1,14. (Nach J. W. SEVERINGHAUS: In Handbook of Respiration, Ed. D. S. DITTMER u. R. M. GREBE. Philadelphia u. London: W. B. Saunders 1958)

$O_2$-Löslichkeit im Vollblut bei 37° C. 0,02356 ml/ml/760 mmHg Beispiel arterielles Blut:

Hb = 16 g%, $P_{O_2}$ 100 mmHg, pH 7,40
$O_2$-Sättigung, % 97,1

$O_2$ an Hb gebunden Vol.-% 20,82
$O_2$        gelöst      Vol.-% 0,31
$O_2$-Gehalt            Vol.-% 21,13

Die S-Form der $O_2$-Dissoziationskurve zeigt, daß die chemische Bindung des $O_2$ nicht linear erfolgt. Die Lage der Kurve wird zudem durch die Temperatur und die Wasserstoffionenkonzentration beeinflußt, indem die Affinität des Hämoglobins bei steigendem pH und fallender Temperatur zunimmt. Abb. 8a zeigt den Einfluß des pH auf die Lage der $O_2$-Bindekurve (Bohr-Effekt). Mittels des Nomogrammes (Abb. 8b) können bei bekannten Werten für Temperatur und pH aus dem gemessenen $O_2$-Druck die $O_2$-Sättigung oder bei gemessener $O_2$-Sättigung der $O_2$-Druck berechnet werden. Neuere Untersuchungen haben gezeigt, daß der Gehalt der Erythrocyten an Adenosintriphosphorsäure und 2,3-Diphosphoglycerinsäure die Lage der $O_2$-Dissoziationskurve beeinflußt. Eine Vermehrung dieser Phosphorverbindungen, wie man sie im fetalen Blut sowie bei sekundären Polyglobulien in der Höhe oder bei chronischen arteriellen Hypoxämien pulmonaler oder kardialer Genese beobachtet, geht mit einer Rechtsverschiebung der $O_2$-Dissoziationskurve, d. h. mit einer verminderten Affinität des Hämoglobins zum $O_2$ einher. Ohne diese Verschiebung würde der $P_{O_2}$ des Gewebes bei derselben arterio-venösen $O_2$-Differenz stärker abfallen (Abb. 15). Beim Vorhandensein von pathologischen Hämoglobinanomalien kann die $O_2$-Dissoziationskurve ebenfalls im Sinne eines verminderten Bindevermögens verschoben sein. Für diese Fälle hat das Nomogramm (Abb. 8b) keine Gültigkeit mehr [2, 4, 5, 7, 8, 11, 13].

## 2. Kohlensäure

Die normale Inspirationsluft enthält mit 0,03% so wenig $CO_2$, daß praktisch die gesamte $CO_2$ im Blut aus dem Gewebestoffwechsel stammt. Ein kleiner Teil der aus dem Gewebe diffundierenden $CO_2$ löst sich direkt im Plasma. Der größere Teil diffundiert in die Erythrocyten und bleibt dort teilweise in physikalischer Lösung (ca. 10%) und wird zu ca. 20% als Carbaminoverbindung an die $NH_2$-Gruppe des Hämoglobins gebunden. Ungefähr 70% der $CO_2$ bilden mit $H_2O$ unter Mitwirkung der Carboanhydrase $H_2CO_3$. Die dabei freiwerdenden $H^+$ werden von dem durch die $O_2$-Abgabe alkalisch gewordenen Hämoglobin weitgehend neutralisiert (Haldane-Effekt):

$$K_2HbO_2 + H_2CO_3 \xrightleftharpoons[\text{Lunge}]{\text{Gewebe}} KHHb + KHCO_3 + O_2$$

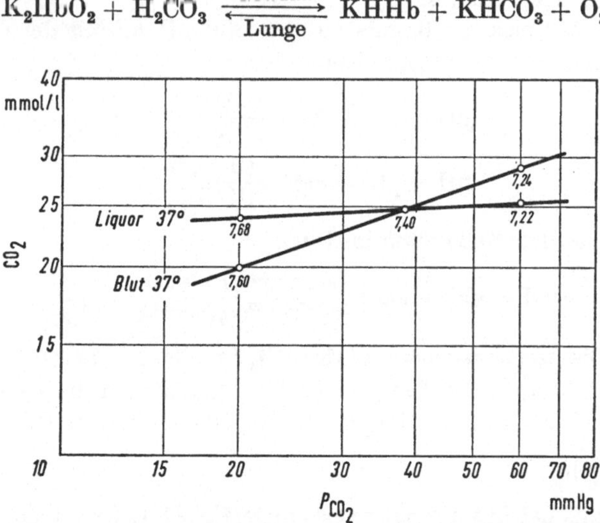


Abb. 9. $CO_2$-Dissoziationskurve. Normale Kurve im „wahren" Plasma, d. h. nach Äquilibrieren des Vollblutes und imhämoglobinfreien und eiweißarmen Liquor cerebrospinalis in doppelt logarithmischer Darstellung. Der Liquor zeigt für dieselben Änderungen des $P_{CO_2}$ größere pH-Änderungen. Beide Kurven kreuzen sich im normalen pH-Bereich

Die Abgabe von einem Molekül $O_2$ erlaubt so die Bindung eines Moleküls $CO_2$. Die meisten $HCO_3$-Ionen diffundieren aus den Erythrocyten in das Plasma.

Trotz der großen Pufferkapazität des Blutes wird das venöse Blut etwas saurer als das arterielle. Auch der venöse $CO_2$-Gehalt hängt vom $P_{CO_2}$ des Blutes ab. Die $CO_2$-Dissoziationskurve ist im Bereich der physiologischen Werte für den $P_{CO_2}$ praktisch linear (Abb. 9 u. 11). Diese Beziehung wird vom absoluten Hämoglobingehalt und dessen $O_2$-Sättigung beeinflußt. Mit zunehmendem Gehalt an reduziertem Hämoglobin wird die $CO_2$-Transportkapazität des Blutes größer. Die Bedeutung des Hämoglobins für die $CO_2$-Bindung im „wahren" Plasma, das nach Äquilibrieren des Vollblutes mit verschiedenen $P_{CO_2}$-Werten gewonnen wird, kann mit der Gegenüberstellung der $CO_2$-Dissoziationskurven im Blut und im hämoglobinfreien Liquor cerebrospinalis demonstriert werden (Abb. 9). Im Liquor bleibt die Bindekapazität konstant, der leichte Anstieg der Kurve entspricht der Zunahme an gelöster $CO_2$. Der viel steilere Anstieg im „wahren" Plasma zeigt die mit dem pH-Abfall zunehmende chemische $CO_2$-Bindung [3, 9, 12].

### 3. Beziehungen zum Säure-Basen-Gleichgewicht

Das $HCO_3^-/H_2CO_3$ Puffersystem ist für die Regulierung des pH-Wertes im Blut von entscheidender Bedeutung. Die Regulierung des „Basen"-Anteiles ($HCO_3^-$) erfolgt durch die Nieren. Dieser Vorgang benötigt für eine wesentliche Änderung des pH-Wertes einige Tage. Der Säurenhydridanteil ($H_2CO_3 = H_2O + CO_2$) wird durch die Lungen hingegen so schnell ausgeschieden, daß erhebliche pH-Änderungen innert Minuten möglich sind. Die Ausscheidungskapazität der Lungen ist für Säuren vergleichsweise ca. 200 mal größer als die der Nieren. Der art. $P_{CO_2}$ als indirektes Maß für die alveoläre Ventilation und der $CO_2$-Gehalt des Blutes geben deshalb einen empfindlichen Hinweis auf die Situation des Säuren-Basen-Gleichgewichtes.

Quantitativ läßt sich die Regulation des Blut-pH mittels der Gleichung von HASSELBALCH-HENDERSON beschreiben:

$$pH = pk' + \log \frac{\text{Salz}}{\text{Säure}} , \qquad (1)$$

$$pH = pk_1' + \log \frac{(HCO_3^-)}{(H_2CO_3)} \qquad (2)$$

oder entsprechend den Meßwerten im Blut:

$$pH = pk_1' + \log \left[ \frac{CO_2 \, (\text{mmol/1 Plasma})}{0{,}0308 \cdot P_{CO_2} (\text{mmHg})} - 1 \right] \qquad (3)$$

$pk_1'$, die erste Dissoziationskonstante der $CO_2$ im Plasma, beträgt bei 37° C und einem pH von 7,40 6,10. Die Temperaturabhängigkeit und die geringe Änderung mit dem pH sind in Abb. 10 dargestellt. ($0{,}0308 = $ mmol/1 $CO_2$ pro 1 mmHg $CO_2 = \frac{521}{760 \cdot 22{,}3}$ ).

Das Verhältnis beträgt normalerweise ungefähr 21/1, womit sich ein pH-Wert von 7,40 ergibt ($6{,}10 + \log 20 = 6{,}10 + 1{,}30 = 7{,}40$).

Mit der Messung von 2 Werten dieser Gleichung im arteriellen Blut kann jede Situation des Säure-Basen-Gleichgewichtes im Blut definiert werden. Ändern sich

Zähler und Nenner proportional, so daß der Quotient gleichbleibt, handelt es sich um „kompensierte" Störungen des Säure-Basen-Gleichgewichtes, weil das pH normal bleibt. Ändert sich mit dem Quotient der pH-Wert, so ist die Störung „dekompensiert". Eine Zunahme des Zählers und damit des gesamten $CO_2$-Gehaltes entspricht einer Vergrößerung der Pufferkapazität des Blutes wegen

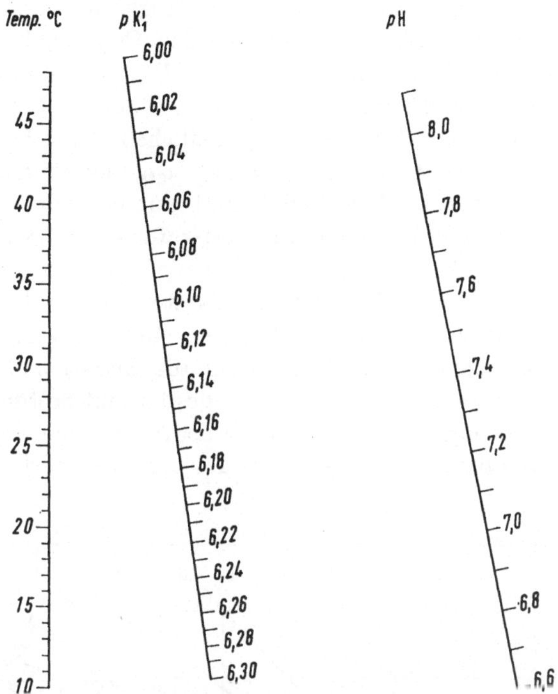


Abb. 10. Abhängigkeit der $CO_2$-Dissoziationskonstante pk'₁ im Plasma von pH und Temperatur. Die Verbindungslinie zwischen aktuellem pH und Temperatur ergibt das pk'₁ (nach (Nach J. W. SEVERINGHAUS: In Handbook of Respiration, Ed. D. S. DITTMER u. R. M. GREBE. Philadelphia u. London: W. B. Saunders 1958)

eines Überschusses an „Basen", z. B. bei einem Verlust von $H^+Cl^-$ durch Erbrechen. Weil eine Änderung der Pufferkapazität des Blutes also des Zählers der Formel nur durch eine gegenüber der Norm veränderte Zufuhr bzw. Ausscheidung oder durch die Produktion von normalerweise nicht bzw. nur in geringen Mengen vorhandenen sauren oder basischen Valenzen möglich ist, bezeichnet man diese Störungen als „fix" oder „metabolisch". Diese Ausdrücke können nicht ganz befriedigen, weil die Störungen weder fixiert noch immer stoffwechselbedingt sind. Dagegen ist die Bezeichnung „respiratorische" Acidose und „respiratorische" Alkalose für eine Zunahme bzw. Abnahme des Nenners bei normalem Zähler korrekt, weil derartige Störungen nur Folgen einer primären Änderung der Ventilation, d. h. einer im Verhältnis zum Gaswechselbedürfnis bestehenden alveolären Hypo- bzw. Hyperventilation sind. Sekundär werden aber die respiratorischen Acidose und Alkalose durch die Nieren mit Änderungen der Pufferkapazität und damit des Zählers der Formel hinsichtlich pH mehr oder weniger kompensiert,

2*

so daß sich respiratorische und metabolische Verschiebungen des Säure-Basen-
Gleichgewichtes oft kombinieren. Ohne zusätzliche Hinweise kann dann aus den
Meßwerten der Hasselbalch-Henderson-Gleichung nicht mehr entschieden werden,
ob es sich primär um eine respiratorische oder um eine metabolische Störung
handelt.

Eine normale Pufferkapazität ist gleichbedeutend mit einer normalen $CO_2$-
Dissoziationskurve im „wahren" Plasma. Für Vergleichszwecke ist es deshalb
sinnvoll, den Bicarbonatgehalt in mval/l also den $CO_2$-Gehalt abzüglich freier
$CO_2$ nach Äquilibrieren des Vollblutes mit einem $P_{CO_2}$ von 40 mmHg bei 37° C
und voller Sättigung des Hb mit $O_2$ anzugeben. Dieses „Standardbicarbonat"
entspricht der „Alkalireserve" in ihrer ursprünglichen Definition. Oft wird aber
die Alkalireserve im Serum des mit Luftkontakt coagulierten und zentrifugierten
venösen Blutes mit oder sogar ohne Äquilibrien bestimmt, womit sich im Normalbereich keine großen Unterschiede, bei einer respiratorischen Acidose aber zu hohe
und bei einer metabolischen Acidose etwas zu niedrige Werte ergeben. Sinnlos
ist hingegen, den $CO_2$-Gehalt des Plasma, das stundenlang Kontakt mit Luft
hatte, ohne Äquilibrieren mit einem $P_{CO_2}$ von 40 mmHg zu bestimmen, als
Alkalireserve zu bezeichnen und als Maß für die Situation des Säure-Basen-
Gleichgewichtes zu verwenden. Die Erhöhung des korrekt bestimmten Standardbicarbonates bedeutet eine Zunahme, die Erniedrigung eine Verminderung der
Pufferkapazität des Blutes. Die zusätzliche Messung des arteriellen pH oder des

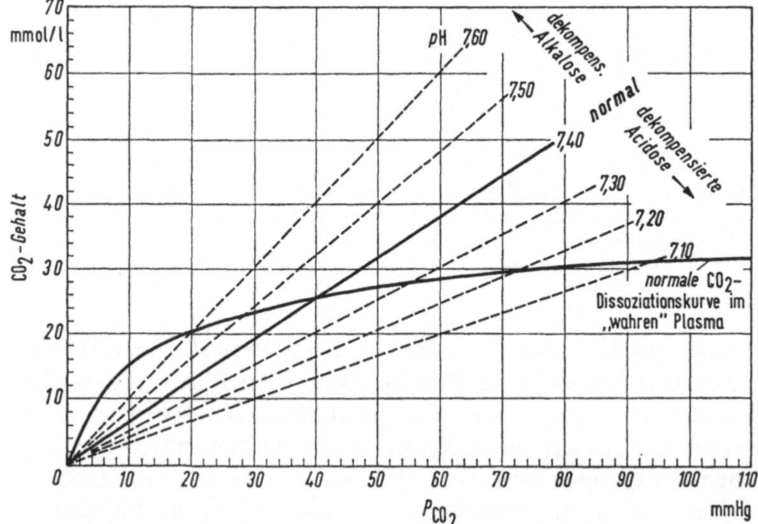



Abb. 11. Säure-Basen-Gleichgewicht. Schematische Darstellung der Störungen. Die $CO_2$-
Dissoziationskurve im „wahren" Plasma geht durch den 0-Punkt. Die normale Kurve wird
von der Linie des normalen pH beim normalen $P_{CO_2}$ von 40 mmHg geschnitten. Eine Senkung
des $P_{CO_2}$ durch Hyperventilation führt zur respiratorischen Alkalose, eine Erhöhung durch
Hypoventilation zur respiratorischen Acidose. Wird die Dissoziationskurve erniedrigt, was
mit einem vermindertem Standardbicarbonat nachweisbar ist, so entsteht bereits mit einem
normalen $P_{CO_2}$ von 40 mmHg eine Acidose. Bei einer erhöhten Kurve, gleichbedeutend mit
einer erhöhten Pufferkapazität und nachweisbar mit einem erhöhten Standardbicarbonat,
bewirkt ein normaler $P_{CO_2}$ von 40 mmHg eine pH-Verschiebung zur alkalischen Seite

$P_{\mathrm{CO_2}}$ gibt darüber Auskunft, ob es sich um eine kompensierte oder dekompensierte Störung handelt und wieweit die Atmung mit einer alveolären Hypo- oder Hyperventilation beteiligt ist (Abb. 11). Nur im Falle der Dekompensation mit einer erheblichen pH-Verschiebung ist es in der Regel möglich, aufgrund dieser 3 Meßwerte allein ohne Kenntnis der Erkrankung zu entscheiden, ob es sich primär um eine respiratorische oder um eine „metabolische" Störung handelt. Die Acidose mit erheblich vermindertem Standardbicarbonat und erniedrigtem $P_{\mathrm{CO_2}}$ spricht für eine primär-„metabolische" Acidose, sind der $P_{\mathrm{CO_2}}$ deutlich erhöht und das

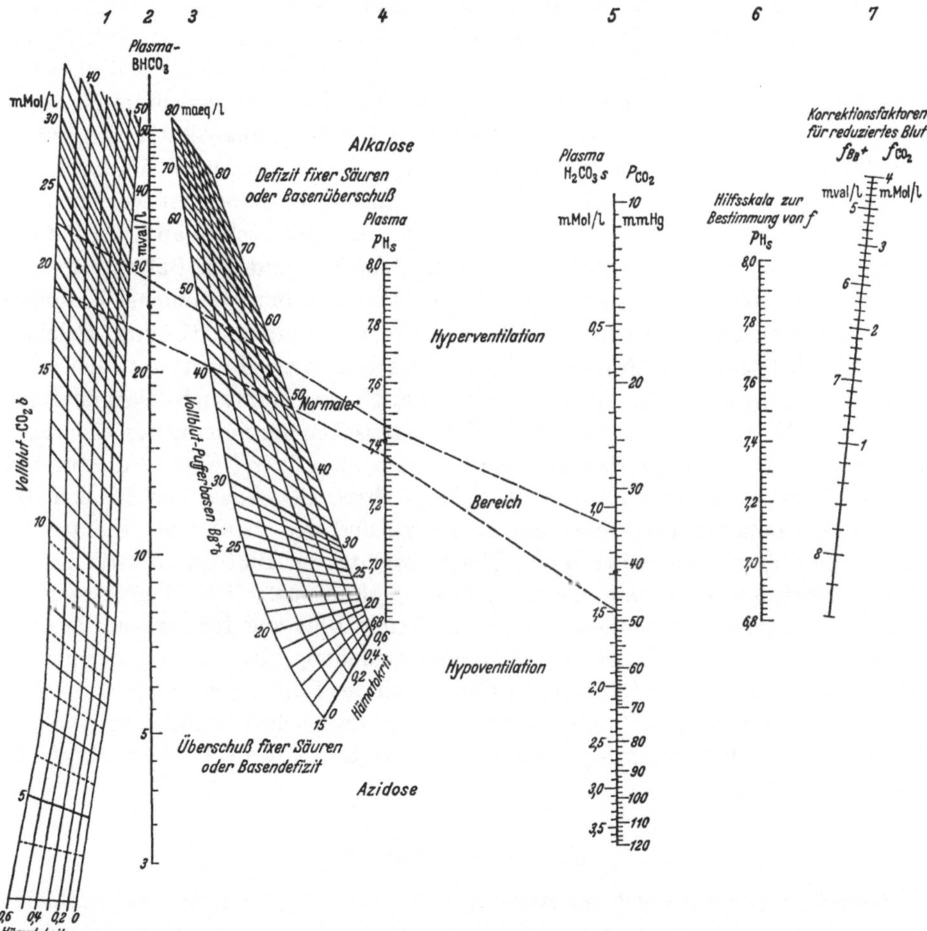


Abb. 12. Säure-Basen-Gleichgewicht. Nomogramm zur Bestimmung der Pufferbasen im Vollblut und im Plasma sowie des „Säure- bzw. Basen-Überschußes und -Defizites". Die Verbindungslinie des CO₂-Gehaltes im Plasma in mmol/l (Leiter 1 und Hämatokrit 0) oder des Bicarbonates in mval/l (Leiter 2) mit dem pH oder dem $P_{\mathrm{CO_2}}$ (Leiter 4 bzw. 5) gibt auf Leiter 3 die Pufferbasen in Abhängigkeit vom Hämatokrit. Nur teilweise oxygeniertes Blut bindet bei gleichem $P_{\mathrm{CO_2}}$ mehr CO₂ und enthält mehr Pufferbasen. Deshalb müssen die Werte mittels der Faktoren (Leiter 6 und 7), ausgehend vom aktuellen $P_{\mathrm{CO_2}}$ in Abhängigkeit von der O₂-Sttg. korrigiert werden. Die Korrekturen sind quantitativ bis zu einer O₂-Sttg. von 80% von geringer Bedeutung. (100-O₂-Sttg./100 · fB bzw. fCO₂) [Nach R. B. Singer u. A. B. Hastings: Medicine **27**, 223 (1948)]

Standardbicarbonat normal, so handelt es sich um eine primär respiratorische Acidose. Eine Alkalose mit deutlich erhöhtem Standardbicarbonat und annähernd normalem $P_{CO_2}$ weist auf eine primär „metabolische" Alkalose hin, die Kombination eines normalen oder nur wenig erniedrigten Standardbicarbonat mit einem stark gesenkten $P_{CO_2}$ spricht für eine primär respiratorische Alkalose.

Mit Hilfe des Nomogrammes (Abb. 12) können aus 2 Meßwerten der Hasselbalch-Henderson-Formel, z. B. pH und $P_{CO_2}$ mit dem Hämatokrit der $CO_2$-Gehalt des Vollblutes und die sog. „Pufferbasen" abgelesen werden. In dieser „Pufferanionenkonzentration" sind $HCO_3^-$, $HPO_4^-$ und Proteinate enthalten, die auch $H^+$-Ionen abgeben können, weshalb die Bezeichnung Basen chemisch nicht korrekt ist. Bei den im Blut vorkommenden pH-Werten verhalten sie sich jedoch wie Basen. Das Nomogramm gilt exakt nur für volloxygeniertes Blut, weil die $CO_2$-Bindekapazität mit abnehmender $O_2$-Sättigung des Hämoglobins zunimmt. Doch sind die Korrekturen bis zu einer $O_2$-Sättigung von 80% quantitativ von untergeordneter Bedeutung. Die Pufferbasen betragen im normalen Vollblut ca. 50, im Plasma $44 \pm 3$ mval/l. Die Differenz der mit Hilfe des Nomogramms ermittelten effektiven Werte zu diesen Normalwerten ergibt den Überschuß an fixen Säuren bzw. das Basendefizit bei einer metabolischen Acidose und den Basenüberschuß bzw. das Säuredefizit bei einer metabolischen Alkalose. Bei zusätzlicher Kenntnis der Konzentration der wichtigsten Elektrolyte wie Natrium, Kalium, Calcium und Chloride lassen sich Säure- bzw. Basenüberschuß sowie -Defizit unterscheiden. Sind diese Elektrolyte bekannt, so erleichtert das Nomogramm auch die Aufstellung des Plasma-Ionogrammes, indem die Differenz zwischen der Summe von Chloriden und Pufferbasen und der Summe der Kationen die „fixen" Säuren ergibt. Mit der simultanen Bestimmung von pH-, $P_{CO_2}$-, bzw. $CO_2$-Gehalt im Plasma des anaerob gewonnenen und verarbeiteten Blutes und der wichtigsten Elektrolyte kann jede Störung des Säure-Basen-Gleichgewichtes im Blut quantitativ befriedigend beschrieben werden, womit sich aber ohne zusätzliche Hinweise noch keine ätiologischen Aufschlüsse ergeben. Zwischen Blut und Interstitium besteht bei schnellen Änderungen oft eine Phasenverschiebung, die sich mit der gleichzeitigen Untersuchung des arteriellen Blutes und des Liquor cerebrospinalis nachweisen läßt. Bei langsam progredienten bzw. chronischen Zuständen sind die Verhältnisse im Blut auch repräsentativ für das Interstitium (s. Kap. III, C. 5) (Tab. 4, 5, 6, 8, 9).

# D. Atemregulation

Obwohl auf dem Gebiet der Regulation der Atmung zahlreiche Einzelphänomene bekannt sind, ist man von einem integralen Verständnis dieser Vorgänge noch weit entfernt. Es fehlt nicht nur an einer kybernetischen Theorie, sondern auch an der Kenntnis wichtiger Regelgrößen. So ist bis heute noch nicht bekannt, auf welchen Wegen die Atmung während körperlicher Leistung den Bedürfnissen des „milieu intérieur" angepaßt wird.

Bei der Steuerung der Atmung lassen sich zwei Funktionen, deren Regulationszentren und -bahnen z. T. dieselben sind, unterscheiden: 1. Koordination der Muskelinnervation für eine rhythmische Atmung. 2. Regulierung der Ventilation für die Konstanthaltung der arteriellen Blutgase.

# 1. Atemzentren

Die Atemmuskulatur hat keinen Eigenrhythmus, sie wird periodisch über die Atemzentren innerviert. Für die normale Atmung ist das Zusammenspiel verschiedener, topographisch voneinander getrennten Nervenzentren notwendig. Man unterscheidet das *bulbäre Atemzentrum*, welches funktionell in ein exspiratorisches und inspiratorisches weiter unterteilt wird; es ist in der Lage, allein einen gewissen unharmonischen Rhythmus aufrechtzuerhalten. Im Bereich des unteren Ponsgebietes liegt das „*Apneusis*"-Zentrum. Es verlängert die Aktivität des bulbären Inspirationszentrums und wird z. B. über den Vagus durch den Lungendehnungsreflex in seiner Aktivität gehemmt. Das im oberen Ponsgebiet gelegene *pneumotaktische Zentrum* wird von corticalen, bulbär inspiratorischen sowie thermischen Reizafferenzen beeinflußt und soll das bulbäre exspiratorische Zentrum reizen und gleichzeitig das inspiratorische hemmen. Fehlt es, werden die in- und exspiratorischen Bewegungen größer. Durchtrennt man noch die N. vagi, kommt es zu einem inspiratorischen Atemstillstand (Apneusis).

# 2. Humorale Steuerung

Eine Erniedrigung des art. $P_{O_2}$ reizt über die Chemoreceptoren im Glomus aorticum und caroticum auf neuralem Wege das Atemzentrum. Eine meßbare Steigerung der alveolären Ventilation ist jedoch erst von einem $O_2$-Partialdruck, der unter 70 mmHg liegt, feststellbar. Der $P_{CO_2}$ wirkt peripher an den gleichen Stellen wie der $P_{O_2}$, er hat jedoch auch eine zentrale Wirkungskomponente. Seine Erhöhung bewirkt eine Atemsteigerung. Ein Abfall des Blut-pH führt ebenfalls zu einer Ventilationssteigerung. Die gleichen peripheren und zentralen Receptoren sprechen sowohl auf den $P_{CO_2}$ als auch auf die $H^+$ Konzentration an. In neueren Untersuchungen wurde auch in der Gegend des 4. Ventrikels ein kleines, die Atmung beeinflussendes und auf den pH des Liquors empfindliches Areal festgestellt. Der Einfluß der humoralen Reizgrößen, art. $P_{O_2}$, $P_{CO_2}$ und pH auf die alveoläre Ventilation wurde während des zweiten Weltkrieges mittels eines groß angelegten statistischen Verfahrens bearbeitet.

Neuere und ältere Untersuchungen weisen darauf hin, daß sowohl peripher als auch zentral jede neurologische Stimulation der Atmung mittels humoralen Reizen letzten Endes über eine Änderung des intracellulären pH erfolgt.

# 3. Nicht-humorale Steuerung

Die Untersuchungen über die Periodik der Atmung führten schon früh zur Entdeckung des Lungendehnungsreflexes durch HERING und BREUER (1868). Durch eine Volumenzunahme der Lunge wird über hypothetische Dehnungsreceptoren der afferente Vagus gereizt, welcher das inspiratorische Atemzentrum hemmen soll. Die Durchtrennung der Vagi führt daher zu einer Vergrößerung des Atemzugvolumens und Verlangsamung der Frequenz. Es wurde auch ein Lungendeflationsreflex beschrieben, welcher bei übermäßiger Exspiration das inspiratorische Zentrum anregt und somit zu einer frühzeitigen Inspiration und Frequenzsteigerung führt. Im Tierversuch wurde eine Ventilationssteigerung bei Druckerhöhung in der Art. pulmonalis, eine Ventilationsabnahme bei Druckerhöhung in der Aorta beschrieben. Ob diese Regulationsmechanismen auch für den Menschen Bedeutung haben, ist fraglich. Erhöhung des Aortendrucks z. B. mit Angiotensin oder „Hochdruck" führen zu keiner auffälligen Ventilationseinschränkung. Auch das passive Bewegen der Gelenke führt zu einer Ventilationssteigerung. Dieser Mechanismus dürfte für die Zunahme der Atmung bei Arbeit neben einer corticalen Komponente entscheidend sein. Der Reflex soll von Dehnungsreceptoren in den Gelenkkapseln, Sehnen und Muskeln ausgelöst werden. Die Ventilationsanpassung bei körperlicher Arbeit wird nicht humoral sondern durch im einzelnen nicht bekannte neurale Afferenzen gesteuert. Der plötzliche Kältereiz führt zu einem meist kurzdauernden tief-inspiratorischen Atemstillstand. Weiter werden die Atemzentren und somit die alv. Ventilation durch Schmerzen, Husten, Niesen, Sprechen, Schlucken etc. von peripher und zentral her beeinflußt [1—11].

## E. Atmung während des Lebensablaufes

### 1. Kindesalter

Der erste Atemzug im Leben ist ein einmaliger Vorgang. Der mit Fruchtwasser gefüllte Bronchial- und Alveolarraum muß nach Beendigung des Geburtsakts mit Luft gefüllt werden. Dies verlangt nicht nur eine rechtzeitige Umstellung des Blutkreislaufs sowie ein plötzliches Inkrafttreten der Atemregulationsmechanismen, sondern auch eine enorme Anstrengung der Atemmuskulatur, welche die kollabierte, wassergefüllte Lunge auf die funktionelle Residualkapazität zu dehnen hat. Dies ist nur möglich dank des alveolären Lipoproteinfilms, der die Oberflächenspannung in den Alveolen herabsetzt und so die elastische Dehnungsarbeit vermindert. Dieser Lipoproteinfilm ermöglicht eine weitgehend gleichmäßige Belüftung der Lunge, indem er die Oberflächenspannung in den kleinen Alveolen herabsetzt und in den großen Alveolen erhöht und somit den elastischen Dehnungsdruck weitgehend unabhängig vom alveolären Radius reguliert. Das Atemzugvolumen beträgt ca. 20 ml nach der Geburt; dabei ist zu beachten, daß der physiologische und anatomische Totraum im Verhältnis zum Erwachsenen größer sind. Der Neugeborene hat daher auch eine erhöhte spezifische Ventilation, die wie die Herzfrequenz mit zunehmendem Alter abnimmt. Bis ins Kleinkindalter ist die Zwerchfellatmung allein entscheidend (horizontal stehende Rippen). Die Lungenvolumina, ausgedrückt in Prozenten der Totalkapazität, bleiben im Verlauf der Adolescenz ungefähr gleich. Die „Compliance" der Lungen von Kindern ist kleiner als die von Erwachsenen; wird sie jedoch auf die funktionelle Residualkapazität bezogen (spezifische Compliance) so ist sie vom Alter weitgehend unabhängig. Die spezifische Thoraxcompliance des Neugeborenen ist jedoch erheblich größer als die des Adolescenten und Erwachsenen [1, 2, 3, 6, 12, 15, 16, 17].

### 2. Gravidität

Während der Schwangerschaft kommt es bereits in den ersten Monaten zu einer Steigerung der Ventilation mit Erniedrigung des art. $P_{CO_2}$. Man nimmt an, daß Progesteron eine Schwellenerniedrigung der Atemzentren auf die normalen peripheren Reize bewirkt. Außerhalb der Gravidität bewirkt jedoch die Progesterontherapie keine alveoläre Hyperventilation. Die Lungen-Compliance ändert während der Schwangerschaft nicht, hingegen nehmen die bronchialen Strömungswiderstände ganz erheblich ab, wobei es sich möglicherweise ebenfalls um eine Progesteronwirkung handelt, weil dieses Hormon den Tonus der glatten Muskulatur reduzieren kann. Gegen Ende der Schwangerschaft führt der Zwerchfellhochstand zu einer Abnahme der funktionellen Residualkapazität und zu einer Einschränkung der Total- und Vitalkapazität sowie des Atemgrenzwertes. Die spezifische Ventilation ist wegen der alveolären Hyperventilation leicht vergrößert, während der funktionelle Totraum und der Totraumquotient im Normbereich bleiben. Die Einschränkung der Atemreserven gegen Ende der Gravidität bei einer im Vergleich zum Normalzustand gesteigerten Ventilation können die Klagen der Schwangeren über Dyspnoe z. T. erklären (Tab. 6) [13].

## 3. Senium

Im höheren Alter kommt es insbesondere zu einer Zunahme der funktionellen Residualkapazität und zu einer Vergrößerung des Residualvolumens. Der Atemgrenzwert nimmt wegen der zunehmenden Thoraxstarre und der abnehmenden Muskelkraft etwas stärker ab, als es der sich verkleinernden Vitalkapazität entsprechen würde. Die spezifische Ventilation und der Totraum-Quotient werden größer. Das Ventilations/Perfusionsverhältnis wird ungünstiger, weshalb der alveolo-arterielle $P_{O_2}$-Gradient größer wird, so daß sich gelegentlich leichte Hypoxämien ergeben. Während leichter Arbeit verbessert sich die Luftverteilung, so daß der alveolo-arterielle $P_{O_2}$-Gradient abnimmt und sich die Hypoxämie bessert. Da die Strömungswiderstände normal sind, müssen die ungleichmäßige Ventilation und die Zunahme der funktionellen Residualkapazität vorwiegend auf eine regionär unterschiedliche Abnahme der elastischen Retraktionskräfte in der Lunge zurückgeführt werden. Das „normale Altersemphysem" führt wegen der fehlenden Obstruktion und des geringen Elastizitätsverlustes zu keinerlei subjektiven Atembeschwerden. Die Streuung der physiologischen Werte wird im höheren Alter größer [2, 4, 5, 14].

## 4. Die Lungenfunktion beim Leistungssportler

Mehrere Minuten dauernde sportliche Leistungen mit Beanspruchung großer Muskelgruppen werden bei normalen atmosphärischen Bedingungen weniger von der $O_2$-Aufnahme in den Lungen als von der $O_2$-Transportkapazität des Kreislaufes und der Durchblutung der arbeitenden Muskulatur begrenzt. Die $O_2$-Transportkapazität ist bei gegebener Hämoglobinkonzentration vor allem eine Funktion des Herzschlagvolumens, die Durchblutung der Muskulatur eine solche der Capillarisierung und damit zusammenhängend des zirkulierenden Blutvolumens. Das systematische Training führt zu einer Zunahme des Herzschlagvolumens und des zirkulierenden Blutvolumens. Die Vergrößerung des Schlagvolumens läßt sich indirekt am einfachsten mit einer Zunahme der Leistung im relativen steady state bei einer bestimmten Pulsfrequenz z. B. 170/min nachweisen (Kap. III, F.) Trainierte Sportler sind in der Lage, mit dieser Pulsfrequenz auf dem Fahrradergometer während 10 min 250—300 Watt zu bewältigen. Bei einer derartigen Leistung betragen die $O_2$-Aufnahme 3500—4000 ml/min, die Ventilation 80—100 l/min und das Herzzeitvolumen 20—25 l/min. Dank der größeren Förderleistung des Herzens und einer besseren Capillarisierung, auf die ein gegenüber der Norm vergrößertes Blutvolumen hinweist, entwickelt sich bei einer gegebenen Leistung eine geringere Milchsäureacidose als beim Untrainierten. Damit sinkt auch das Standardbicarbonat weniger ab, so daß sich bei gleicher alveolärer Ventilation mit entsprechenden Werten für den alv. und art. $P_{CO_2}$ ein geringerer Abfall des pH und damit eine etwas höhere art. $O_2$-Sättigung des Hämoglobins ergeben. Der Untrainierte muß bei einer bestimmten Leistung wegen der höheren Milchsäurekonzentration für die Konstanterhaltung des pH-Wertes mehr ventilieren und damit seine Atemmuskulatur stärker beanspruchen als der Trainierte. Lungenvolumina, Atemreserven und $O_2$-Diffusionskapazität liegen beim Leistungssportler meist über der Norm, obwohl die Sollwerte dieser meist groß gewachsenen Personen hoch sind. Wird das Training abgebrochen, so normalisieren sich innert weniger Monate Herzschlagvolumen und zirkulierendes Blutvolumen. Die übernormalen Werte für Total-, Vitalkapazität und Atemgrenzwert bleiben hingegen erhalten und lassen sich bei ehemaligen Aktiven oft auch noch nach Jahrzehnten nachweisen, was den Gedanken nahelegt, daß die großen Lungenvolumina weniger trainingsbedingt als vorbestehende Plusabweichungen sind. Die Mittelwerte der Abb. 13 und Tab. 11 stammen von Ruderern, von denen die Mehrzahl an den olympischen Wettkämpfen 1968 in Mexico-City teilgenommen hat. Die Untersuchungen wurden in der Zwischensaison bei reduziertem Training durchgeführt. Die Abnahme des Plasmavolumens um rund 10% während

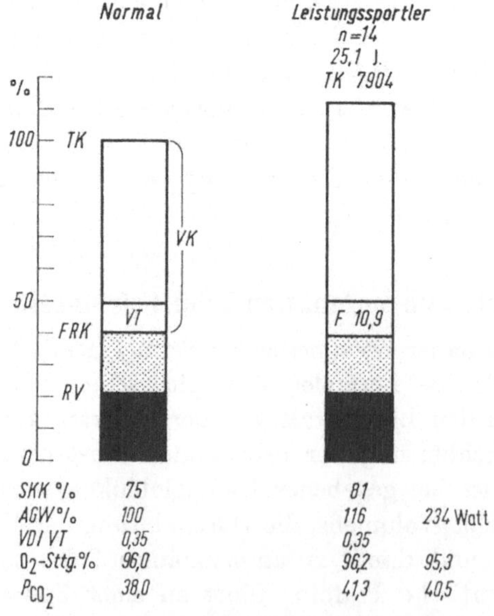


Abb. 13. Leistungssportler. Lungenvolumina, Sekundenkapazität, Atemgrenzwert, Totraumquotient sowie art. $O_2$-Sttg. und $P_{CO_2}$ in Ruhe und bei Arbeit auf dem Fahrradergometer. (Mittelwerte von 12 Ruderern, 1 Schwimmer und 1 Eisschnelläufer, Tab. 11).

einer 10 min dauernden körperlichen Arbeit in sitzender Körperhaltung ist zur Hauptsache auf eine Verschiebung in den extravasalen Raum zurückzuführen und während der Erholungsphase ohne Flüssigkeitszufuhr von außen reversibel. Die relative Hypovolämie während der Arbeit ist nicht eine direkte Folge des Flüssigkeitsverlustes durch Schwitzen. Wird dieselbe Belastung im Liegen durchgeführt, so ist die Plasmavolumenabnahme während der Arbeit trotz gleicher Schweißproduktion deutlich geringer. Das Schwitzen führt erst zu einer ohne Flüssigkeitszufuhr von außen nicht mehr reversiblen Hypovolämie, falls die Kompensationsmöglichkeiten des Interstitiums erschöpft sind. Die Atmung ist nicht ohne Einfluß auf diese Plasmavolumenabnahme während Arbeit. Wird während der körperlichen Arbeit bzw. der sportlichen Leistung der art. $P_{CO_2}$ durch Hyperventilation erheblich gesenkt, so nimmt das Plasmavolumen bei derselben Leistung etwas stärker ab als bei einem normalen $P_{CO_2}$. Berücksichtigt man, daß die Abnahme des zirkulierenden Blutvolumens die Förderleistung des Herzens negativ beeinflußt, damit die Milchsäureacidose verstärkt, die ihrerseits wieder die Hyperventilation stimuliert, so ist die Entwicklung eines zur Erschöpfung führenden circulus vitiosus denkbar:

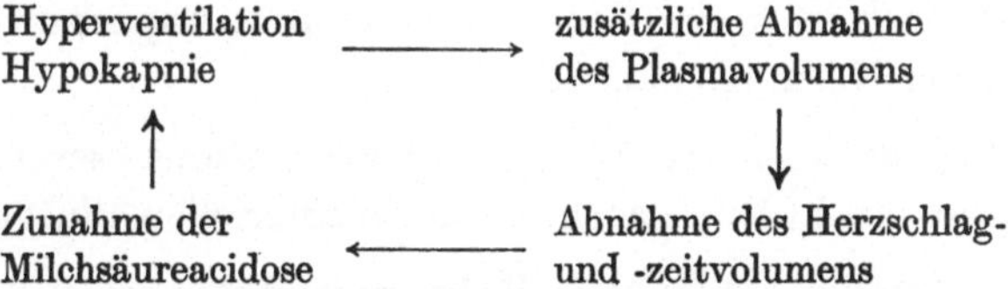


Die Beziehungen zwischen Plasmavolumen und Hypokapnie sind insbesondere auch für sportliche Leistungen unter Hypoxiebedingungen (Kap. II, B, 1) sowie beim Hyperventilationssyndrom und bei Asthma bronchiale von Bedeutung [7, 9, 11, 18].

# II. Allgemeine Pathophysiologie der Atmung

## A. Definition einiger in der Klinik häufig benutzter Begriffe

*Asphyxie* = Erstickung, bereits in Ruhe mengenmäßig ungenügende $O_2$-Aufnahme und $CO_2$-Ausscheidung. Die Asphyxie ist nur während kurzer Zeit mit dem Leben vereinbar.

*Respiratorische Insuffizienz* = jede Störung der äußeren Atmung, die mit pathologischen Lungenfunktionswerten z. B. für die Strömungswiderstände, Lungendehnbarkeit, Lungenvolumina, Gasdurchmischung, alveoläre Ventilation, funktioneller Totraum, Diffusionskapazität, $O_2$- und $CO_2$-Druck im Lungenvenenblut erfaßt werden kann. Bei der respiratorischen Insuffizienz entsprechen im Gegensatz zur Asphyxie $O_2$-Aufnahme und $CO_2$-Abgabe in Ruhe mengenmäßig dem Stoffwechsel, doch ist in der Regel die pulmonale Anpassung an körperliche Arbeit gegenüber der Norm eingeschränkt.

*Latente Insuffizienz* = Einschränkung der Ventilationsreserven oder der Diffusionskapazität mit in Ruhe noch normalen arteriellen Blutgasen.

*Manifeste Insuffizienz* = bereits in Ruhe erniedrigter arterieller $P_{O_2}$ bei normalem inspiratorischen $P_{O_2}$ und Ausschluß einer extrapulmonalen venösen Beimischung.

*Cyanose* = Blaufärbung der Haut, insbesondere der Akren und der Lippen infolge Zunahme des reduzierten Hämoglobins in den Capillaren oder durch Anhäufung von pathologischen Hämoglobinoxydationen wie Sulf- und Methämoglobin. Die Cyanose wird bei einem mittleren Gehalt an reduziertem Hämoglobin in den Hautcapillaren von mindestens 5,0 g% erkennbar. Die Cyanose infolge pathologischer Hämoglobinoxydationen wird auch als Pseudocyanose bezeichnet.

*Obstruktion* = pathologisch erhöhte Strömungswiderstände in den Luftwegen. Der Begriff der Obstruktion betrifft jede Stenosierung, die die Gasströmung im Larynx, in der Trachea oder in einem Teil bzw. der Mehrzahl der Bronchien und Bronchiolen während einer oder beider Atemphasen behindert.

*Restriktion* = temporäre oder definitive Einschränkung der Totalkapazität z. B. wegen einer Verminderung an blähungsfähigem Lungenparenchym oder einer eingeschränkten Thorax- bzw. Zwerchfellbeweglichkeit. Der Begriff der Restriktion bezieht sich entsprechend den allgemein üblichen volumetrischen Bestimmungsmethoden auf das blähungsfähige Lungenvolumen und nicht auf die ventilierte und durchblutete Lungenoberfläche, die z. B. beim bullösen Emphysem ohne Einschränkung des blähungsfähigen Volumens vermindert ist. Pathophysiologisch befriedigender wäre es, jede Einschränkung an ventilierter und durchbluteter Lungenoberfläche als Restriktion zu bezeichnen.

*Acidose* = Erhöhung, *Alkalose* = Verminderung der $H^+$-Konzentration im Blut im Vergleich zu den Normalwerten in Ruhe.

*Standardbicarbonat* (Alkalireserve) = Bicarbonatgehalt des Plasmas nach Äquilibrieren des Vollblutes mit einem $P_{CO_2}$ von 40 mm Hg bei 37° C und voller Sättigung des Hämoglobins mit $O_2$.

| **Acidose** | **Alkalose** |
|---|---|
| pH < 7,35 | pH > 7,45 |
| „metabolische" Acidose | „metabolische" Alkalose |
| Standardbicarbonat ↓↓ | ↗↗ |
| $P_{CO_2}$ ↓ | o↗ |
| „respiratorische" Acidose | „respiratorische" Alkalose |
| Standardbicarbonat o↗ | o↓ |
| $P_{CO_2}$ ↗↗ | ↓↓ |

(↗↗ = deutlich erhöht    ↓↓ = deutlich erniedrigt
 o = normal    o↗, o↓ = Tendenz zur Erhöhung bzw. Erniedrigung).

*Diffusionsstörung* = arterielle Hypoxämie als Folge erhöhter Diffusionswiderstände in der alveolocapillären Membran oder als Folge einer reduzierten Diffusionsoberfläche mit verkürzter Kontaktzeit der Erythrocyten mit dem alv. $P_{O_2}$. Diffusionsstörungen gehen mit einer Einschränkung der Diffusionskapazität parallel, die jedoch nicht mit der Hypoxämie quantitativ korreliert. Der Grad der Hypoxämie wird bei gegebener Diffusionskapazität abgesehen von der venösen Zumischung und von allfälligen Ventilationsstörungen auch von der Größe der $O_2$-Aufnahme und des Herzzeitvolumens beeinflußt.

*Dyspnoe* = vom Patient empfundene Atemnot; diese wird mit der Feststellung einer in Ruhe und bei Arbeit pathologisch gesteigerten Atemarbeit objektiviert. Dyspnoe wird auch empfunden, falls eine normale Atemarbeit von einer geschwächten Atemmuskulatur bzw. von nur einem Teil der normalen Atemmuskulatur geleistet werden muß.

*Hyperkapnie* = Erhöhung, *Hypokapnie* = Erniedrigung des art. $P_{CO_2}$.

*Hyperpnoe* = zum Gaswechsel adäquate Steigerung der Ventilation z. B. während körperlicher Arbeit.

*Hyperventilation* = zum Gaswechsel inadäquate Steigerung,

*Hypoventilation* = zum Gaswechsel inadäquate Verminderung der Ventilation.

*Alveoläre Hyperventilation* = Hypokapnie.

*Alveoläre Hypoventilation* = Hyperkapnie, der Begriff der alveolären Ventilation bezieht sich auf die Ventilation der am Gasaustausch teilnehmenden Alveolen. Beim Fehlen eines größeren Rechts-Links-Shunts entspricht der art. $P_{CO_2}$ einem Mittelwert des alv. $P_{CO_2}$ der ventilierten und durchbluteten Alveolen.

*Alveoläre Toträume* = ventilierte aber am Gasaustausch wegen fehlender Durchblutung oder aufgehobener Diffusion nicht teilnehmende Alveolen, deren Gaszusammensetzung keinen Einfluß auf die arteriellen Blutgase hat (Parallel-Toträume).

*Hyperoxie* = Erhöhung des insp. $P_{O_2}$ bei Atmung eines mit $O_2$-angereicherten Gasgemisches oder von Luft unter Überdruck (Tauchen).

*Hypoxie* = Senkung des insp. $P_{O_2}$ bei Atmung eines $O_2$-armen Gasgemisches oder bei Atmung von Luft bei Unterdruck (Höhe).

*Hypoxämie* = gegenüber der Norm unvollständige Sättigung des Hämoglobins bzw. Senkung des $P_{O_2}$ im arteriellen Blut. Der Begriff der Hypoxämie bezieht sich nicht auf den absoluten $O_2$-Gehalt, der z. B. auch bei einer Anämie vermindert ist.

*Einteilung der Hypoxämie und Hyperkapnie nach Schweregraden*

|  | Hypoxämie ($O_2$-Sttg., %) normal $96 \pm 1$ | Hyperkapnie ($P_{CO_2}$ mmHg) normal $40 \pm 5$ |
| --- | --- | --- |
| leicht | 94—90 | 46—49 |
| mittelschwer | 89—80 | 50—59 |
| schwer | 79—70 | 60—70 |
| sehr schwer | unter 70 | über 70 |

*Pulmonale Hypertonie* = Erhöhung des über mehrere Atemphasen gemittelten Druckes in der Art. pulm. über 20 mmHg. Für die Beurteilung wichtiger ist der Lungengefäßwiderstand, der funktionell durch Gefäßengerstellung und definitiv durch Gefäßobstruktion oder Lungenrestriktion erhöht sein kann.

Einteilung der pulmonalen Hypertonie nach Schweregraden:
Der Mitteldruck in der Art. pulm. gilt für ein konstantes Herzzeitvolumen von 5,0 l/min und für einen konstanten Mitteldruck im linken Vorhof von 4—6 mmHg.

|  | *normal* | *leicht* | *mittelschwer* | *schwer erhöht* |
| --- | --- | --- | --- | --- |
| $R$b pulm. dyn sec cm$^{-5}$ | bis 250 | 251—500 | 501—1000 | über 1000 |
| $\bar{P}$a pulm. mmHg | bis 20 | 21—36 | 37—67 | über 67 |

## Lungenfunktionsdiagnostik:

*apparativ und personell einfach:*

Durchleuchtung, Total-, Vital- und Sekundenkapazität, arterielle Blutgase, Arbeitsversuch mit Kontrolle der Pulsfrequenz und der Blutgase.

*ermöglicht die Feststellung von:*

Zwerchfellbeweglichkeit, Obstruktion, Restriktion, Emphysem, Hypoxämie und Hyperkapnie, Acidose und Alkalose, kardiale und pulmonale Anpassung an Arbeit

*apparativ und personell aufwendig:*

Bronchospirometrie, Hypoxie- und Hyperoxie-Versuch, Diffusions-Kapazität, visköse und elastische Atemwiderstände, Herzsondierung, Lungenszintigraphie.

*ermöglicht die Feststellung von:*

einseitige Ventilations- und Gaswechselstörungen, quantitative Messung der venösen Zumischung, Diffusionswiderstände, Atemwiderstände, Herzzeitvolumen und Lungengefäßwiderstände, regionäre Unterschiede der Durchblutung.

# B. Abnorme atmosphärische Bedingungen

## 1. Hypoxie bei Unterdruck

Die Zusammensetzung der Luft ist mit 20,93% $O_2$, 79,04% $N_2$ und Edelgase sowie 0,03% $CO_2$ sehr konstant. Entsprechend der Formel $(P_B - P_{H_2O}) \cdot 0{,}2093$

ergibt sich bei einem Luftdruck von 760 mmHg während der Inspiration in der Trachea ein $P_{O_2}$ von 149 mmHg. Der alv. $P_{O_2}$ beträgt dann bei einer normalen alveolären Ventilation 102 mmHg Mit zunehmender Höhe sinkt der Barometerdruck, während der Wasserdampfdruck bei einer Körpertemperatur von 37° mit 47 mmHg konstant bleibt. Durch Hyperventilation kann der alv. $P_{O_2}$ etwas erhöht werden. Während schwerer körperlicher Arbeit ist es aber nicht möglich, den alv. $P_{CO_2}$ auf tiefere Werte als 20—25 mmHg zu senken. Die Möglichkeiten die höhenbedingte Hypoxie durch Hyperventilation zu kompensieren sind deshalb sehr beschränkt. In 3500 m Höhe ergibt sich bei einem Barometerdruck von 496 mm Hg bereits eine mittelschwere und in 5500 m Höhe bei einem Luftdruck von 380 mmHg eine schwere Hypoxämie. Bei einer plötzlichen Senkung der art. $O_2$-Sttg. auf 50%, womit man in Höhen über 7000 m rechnen muß, wird die Mehrzahl nicht adaptierter Exploranden innert weniger Minuten bewußtlos.

Die Hypoxämiesymptomatologie tritt während körperlicher Arbeit bereits in geringeren Höhen auf als in Ruhe, was auf das Zusammenwirken verschiedener Faktoren zurückzuführen ist. Der alveolo-arterielle $P_{O_2}$-Gradient vergrößert sich bei zunehmendem Gaswechsel, das pH sinkt wegen einer Zunahme der Milchsäurekonzentration etwas ab, und die Körpertemperatur nimmt leicht zu, so daß sich bei demselben alv. $P_{O_2}$ eine etwas tiefere art. $O_2$-Sttg. ergibt. Diese Unterschiede zwischen Ruhe- und Arbeitsbedingungen erklären, warum man in mittleren Höhen, z. B. 1600—2000 m in Ruhe noch eine normale art. $O_2$-Sttg. von 95—96%, bei Arbeit aber bereits eine leichte Hypoxämie feststellen kann. Eine Hyperventilation mit Senkung des

*Übersicht: Abnorme atmosphärische Bedingungen*

| | Luftatmung | | | | | | | | Atmung von 100% $O_2$ | |
|---|---|---|---|---|---|---|---|---|---|---|
| | 100 m | 50 m | 15 m | 0 m | 2000 m | 3500 m | 5500 m | 7500 m | 10000 m | 15000 m |
| | | *unter Wasser* | | | | *über Meereshöhe* | | | | |
| ata | 11 | 6 | 2,5 | 1 | 0,8 | 0,65 | 0,50 | 0,37 | 0,26 | 0,12 |
| mmHg | 8360 | 4560 | 1900 | 736 | 590 | 496 | 380 | 280 | 200 | 90 |
| $P_{IO_2}$ | 1735 | 945 | 388 | 144 | 111 | 94 | 69 | 48 | 153 | 53 |
| $P_{AO_2}$ | 1688 | 898 | 341 | 97 | 67 | 53 | 41 | 26 | 112 | 29 |
| $P_{aO_2}$ | 1600 | 850 | 330 | 93 | 63 | 49 | 37 | 23 | 107 | 26 |
| $P_{aCO_2}$ | 40 | 40 | 40 | 40 | 37 | 35 | 25 | 25 | 40 | 25 |
| $O_2$-Sttg., % | 100 | 100 | 100 | 96 | 93 | 82 | 76 | 51 | 98 | 51 |

Bei einem $P_{IO_2}$ von weniger als 50 mmHg kann eine plötzliche Bewußtlosigkeit auftreten. Bei tagelanger Einwirkung eines $P_{IO_2}$ von über 300 mmHg können Symptome der $O_2$-Vergiftung auftreten. (1 ata = 1 techn. Atm. = 1 kg/cm² = 735 mmHg).

art. $P_{CO_2}$, Verschiebung des pH zur alkalischen Seite und Erhöhung des $P_{O_2}$, vermindert den Grad der Hypoxämie, so daß sich die Limite einer art. $O_2$-Sttg. von 50% in etwas größere Höhen verschiebt (Abb. 14). Andererseits nimmt in der

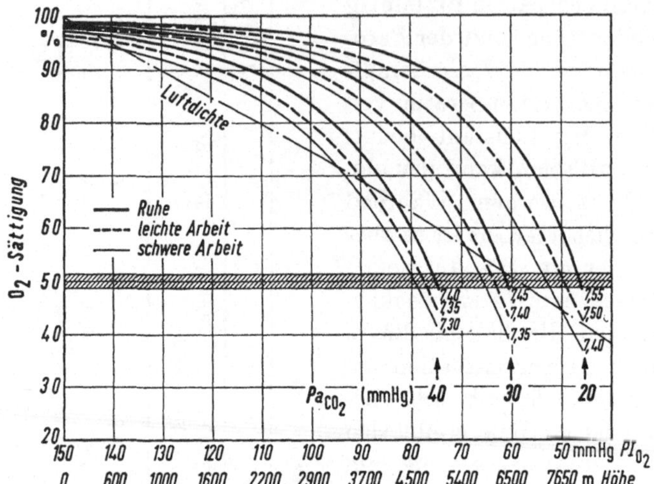


Abb. 14. Hypoxie und Hyperventilation. Ordinate: Art. $O_2$-Sttg. und Luftdichte in %. Abzisse: Alv. $P_{O_2}$ und Abhängigkeit von der Höhe in Meter. Normale alveoläre Ventilation = $P_{CO_2}$ 40 mmHg. Leichte alveoläre Hyperventilation = $P_{CO_2}$ 30 mmHg, starke alveoläre Hyperventilation = $P_{CO_2}$ 20 mmHg. Berechnungen für körperliche Ruhe mit normalem Standardbicarbonat, leichte Arbeit mit leichter Senkung des Standardbicarbonates und schwere Arbeit mit erheblicher Senkung des Standardbicarbonatse. Bei normalem insp. $P_{O_2}$ hat die Hyperventilation in Ruhe und während Arbeit nur einen geringen Effekt auf die art. $O_2$-Sttg. Unter Hypoxie-Bedingungen führt die Hyperventilation dank des höheren alv. $P_{O_2}$ und der Alkalose (Bohr-Effekt) zu einer wesentlichen höheren art. $O_2$-Sttg. In größeren Höhen sinkt die art. $O_2$-Sttg. ohne Hyperventilation unter die kritische Limite von 50%. Die Abnahme der Luftdichte in der Höhe erleichtert die Hyperventilation atemmechanisch, insbesondere bei großem Ventilationsvolumen während schwerer Arbeit

Höhe die Affinität des Hämoglobins zum $O_2$ etwas ab. Mit der Rechtsverschiebung der $O_2$-Dissoziationskurve ergibt sich für eine gegebene arterio-venöse $O_2$-Differenz trotz verstärkter arterieller Hypoxämie ein höherer mittlerer $P_{O_2}$ im Gewebe (Abb. 15).

Die Hypoxämie vermindert bei gegebener Hämoglobinkonzentration die $O_2$-Transportkapazität des Kreislaufes und damit auch die maximale $O_2$-Aufnahme was durch eine Erhöhung der Hämoglobinkonzentration nur z. T. kompensiert werden kann. Neuere Untersuchungen haben zudem gezeigt, daß in größeren Höhen das Plasmavolumen stärker abnimmt als es der Zunahme des Hämatokritwertes entsprechen würde. Die gleichen Autoren stellten auch fest, daß das Herzschlagvolumen bei denselben Exploranden in der Höhe während Arbeit kleiner ist als in Meereshöhe (Tab. 12). Damit ergibt sich für eine gegebene Pulsfrequenz ein kleineres Herzzeitvolumen und zusammen mit der Hypoxämie eine Einschränkung der körperlichen Leistungsfähigkeit, sofern diese hauptsächlich von der $O_2$-Transportkapazität limitiert wird. Die Korrektur des Plasmavolumens führte aber bei diesen Exploranden nicht zu einer dauernden Normalisierung des

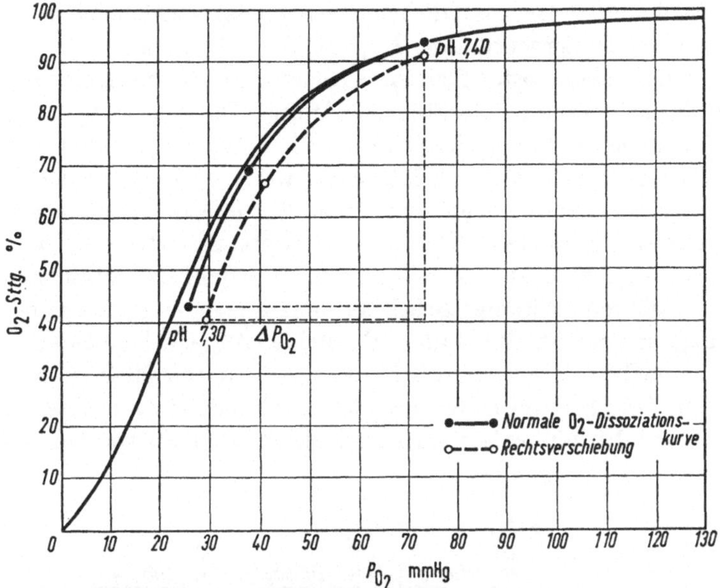



Abb. 15. Rechtsverschiebung der $O_2$-Dissoziationskurve in der Höhe. Bei verminderter $O_2$-Affinität des Hämoglobins sind die arteriovenöse $P_{O_2}$-Differenz bei gleicher Ansäuerung für dieselbe $O_2$-Sättigungsdifferenz kleiner, der endcapilläre und damit auch der mittlere $P_{O_2}$ im Gewebe höher als bei einer normalen Affinität. Die Rechtsverschiebung der $O_2$-Dissoziationskurve vermindert die Gewebehypoxie trotz stärkerer arterieller Hypoxämie

Herzschlagvolumens, was dafür sprechen würde, daß es sich bei der verminderten Förderleistung des Herzens z. T. um einen direkten Hypoxämieeffekt handelt. Insbesondere der linke Ventrikel ist sehr empfindlich auf eine Hypoxämie. Eine in Ruhe kaum erfaßbare Kontraktionsschwäche zeigt sich bei Arbeit in einer beträchtlichen Erhöhung des diastolischen Druckes, ein hämodynamisches Verhalten, das sich unter Hypoxie-Bedingungen verstärkt.

Die olympischen Wettkämpfe 1968 in 2200 m Höhe in Mexico-City waren hinsichtlich Bedeutung der Hypoxämie in mittleren Höhen für die körperliche Leistungsfähigkeit ein Massenexperiment. Bei kurzfristigen Leistungen, z. B. 100- und 200-m-Lauf, Hoch- und Weitsprung, bei denen die $O_2$-Versorgung der Muskulatur nur eine untergeordnete Rolle spielt, waren dank der geringeren Luftdichte im Vergleich zum Tiefland sogar Leistungssteigerungen möglich. Bei den Mittel- und Langstreckenläufen und auch beim Rudern wurden hingegen trotz wochenlangen Trainings in mittleren Höhen meist schlechtere Zeiten erzielt als im Tiefland. Das gehäufte Auftreten von kollapsähnlichen Zuständen insbesondere gegen das Ende oder kurz nach mittel- und langfristigen Übungen war weniger vorauszusehen und ist noch nicht befriedigend geklärt. Wenn auch keine entsprechenden Messungen durchgeführt wurden, so war doch zu beobachten, daß diese Zustände oft mit einer auffälligen intensiven Atmung einhergingen. Die Hypoxämie fördert die Tendenz zur Hyperventilation, die dank der geringeren Luftdichte atemmechanisch erleichtert wird. So wäre es durchaus denkbar, daß diese „Zusammenbrüche" Folgen einer Hypovolämie als kombiniertes Resultat eines tieferen Ausgangswertes für das Plasmavolumen, des Flüssigkeitsverlustes

durch Schweiß und einer zusätzlichen Flüssigkeitsverschiebung in das Interstitium wegen der Hyperventilation (Kap. II, C. 2, a) waren.

Bei einem der bekanntesten Schweizer Ruderer bestand nach einem derartigen
„Zusammenbruch" während 36 Std eine Anurie. Da sich röntgenologisch eine
auffällige Abnahme der Herzgröße nachweisen ließ, hat die Annahme einer schweren Hypovolämie einige Wahrscheinlichkeit, wenn auch in Mexico keine entsprechenden Messungen durchgeführt wurden. Wir haben in der Folge bei diesem
und 13 weiteren Leistungssportlern, zur Hauptsache Ruderer, die ebenfalls
an den Wettkämpfen in Mexico teilgenommen hatten, das zirkulierende Blutvolumen vor, während schwerer Arbeit auf dem Fahrradergometer und während
der Erholung untersucht. Mit 14,5% $O_2$ und 95,5% He konnte ein insp. $P_{O_2}$
von ca. 100 mmHg und eine Luftdichte vergleichbar mit 2200 m Höhe nachge-
ahmt werden. Bei Hypoxie nahm das Plasmavolumen trotz leichter Hyperventilation während 10 min Arbeit im Mittel gleich stark ab wie bei Luftatmung

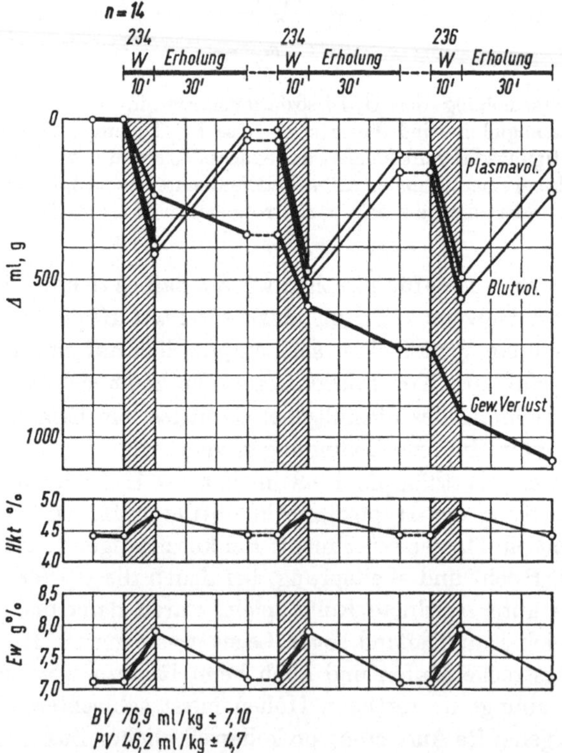


Abb. 16. Gewichtsabnahme und zirkulierendes Blut- und Plasmavolumen während 3mal je
10 min schwerer Arbeit auf dem Fahrradergometer ohne Flüssigkeitszufuhr während der
Erholung. Alle Messungen im Sitzen. Die Gewichtsabnahme entspricht zur Hauptsache dem
Flüssigkeitsverlust durch Schweiß. Während der Erholung wird das Plasmavolumen nicht
vollständig restituiert, womit sich jeweils eine Verschlechterung der Ausgangssituation ergibt.
Die Differenz zwischen Blut- und Plasmavolumen am Ende entspricht dem Erythrocyten-
volumen der 6 vorausgegangenen Blutentnahmen. Mittelwerte von 14 Leistungssportlern,
Blutvolumenbestimmung mit $Ce^{51}$ markierten Erythrocyten (Tab. 14) 0 - - - 0,4—6 min
zwischen Ende Erholung und Beginn des folgenden Arbeitsversuches (Tab. 13)

mit einem normalen insp. $P_{O_2}$ von ca. 140 mmHg. Entsprechend der mittelschweren Hypoxämie ließen sich aber eindeutig höhere Milchsäurewerte nachweisen. Wenn die Exploranden während der Hypoxie hyperventilierten — als Grenzwert wurde eine art. $P_{CO_2}$ von 30 mmHg angenommen — waren die Plasmavolumenabnahme trotz geringerer Hypoxämie größer und die Lactatwerte etwas höher (Abb. 16, 17, Tab. 13, 14). Während der Erholungsphase bei einem normalen insp. $P_{O_2}$ kam es jeweils ohne Änderung der Körperhaltung zu einer praktisch vollständigen Restitution des Plasmavolumens trotz eines sich in der Gewichtsabnahme zeigenden erheblichen Flüssigkeitsverlustes durch Schweiß. Diese Versuche weisen darauf hin, daß die Hyperventilation nicht nur in Ruhe zu einer Blutvolumenabnahme führt. Der gleichzeitige, mit der Plasmavolumenabnahme quantitativ übereinstimmende Anstieg des Serumeiweißes spricht gegen eine regionäre Hämokonzentration und für die Verschiebung einer eiweißarmen Flüssigkeit in das Interstitium. Die inadäquate Hyperventilation während Arbeit vergrößert die sich bei einer körperlichen Leistung mit der hämodynamischen Umstellung wie Blutdruckerhöhung und Capillarerweiterung ergebende normale Plasmavolumenabnahme. Die höhenbedingte Hypoxämie kann deshalb über die Hyperventilation zu einem circulus vitiosus führen, indem die bei Arbeit ohnehin schwerere Lactatacidose wegen einem ungenügenden Herzzeitvolumen als Folge der Hypovolämie zusätzlich verstärkt wird und ihrerseits über pH und Hypoxämie die Ventilation noch mehr steigert (Schema).

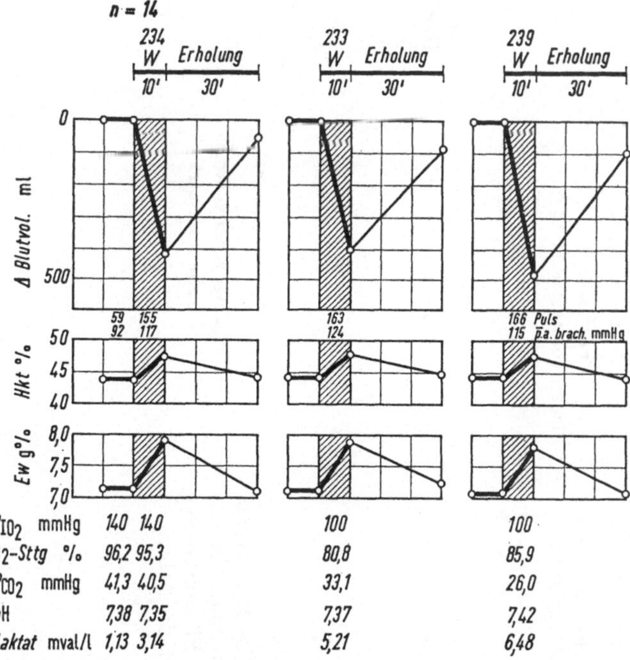



Abb. 17. Blutvolumenabnahme während Arbeit, Pulsfrequenz, Mitteldruck in der A. brach. Hämatokrit, Serumeiweiß, arterielle Blutgase und Lactatkonzentration (14 Leistungssportler, Tab. 14). I. Normaler insp. $P_{O_2}$ und adäquate Ventilation, II. $P_{IO_2}$ = 100 mmHg und leichte alv. Hyperventilation, III. $P_{IO_2}$ = 100 mmHg und erhebliche alv. Hyperventilation

Die erhebliche Senkung des alv. $P_{O_2}$ in größeren Höhen führt über den alveolo-vasculären Reflex auch zu einer Engerstellung der Lungenateriolen und im chronischen Fall zum Cor pulmonale, wie man es bei Menschen und Säugetieren, die dauernd in größeren Höhen, z. B. in den Anden leben, nachgewiesen hat (Kap. II. C.c).

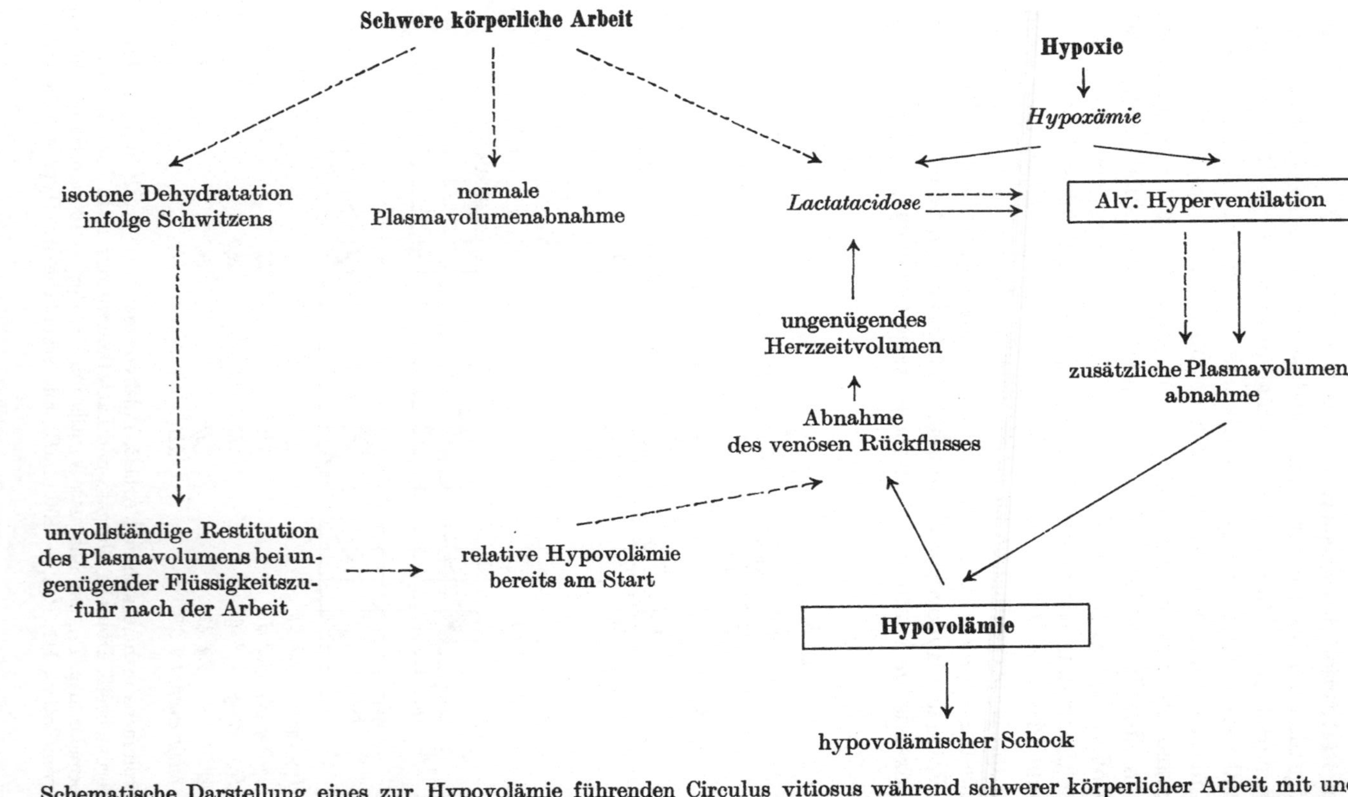



Schematische Darstellung eines zur Hypovolämie führenden Circulus vitiosus während schwerer körperlicher Arbeit mit und ohne Hypoxie. —— Die Hypoxämie provoziert direkt und über eine verstärkte Lactatacidose eine alveoläre Hyperventilation, die wegen zusätzlicher Plasmavolumenabnahme über eine Verminderung des venösen Rückflusses zu einem ungenügenden Herzzeitvolumen und damit wieder zu einer Verstärkung der Lactatacidose und der alveolären Hyperventilation führt. ——— Ohne arterielle Hypoxämie kann sich bei lange dauernden oder in kurzen Abständen wiederholten sportlichen Höchstleistungen ohne genügenden Flüssigkeitsersatz ebenfalls eine gefährliche Hypovolämie entwickeln.

Das gelegentliche Auftreten eines akuten Lungenödems in der Höhe ist ätiologisch noch nicht befriedigend geklärt. Bei den wenigen bisher im akuten Stadium katheterisierten Patienten wurde ein normaler Lungencapillardruck festgestellt, so daß für diese Fälle eine akute Insuffizienz des linken Herzens unwahrscheinlich ist. Die prompte Besserung des Lungenödems bei Erhöhung des Druckes bzw. der $O_2$-Konzentration der Inspirationsluft spricht für eine hypoxieabhängige gesteigerte Capillarpermeabilität. Der Umstand, daß von mehreren Berggängern bei denselben Expositionsbedingungen immer nur einzelne erkranken, die dann wieder andere Touren in gleichen Höhenlagen ohne Symptome absolvieren, weist auf Zusatzfaktoren hin, die noch nicht genügend bekannt sind. Die allgemeine Symptomatologie mit den Prodromi wie Kopfweh, Übelkeit, Reizhusten, intrathorakale Schmerzen bei tiefer Inspiration sowie die erhöhte Empfindlichkeit während körperlicher Arbeit und die Latenzzeit zwischen Exposition und Auftreten des Lungenödems unterscheidet sich kaum von den Verhältnissen bei Hyperoxie, die zu einer direkten Schädigung der alveolo-capillären Membran führen kann [1, 2, 4, 5, 6, 8, 12, 13, 14, 15, 16, 17, 18, 19, 20, 21, 22, 23, 26, 31, 33, 34, 35, 37, 38, 39, 41, 42].

## 2. Hypoxie bei Überdruck

Ertrinkungsfälle beim Tauchen in Apnoe ergeben sich aus einer spezifischen Kombination von Überdruck und Hypoxie. Während der Apnoe nimmt die $O_2$-Konzentration in den Alveolen ständig ab, der alv. $P_{O_2}$ bleibt aber wegen des Überdruckes relativ hoch, so daß keine gefährliche Hypoxämie entsteht. Lediglich die sich während der Apnoe entwickelnde respiratorische Acidose zwingt den Taucher zum Auftauchen. Wegen des relativ hohen $P_{O_2}$ und der damit fehlenden Atemstimulierung über die Glomera carotica kann die Apnoezeit verlängert werden, womit sich eine zusätzliche Abnahme der alveolären $O_2$-Konzentration ergibt. Beim Auftauchen fällt der alv. $P_{O_2}$ mit der Rückkehr zum Normaldruck schnell

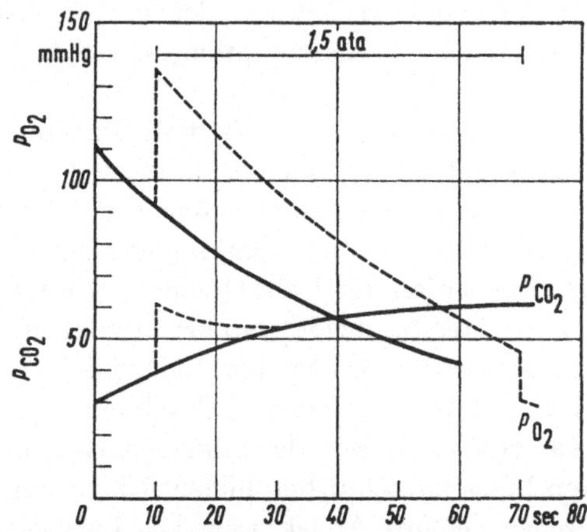


Abb. 18. Hypoxie trotz Überdruck beim Tauchen in Apnoe. Während der Apnoe fällt der alv. $P_{O_2}$ kontinuierlich ab, während der $P_{CO_2}$ ansteigt. Wegen des Überdruckes bleibt aber der $P_{O_2}$ über 50 mmHg. Erst beim schnellen Auftauchen fällt der $P_{O_2}$ mit dem Abbau des Überdruckes abrupt in den für die Hirnfunktion gefährlichen Bereich ab

auf kritische Werte ab, so daß schlagartig Bewußtlosigkeit eintreten kann. Der bewußtlose Taucher aspiriert und ertrinkt, falls an der Wasseroberfläche keine Sicherheitsmaßnahmen getroffen werden, wie es z. B. bei den Perlentauchern üblich ist. Eine vorgängige Hyperventilation mit dem Ziel, den $CO_2$-Atemreiz hinauszuzögern und damit die Tauchzeit in Apnoe zu verlängern, erhöht das Risiko beim Wiederauftauchen noch unter der Wasseroberfläche bewußtlos zu werden, weil bei gegebener Muskelaktivität die Abnahme der alveolären $O_2$-Konzentration zur Hauptsache eine Funktion der Apnoezeit ist (Abb. 18) [3].

### 3. Hyperoxie

Die Beschäftigung mit den medizinischen Problemen der Raumfahrt und der submarinen Forschung haben die Kenntnisse über die Hyperoxie erweitert. Die Hyperoxie mit einer vollständigen $O_2$-Sättigung des Hämoglobins und mit erheblichen Mengen an gelöstem $O_2$ im arteriellen Blut hat keine proportionale Erhöhung des $P_{O_2}$ im Gewebe zur Folge, weil das Herzzeitvolumen eingeschränkt und die Perfusion einzelner Körperregionen sogar ganz erheblich reduziert wird (Tab. 15). Eine längere Zeit einwirkende Hyperoxie führt zudem zu direkten Schäden der Luftwege, der Lungen und des Zentralnervensystems. Trotz großer individueller Unterschiede kann die Regel aufgestellt werden, daß nicht nur der Absolutwert des $P_{O_2}$, sondern auch die Expositionszeit und die körperliche Aktivität der Exponierten für das Auftreten von Schäden maßgebend sind. Werden mehr als 6 ata $O_2$ geatmet, so kommt es bei der Mehrzahl der Probanden schlagartig zu Bewußtlosigkeit mit tonisch-klonischen Krämpfen. 2,5 ata $O_2$ werden unter Ruhebedingungen für einige Stunden gut ertragen. Während körperlicher Arbeit erhöht sich die Empfindlichkeit des Gehirns auf Hyperoxie. Schon mit 2,0—2,5 ata $O_2$ kann es innert Minuten zu schweren Störungen mit Verwirrungszuständen und Krämpfen kommen, was im Wasser wegen der Ertrinkungsgefahr besonders gefährlich ist. Bei Expositionszeiten von 6 Stunden und länger häufen sich schon in Ruhe mit 1,5—2,0 ata $O_2$ die Symptome der $O_2$-Intoxikation wie Paraesthesien in den Fingerspitzen, Zucken der Lippen, Übelkeit und Kopfschmerzen. Dazu kommen häufig Reizsymptome der Schleimhäute des Atemtraktes.

In schwereren Fällen können sich eine interstitielle Pneumonie und ein Lungenödem mit blutigem Transsudat wegen einer diffusen Capillarschädigung entwickeln. Im Tierversuch wurden nach länger dauernder Hyperoxie elektronenmikroskopisch Verdickungen der Alveolarmembran nachgewiesen. Beim Menschen ließ sich bei tagelanger Exposition mit 1 ata $O_2$ eine Abnahme der CO-Diffusionskapazität wegen erhöhten Membranwiderständen feststellen. Das Auftreten der zentralnervösen Intoxikationserscheinungen ist nur vom $O_2$-Druck abhängig. Die Toleranz der Atemwege und der Lungen wird durch einen großen Inertgasanteil z. B. $N_2$ oder He etwas erhöht. Wegen der schnellen Resorption des $O_2$ in zeitweise nicht ventilierten Lungenabschnitten, bilden sich bei der Atmung von hochprozentigen $O_2$-Gemischen gehäuft Atelektasen. Die Luftwege und das Lungenparenchym der Neugeborenen und Kleinkinder sind besonders Hyperoxie-empfindlich. Schon nach 1- bis 2 tägiger Beatmung mit 80—100% $O_2$ wurden schwere histologische Veränderungen der Bronchialschleimhaut und des Lungenparenchyms mit Zunahme des interstitiellen Gewebes und Verlust an Alveolen und Capillaren beschrieben. Selbstverständlich ist es in diesen Fällen sehr schwierig den eigentlichen Hyperoxieschaden von den Folgen der eigentlichen Erkrankung, die die Beatmung notwendig machte, zu trennen. Zur Vermeidung von Hyperoxieschäden sollte bei mehrtägiger Einwirkung der insp. $O_2$-Druck unter 0,8 ata und bei wochenlanger Exposition unter 0,3 ata gehalten, was bereits bei Normaldruck und erst recht bei Überdruck erhebliche Inertgasanteile voraussetzt. Ein hoher Feuchtigkeitsgehalt erhöht etwas die Toleranz der oberen Luftwege, nicht aber die des Nervensystems [9, 11, 40, 43].

## 4. Atemmechanik bei Überdruck

Die Erschwerung der Atmung bei Überdruck wurde bereits im 17. Jahrhundert beobachtet, durch entsprechende Messungen beim Menschen aber erst im vergangenen Dezenium etwas näher abgeklärt. Die statische Compliance der Lungen und des Thorax bleiben bei Überdruck praktisch unverändert. Da nicht anzunehmen ist, daß sich die Gewebedeformationswiderstände bei der Atmung von verdichteten Gasen wesentlich ändern, sofern eine Schädigung des Lungenparenchyms infolge einer gleichzeitigen Hyperoxie vermieden wird, muß eine allfällige Erhöhung der Viscance zur Hauptsache mit einer Zunahme der Atemwegswiderstände erklärt werden. Entsprechend der Gleichung von HAGEN-POISEUILLE

$$P_{\text{lam}} = \dot{V} \cdot K'_{RL} , \quad K'_{RL} = \frac{8 \cdot \mu \cdot 1}{r \cdot r^4}$$

($K'_{RL}$ = Reibungskonstante, $\mu$ = dynamische Viscosität, $r$ = Radius, $l$ = Länge des Rohres, lam = laminär).
ist der Druckabfall bei laminärer Strömung bei gegebener Geometrie nur eine Funktion der dynamischen Viscosität des Gases. Die Unterschiede verschiedener Atemgase sind in Abb. 19 dargestellt. Die Gasdichte spielt hingegen bei laminärer

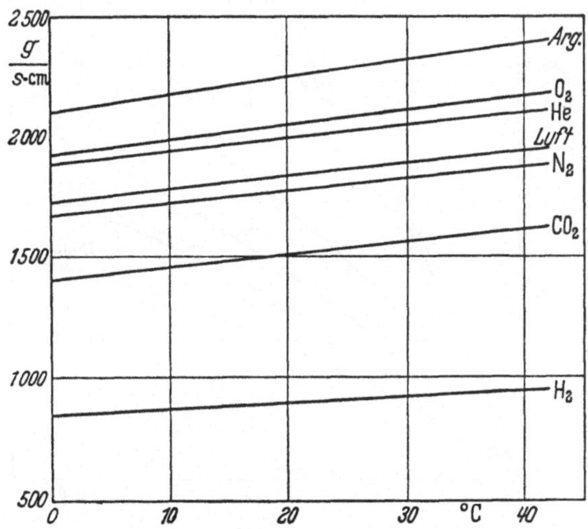


Abb. 19. Dynamische Viscosität verschiedener Gase in Abhängigkeit von der Temperatur

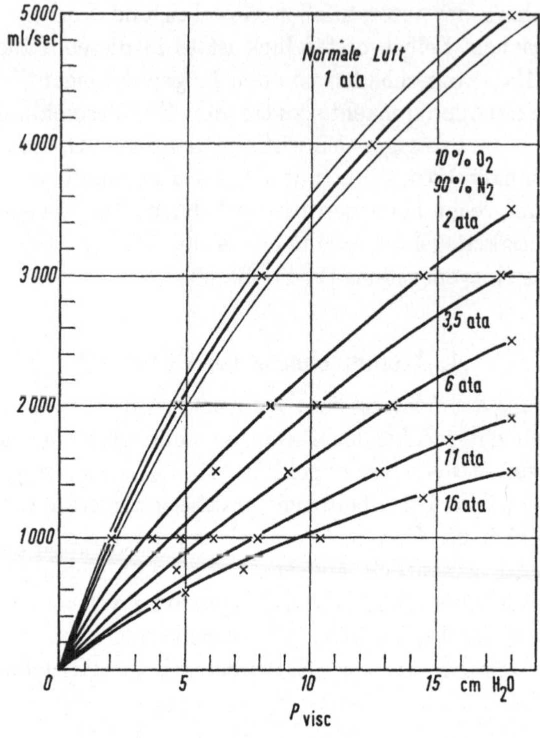


Abb. 20a

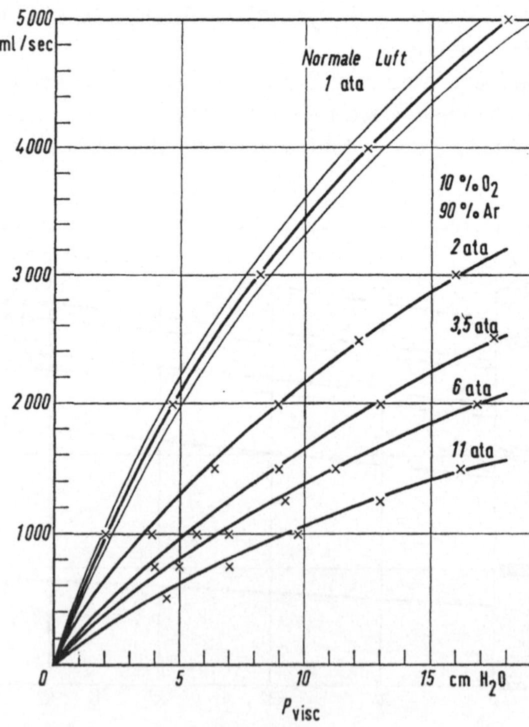


Abb. 20b

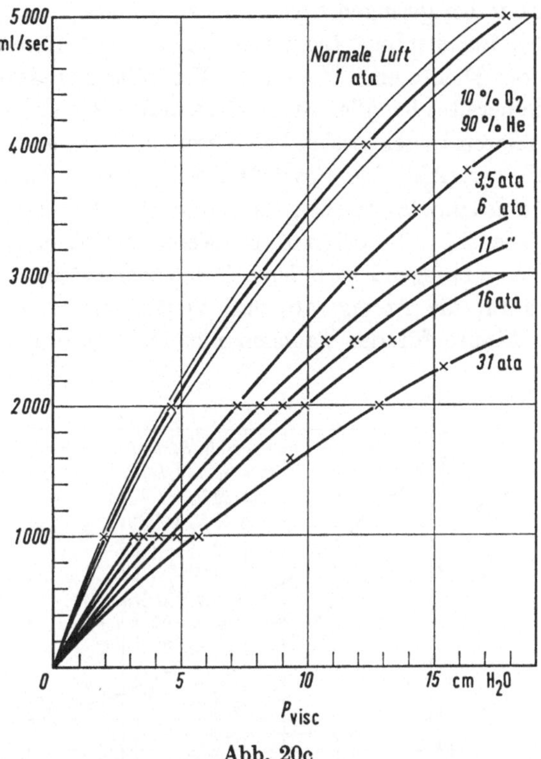


Abb. 20c

Abb. 20. Viscance bei Überdruck. Mittelwerte von 9 lungengesunden Männern, 23,0 $\pm$ 2,5 J. Die Vergleichskurve bei Luftatmung entspricht den Normalwerten. a = 90% $N_2$/10% $O_2$, b = 90% Ar/10% $O_2$, c = 90% He/10% $O_2$

Strömung keine Rolle. In einem Röhrensystem geht die laminäre Strömung in Turbulenz über, sobald die Reynoldsche Zahl größer als 2320 wird. Diese Zahl ist aber bei gegebenem Durchmesser und bei konstanter Stromstärke eine Funktion des Verhältnisses zwischen dynamischer Viscosität und Gasdichte:

$$\text{Re} = \frac{D \cdot \dot{V} \cdot \text{Dichte}}{\mu}$$

($D$ = Durchmesser, Dichte = Masse der Moleküle).

Ist die Strömung turbulent, so steigt der Strömungswiderstand sprunghaft an und wird mit zunehmender Dichte immer größer gemäß der Gleichung:

$$P_{\text{turb}} = \dot{V}^2 \cdot K''_{RL}, \quad K''_{RL} = k \cdot \text{Dichte}$$

($k$ = Konstante entsprechend der Geometrie des Rohres)

Entsprechend dem komplizierten Bau der Luftwege mit einer Vielzahl von verschiedenen Durchmessern und Strömungsgeschwindigkeiten ist in Abhängigkeit von dem pro Zeiteinheit geatmeten Gasvolumen mit variablen Anteilen von laminärer und turbulenter Strömung zu rechnen. Die Krümmung der $P_{\text{visc}}/\dot{V}$ Beziehung bei großen Stromstärken (Abb. 20) erklärt sich mit einem zunehmenden Anteil an turbulenter Strömung. Wegen der im Vergleich zum $N_2$ erheblich höheren dynamischen Viscosität des Argon sind mit diesem Gas schon bei laminärer

Strömung und damit bei geringen Stromstärken größere Strömungswiderstände
zu erwarten als bei Luftatmung. Liegt eine turbulente Strömung vor, so ergibt
sich mit der höheren Dichte eine zusätzliche Vergrößerung. Die geringsten Strömungswiderstände bereitet bei allen Stromstärken der $H_2$. Vergleichende Messungen über einen größeren Druckbereich bei denselben Versuchspersonen liegen vor
allem für $N_2$ und He vor. (Abb. 20a, b, c u. 21.) Sie zeigen eine massive Zunahme der
Viscance bei Atmung eines $N_2$-reichen Gasgemisches. Bei einer Stromstärke von
ca. 2000 ml/sec, wie sie z. B. bei mittelschwerer Arbeit erreicht wird, ist die
Strömung bei 6 ata vorwiegend turbulent. Berücksichtigt man, daß die gleichen
Beziehungen auch für die Atemgeräte und Ventile gelten, so ergibt sich eine
atemmechanische Limite für das Tauchen mit Luft, sofern körperliche Arbeit

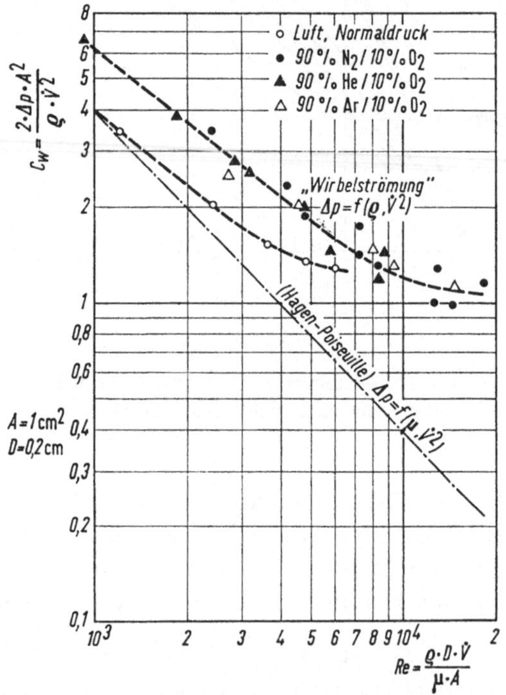



Abb. 21. Darstellung der in Abb. 20 angegebenen Mittelwerte in Beziehung zur Reynold-Zahl
($\varrho$ = Gasdichte, $\mu$ = dynamische Viscosität des Gases, $A$ = Bezugsfläche, z. B. Glottisöffnung,
$D$ = aerodynamisch wirksamer Durchmesser). Ordinate: Dimensionsloser Widerstandswert.
Abzisse: Zahl von Reynold. Bei laminarer Strömung besteht entsprechend der Formel von
Hagen-Poiseuille eine lineare Beziehung in Abhängigkeit von der Stromstärke ($\dot{V}$) und der
dynamischen Viscosität. Die gemessenen Werte liegen bei niedrigen Reynold-Zahlen auf einer
Geraden, die sich bei 4000—6000 abzuflachen beginnt. Dieses Verhalten entspricht einer
„Wirbelströmung" durch eine blendenförmige Öffnung mit zunehmender Turbulenz bei hohen
Stromstärken oder großer Gasdichte. Bei rein turbulenter Strömung würde die Linie horizontal verlaufen, was auch bei Reynold-Zahlen von 10000 noch nicht der Fall ist. Die Messungen bei Normaldruck entsprechen einem größerem Untersuchungsgut als die Bestimmungen bei Überdruck, wo eine durch das Atemgerät bedingte zusätzliche Erhöhung des Strömungswiderstandes insbesondere bei niedrigen Stromstärken oft nicht mit der Meßanordnung
vollständig kompensiert werden kann, was die Differenz der beiden Kurven im Bereich von
1000—5000 z. T. erklärt

geleistet werden soll, bei ca. 50 m. Mit dem leichten He sind bei geringen Stromstärken mit vorwiegend laminärer Strömung die Strömungswiderstände auch bei stark erhöhtem Druck praktisch gleich wie bei Luftatmung mit Normaldruck, die geringen Unterschiede liegen im Streubereich. Bei größeren Stromstärken mit zunehmenden Anteil an turbulenter Strömung bei Luftatmung ist der Strömungswiderstand mit He wesentlich niedriger, so daß auch noch in Tiefen von 300 m Stromstärken von 2000 ml/sec ohne atemmechanische Schwierigkeiten erreicht werden. Diese Meßergebnisse in der trockenen Überdruckkammer werden mit der praktischen Erfahrung bestätigt, daß auch im Wasser die Atmung bis in Tiefen von 350 m während Arbeit mit 96—98% He als Inertgas subjektiv nicht deutlich erschwert ist.

Unabhängig vom Überdruck ergeben sich beim Tauchen mit einem Schnorchel ganz besondere atemmechanische Verhältnisse. Auf dem ganzen Körper lastet ein konstanter Überdruck entsprechend der Schnorchellänge von z. B. 30 cm, während der Alveolardruck dank dem Schnorchel im Mittel dem Luftdruck an der Oberfläche entspricht und der intrathorakale Druck also der Pleuradruck sogar leicht negativ ist. Der Kompression des Thorax durch den Wasserdruck muß die Inspirationsmuskulatur dauernd mit einer Kraft entsprechend der Wassersäule von 30 cm entgegenwirken. Mit dem zur Überwindung der Atemwiderstände zusätzlichen Kraftbedarf für die Ventilation werden die Möglichkeiten der Atemmuskulatur schnell überschritten. Die Ventilationsbehinderung beim Schnorcheltauchen ist weniger Folge des zusätzlichen Totraumes als der sich mit der Druckdifferenz ergebenden Dauerbelastung der Inspirationsmuskulatur. Schon normalerweise fördert der gegenüber dem Luftdruck leicht negative intrathorakale Druck den venösen Rückfluß zum Herzen. Unter Wasser addiert sich der Wasserdruck zum Venendruck. Die sich damit ergebende massive Vergrößerung der Druckdifferenz zum intrathorakalen Druck kann eine erhebliche Blutverschiebung in den intrathorakalen Raum zur Folge haben. Die Verhältnisse entsprechen in dieser Beziehung denen der Überdruckbeatmung mit umgekehrten Vorzeichen (Kap. III, D, 5). Diese die Atemmechanik und Hämodynamik beeinflussende Druckdifferenz begrenzt die Schnorchellänge und damit auch die Tauchtiefe auf 20—30 cm. Das Abtauchen in größere Tiefen erfordert die Angleichung des intrathorakalen Drukkes an den Wasserdruck z. B. durch Kompression des intrathorakalen Gasvolumens beim Apnoetauchen oder durch Zufuhr der Atemgase mit Überdruck entsprechend der Tiefe [36].

## 5. Atemstörungen bei Beschleunigung

Beschleunigungskräfte in sagittaler Richtung, wie sie z. B. beim Raketenstart in liegender Position der Astronauten auftreten, behindern weniger das Zwerchfell als die Atembewegungen des Thorax und führen deshalb nur zu leichten Ventilationsstörungen. Beim engen Kurvenflug mit schnell fliegenden Flugzeugen ergibt sich mit der Blutverschiebung in die basalen Lungenpartien eine Störung des Ventilations-Perfusionsverhältnisses, so daß eine leichte Hypoxämie auftreten kann. Diese die Atmung beeinflussenden großen Beschleunigungskräfte dauern entsprechend den heutigen technischen Mitteln nur einige Sekunden bis maximal 10 min. Die Schwerelosigkeit führt zu keinen manifesten Störungen der Atmung [10, 32].

## 6. $CO_2$-Anreicherung der Inspirationsluft

Der insp. $P_{CO_2}$, normalerweise praktisch O, addiert sich zum alv. $P_{CO_2}$. 1—1,5%
$CO_2$ in der Inspirationsluft, Werte wie sie in sehr schlecht ventilierten Räumen
und auch in Unterseebooten vorkommen, werden gut ertragen und subjektiv oft
gar nicht bemerkt. 2,0—3,0% führen bereits zu einer deutlichen Ventilationssteigerung mit dem Ziel, die $P_{CO_2}$- und pH-Werte im arteriellen Blut in der Nähe
des Normbereiches zu halten. Bei länger dauernder Exposition ergibt sich eine
gewisse Adaptation, indem sich die Atemregulation auf einen gegenüber der Norm
höheren Pegel für den art. $P_{CO_2}$ einstellt. $CO_2$-Konzentrationen in der Inspirationsluft von mehr als 4—6% führen immer zu einer ganz beträchtlichen Erhöhung
des art. $P_{CO_2}$ und werden nicht für längere Zeit toleriert. Bei 7% $CO_2$ und mehr
wird die Mehrzahl der Exploranden bewußtlos. Körperliche Arbeit reduziert die
Toleranz, weil es wegen der vergrößerten Eigenproduktion von $CO_2$ und den limi-
tierten Ventilationsmöglichkeiten schon bei geringeren $CO_2$-Konzentrationen in
der Inspirationsluft zu einer schweren Hyperkapnie kommt [13, 24, 25, 27, 30].

# C. Pathophysiologische Syndrome

Die respiratorische Insuffizienz ist symptomatisch kein einheitliches Syndrom.
Entsprechend der vielfältigen Ursachen einer gestörten äußeren Atmung lassen
sich eine Reihe von pathophysiologischen Syndromen unterscheiden, die sich
beim einzelnen Patienten oft kombinieren. Die Beschreibung der Syndrome wider-
spiegelt die angewandten Untersuchungsmethoden. Die Aufstellung bestimmter
Korrelationen zwischen Ventilation, Diffusion und Perfusion sowie ihre Zuordnung
zu bestimmten Krankheitsgruppen markiert einen wesentlichen Fortschritt der
Lungenpathophysiologie. Die stürmische Entwicklung der Lungen- und Herzchirurgie hat diese Betrachtungsweise und ihre praktische Bedeutung entscheidend
gefördert.

Die funktionelle Lungen- und Kreislaufdiagnostik benötigen vielfach dieselben
Laboratoriumstechniken. Spirometrie, arterielle Blutgasanalyse und Arbeitsversuch haben z. B. ihren Platz in der präoperativen Abklärung von Herzfehlern
wie die Herzsondierung bei der funktionellen Beurteilung verschiedener Lungen-
und Lungengefäßerkrankungen. Die Kenntnis der gegenseitigen Korrelationen
ermöglicht eine bessere Differenzierung der verschiedenen Dyspnoeformen nach
kausalen Gesichtspunkten. Eine den heutigen Kenntnissen angepaßte Beschreibung berücksichtigt: Atemwiderstände, Lungendehnbarkeit, Lungenvolumina,
Atemreserven, Alveolargase als Effekt der Ventilation und deren Verteilung,
Diffusionswiderstände, Lungendurchblutung und deren Verteilung, Lungengefäßwiderstand, Lungenblutvolumen, venöse Zumischung sowie die arteriellen Blutgase in Ruhe und während körperlicher Arbeit als Resultat all dieser Faktoren.

Selbstverständlich ist es nicht möglich und auch nicht notwendig, in jedem
Fall alle diese Teilfaktoren zu messen. Die ,,einfache'' Spirometrie behauptet nach
wie vor ihren Platz und hat als orientierende und siebende Untersuchung mit
Recht auch Eingang in die ärztliche Praxis gefunden. Mit der Spirometrie können
apparativ einfach und schnell die Lungenvolumina bestimmt und eine wesentliche
Erhöhung der exspiratorischen Strömungswiderstände nachgewiesen werden,

damit lassen sich bereits zwei Hauptsyndrome, nämlich die Restriktion und die Obstruktion unterscheiden.

## 1. Restriktion und Obstruktion

Beträgt die Totalkapazität weniger als 80% des Sollwertes, liegt eine Restriktion vor. Der Begriff der Restriktion ist der Verminderung des gesamten blähungsfähigen Lungenvolumens vorbehalten. Es ist deshalb nicht richtig, eine Einschränkung der Vitalkapazität allein ohne Berücksichtigung eines vergrößerten Residualvolumens als Restriktion zu bezeichnen. Wird das Residualvolumen nicht gemessen, so können Lungenröntgenaufnahme oder -durchleuchtung entscheiden, ob eine verkleinerte Vitalkapazität einem restriktiven Prozeß entspricht oder nicht. In fortgeschrittenen Fällen ergeben sich mit der volumenmäßigen Restriktion eine verminderte Lungendehnbarkeit, eine reduzierte Diffusionsoberfläche und eine Einschränkung des Lungengefäßbettes.

Bei der Obstruktion lassen sich drei Möglichkeiten unterscheiden:

1. Vorwiegend inspiratorisch wirksame Stenose

2. In- und exspiratorisch wirksame Stenose mit und ohne bronchialspastische Komponente

3. Vorwiegend exspiratorisch wirksame Stenose

Bei den folgenden Beispielen sind die funktionellen Hauptbefunde zusammengestellt:

| | 1. *Stimmbandlähmung* | | 2a. *Trachealstenose* | | 2b. *asthmoide Bronchitis* | | 3. *vorwieg. exspir. Stenose wegen Trachealkollaps* | |
|---|---|---|---|---|---|---|---|---|
| | | *n. Alupent* | | *n. Alupent* | | *n. Alupent* | | *n. Alupent* |
| Viscance insp.<br>cm $H_2O/l/sec$ | *8,5* | *7,5* | *8,5* | *7,2* | *9,0* | *5,0* | *4,5* | *4,0* |
| exsp. | *3,5* | *3,0* | *12,5* | *11,0* | *13,5* | *9,0* | *14,0* | *12,0* |
| SKK % VK | *70* | *72* | *43* | *48* | *40* | *65* | *37* | *40* |
| AGW % S | *70* | *72* | *50* | *55* | *40* | *68* | *36* | *37* |
| VK % S | *100* | *100* | *90* | *90* | *75* | *78* | *70* | *70* |

Die Behinderung der Exspiration und der Anteil der spastischen Komponente werden ohne apparativ komplizierte atemmechanische Untersuchungen am einfachsten mit der Messung der Sekundenkapazität (Tiffeneau-Test) oder mit der Bestimmung der maximalen Atemstromstärke (Pneumometerwert nach HADORN) erfaßt, was nicht darüber hinwegtäuschen sollte, daß sehr unterschiedliche atemmechanische Phänomene zu denselben Meßwerten führen können. Eine Sekundenkapazität von weniger als 65% der Ist-Vitalkapazität weist auf eine Obstruktion hin. Ist die Vitalkapazität eingeschränkt, so werden auch ohne Obstruktion nur kleine Absolutwerte für die Sekundenkapazität erreicht, da in diesen Fällen die maximale Stromstärke für einen Sekundenbruchteil normal sein kann, bleibt der

Pneumometerwert normal. Jede akute oder chronische Behinderung der Exspiration führt zu einer Erhöhung der Atemmittellage und zu einer Zunahme der funktionellen Residualkapazität. Leichte Erhöhungen der bronchialen und Gewebebedingten Strömungswiderstände können nicht mit der einfachen Spirometrie erfaßt werden, man muß neben der pro Zeiteinheit strömenden Luftmenge auch den dafür aufzuwendenden Druck messen. Die bronchialen Strömungswiderstände sind schon normalerweise eine Funktion der Stromstärke und der Lungenfüllung, d. h. sie nehmen bei großen Stromstärken und in Exspirationslage zu. Diese Variabilität ist bei obstruktiven Erkrankungen durch zusätzliche Phänomene akzentuiert. Die Beschleunigung des Luftstromes im Bereiche einer lokalisierten Stenose hat einen entsprechenden intrabronchialen Druckabfall zur Folge. Liegt die Stenose präalveolär, so entwickelt sich während einer forcierten Exspiration als zusätzliche Stenose der sog. „check valve" Mechanismus, indem die unter einem Überdruck stehenden Alveolen die Bronchiolen proximal der Stenosen im Bereiche des niedrigen intrabronchiolären Druckes komprimieren. Auch die Pars membranacea der größeren Bronchien und der Trachea wird bei forcierter Exspiration in das Lumen vorgewölbt, falls der wesentliche Druckabfall nicht wie normalerweise in den oberen Luftwegen und im Larynx, sondern schon distal in den Bronchiolen erfolgt. Im Extremfall kann es zu einem Trachealkollaps kommen, der nur durch eine sehr langsame Exspiration mit minimalen Stromstärken vermieden wird. Die Angabe des Strömungswiderstandes für eine Stromstärke von 1 l/sec hat nur vergleichende Bedeutung, sie darf insbesondere bei den obstruktiven Lungenerkrankungen nicht in dem Sinne mißverstanden werden, daß die Druckdifferenzen proportional zur Stromstärke sind.

Der Begriff der obstruktiven Lungenerkrankungen bezieht sich in der Regel auf eine Erhöhung der Strömungswiderstände in der Mehrzahl der Bronchien und Bronchiolen. Die isolierte Obstruktion eines Hauptbronchus hat regionär hinsichtlich Blähung und Mangelbelüftung die gleichen Konsequenzen.

Übersicht Restriktion und Obstruktion

| *Restriktion* | *Obstruktion* |
|---|---|
| *Hauptmerkmale* | |
| Verminderung des blähungsfähigen Lungenvolumens, Einschränkung der ventilierten und durchbluteten Lungenoberfläche. | Erhöhung der in- und exspiratorischen oder vorwiegend nur der exspiratorischen Strömungswiderstände. |
| *Pathophysiologische Folgen* | |
| Einschränkung der Atemreserven und der Diffusionskapazität, Erhöhung des Lungengefäßwiderstandes. | Einschränkung der Atemreserven, Vergrößerung der funktionellen Residualkapazität, ungleichmäßige Ventilation mit regionärer und schließlich allgemeiner alveolärer Hypoventilation. Erhöhung des Lungengefäßwiderstandes durch Konstriktion der Arteriolen in den hypoventilierten Abschnitten. |

Anstrengungsdyspnoe wegen Hyperventilation bei verminderter Lungendehnbarkeit.

Anstrengungsdyspnoe wegen erhöhter Strömungswiderstände in den Luftwegen.

*Meßwerte*

Total-, Vitalkapazität, Compliance und Diffusionskapazität vermindert. Atemgrenzwert proportional zu verminderten Vitalkapazität eingeschränkt.

Viscance erhöht, Sekundenkapazität und Pneumometerwert vermindert. Atemgrenzwert disproportional zur Vitalkapazität eingeschränkt.

## 2. Ventilationsstörungen

### a) Hyperventilation

Die Hyperventilation ist durch eine im Verhältnis zum Gaswechsel gesteigerte Ventilation gekennzeichnet. Die Hyperventilation kann Ausdruck einer vergrößerten alveolären Ventilation oder einer Zunahme der Totraumventilation sein. In beiden Fällen ist die spezifische Ventilation (Atemäquivalent) erhöht. Die alveoläre Hyperventilation führt zu einer Senkung des art. $P_{CO_2}$, die Totraumhyperventilation, z. B. das Hecheln des Hundes nicht. Die wichtigsten Ursachen einer alveolären Hyperventilation lassen sich folgendermaßen einteilen:

*Alveoläre Hyperventilation*

I. *Hyperventilation bei primär normalen $O_2$- und $H^+$-Konzentrationen im Blut*

   A. *Direkte Stimulierung der Atemzentren durch lokale Prozesse oder über das Blut*

      z. B. pharmakologisch, Gravidität, Coma hepaticum.

   B. *Psychisch bedingte Hyperventilation*

      z. B. „Hyperventilationssyndrom".

II. *Kompensatorische Hyperventilation*

   A. *Gewebe-Hypoxie*

      1. Arterielle Hypoxämie (atmosphärisch, pulmonal, kardial).
      2. Erniedrigter venöser $P_{O_2}$ (kleines Herzzeitvolumen, Anämie).

   B. *Metabolische Acidose*

III. *Kombinationen von I und II*

     z. B. Asthma bronchiale, Myokardinfarkt.

Die alveoläre Hyperventilation bei primär normalen Blutgasen führt zu sekundären Veränderungen, die symptomatologisch insbesondere beim psychisch bedingten „Hyperventilationssyndrom" im Vordergrund stehen.

*Schon nach einigen Minuten nachweisbare Folgen der alveolären Hyperventilation:*

1. Respiratorische Alkalose,
2. Neuro-muskuläre Übererregbarkeit,
3. Paraesthesien, vor allem in den Fingern,
4. Änderungen der regionären Durchblutung,
5. Pulsfrequenzanstieg,
6. Hämokonzentration.

Die respiratorische Alkalose geht im Serum meistens mit einem Abfall des Kaliums und der anorganischen Phosphate parallel. Entsprechend dem flachen Verlauf der $CO_2$-Dissoziationskurve in einer praktisch eiweißfreien Elektrolytlösung wie der interstitiellen Flüssigkeit und dem Liquor cerebrospinalis (Abb. 9) kommt es hier bei einer akuten Hyperventilation zu ganz erheblichen pH-Verschiebungen. Die neuro-muskuläre Übererregbarkeit bis zum tetanischen Anfall ist z. T. Folge der sich mit der Alkalose ergebenden Verminderung des ionisierten Kalziums. Die Gehirndurchblutung nimmt bei einer akuten alveolären Hyperventilation ab, worauf eine Senkung des Liquordruckes und eine Vergrößerung der Differenz zwischen dem $P_{CO_2}$ im arteriellen Blut und im Liquor hinweist (Tab. 16). Auch die Leberdurchblutung verringert sich bei akuter Hyperventilation, wie es im Tierversuch gezeigt werden konnte. Bei Menschen läßt sich ein deutlicher Anstieg der Lactatkonzentration im Serum nachweisen. Die Abnahme der Hautdurchblutung, insbesondere der Akren hat einen deutlichen Abfall der Hauttemperatur und eine Akrocyanose zur Folge. Während der Hyperventilation kann es besonders in aufrechter Körperhaltung zu einem Anstieg des Serumeiweißes und der Hämatokrits als Folge einer Abnahme des zirkulierenden Plasmavolumens kommen. Dabei muß es sich zur Hauptsache um eine Flüssigkeitsverschiebung in den extravasalen Raum handeln, die nach Beenden der Hyperventilation reversibel ist. Gelegentlich nehmen bei einer Hyperventilation die bronchialen Strömungswiderstände deutlich zu.

Die akute alveoläre Hyperventilation hat eine Vielzahl von im einzelnen nicht schwerwiegenden Konsequenzen. Gelegentlich können sich aber diese sekundären Veränderungen zu einem klinisch gravierenden Bild kombinieren. Bei einer stunden- und tagelangen kompensatorischen Hyperventilation beherrscht meist die Grundkrankheit das klinische Bild, was insbesondere für den Myokardinfarkt, das Coma diabeticum und die urämische Acidose gilt [1, 6, 28, 32, 34].

Die regelmäßige Hyperventilation vom Typ Kussmaul entspricht immer einer alveolären Hyperventilation, die in der Regel durch eine im Blut nachweisbare metabolische Acidose verursacht ist. Eine periodische Atmung mit zu- und abnehmender Frequenz sowie gleichzeitig zu- und abnehmender Atemtiefe mit und ohne kurze Atempausen wird als Cheyne-Stokesche Atmung bezeichnet. Man findet sie in angedeuteter Form häufig im Schlaf, und sie entspricht unter diesen Bedingungen einer leichten Hypoventilation. Bei einer ungenügenden Hirndurchblutung wegen lokalen Gefäßprozessen oder bei schwerer Herzinsuffizienz mit ungenügender Förderleistung des Herzens, kommt es gelegentlich zu einer ausgesprochenen Cheyne-Stokeschen Atmung, die dann trotz Periodizität im Mittel einer Hyperventilation mit Senkung des art. $P_{CO_2}$ entspricht. Die periodische Atmung mit einem initial „seufzenden", sehr tiefen und sich dann abflachenden Atemzügen bis zu Atempausen von 10 und mehr Sekunden führt hingegen zu

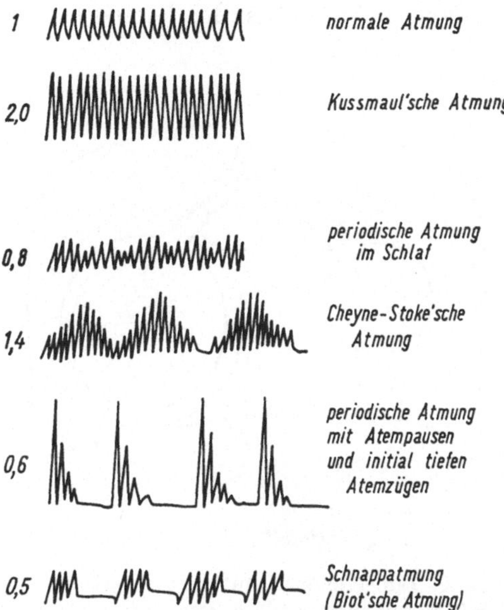


Abb. 22. Spirogramme bei verschiedenen Typen einer Hyperventilation und periodischen Atmung. $A$ = Normale Atmung. $B$ = Kussmaulsche Atmung = massive alveoläre Hyperventilation. $C$ = Periodische Atmung im Schlaf = leichte Hypoventilation. $D$ = Cheyne-Stokes-Atmung = leichte Hyperventilation. $E$ = Periodische Atmung mit längeren Atempausen und initial tiefen Atemzügen = leichte Hypoventilation. $F$ = Biotsche Atmung = Schnappatmung, schwere Hypoventilation

einer alveolären Hypoventilation. Diese Form der periodischen Atmung beobachtet man gelegentlich bei schlafenden Patienten mit einer extremen Adipositas, beim sog. Pickwick-Syndrom. Die Biotsche Atmung oder Schnappatmung zeigt ebenfalls mehrere Sekunden dauernde Atempausen aber keine regelmäßigen Amplitudenvariationen (Abb. 22).

### b) Verteilungsstörung („Partialinsuffizienz")

Der negative intrathorakale Druck verteilt sich während der Inspiration ziemlich gleichmäßig auf alle Partien des Lungenparenchyms. Ein Nebeneinander von verschiedenen Zeitkonstanten wegen unterschiedlichen Strömungs- und Dehnungswiderständen führt zu einer ungleichmäßigen Verteilung des inspirierten Volumens. Die häufigsten Ursachen sind unterschiedliche Strömungswiderstände in den Luftwegen durch Obstruktion sowie verschiedene Dehnbarkeiten des Parenchyms durch Fibrosierung und Pleuraverschwartung. Bei den Verhältnissen entsprechend Abb. 23 u. 25 ergibt sich auch ein Pendelvolumen und damit eine Vergrößerung des funktionellen Totraumes. Das Nebeneinander von hypo- und hyperventilierten Abschnitten hat im arteriellen Mischblut bei gleichmäßiger Durchblutung einen $P_{CO_2}$ entsprechend dem arithmetischen Mittel und wegen dem flachen Verlauf der $O_2$-Dissoziationskurve im Bereich der hohen $P_{O_2}$ Werte eine Abnahme der $O_2$-Sättigung zur Folge. Die Hyperkapnie der hypoventilierten Abschnitte wird durch die Hypokapnie der hyperventilierten Bezirke kompensiert. Die Hypoxämie der hypoventilierten Abschnitte kann hingegen in den hyperventilierten Bezirken nicht vollständig kompensiert werden. Dank dem

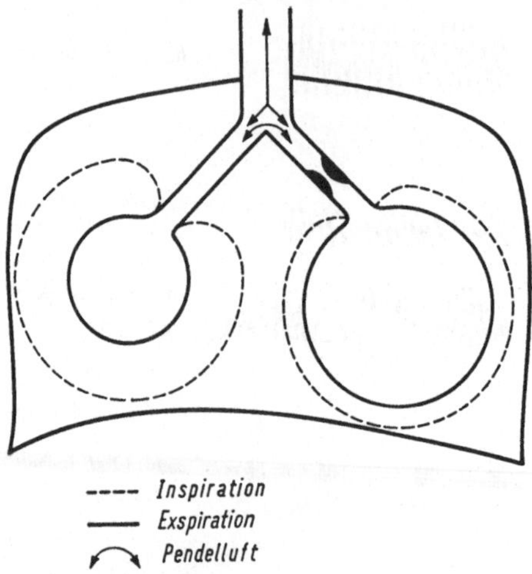



Abb. 23. Verteilungsstörung. Lungenmodell mit 2 Kompartimenten. Die stenosierte Seite wird hypoventiliert, die freie Seite hyperventiliert. Das Ausmaß der unterschiedlichen Blähung ist von der Atemfrequenz abhängig, indem der Blähungsunterschied mit der Frequenz zunimmt. An den Phasenwechselpunkten zwischen In- und Exspiration ist ein teilweiser Blähungsausgleich möglich, indem bei geschlossener Glottis ein Teil der Luft von der überblähten Seite zur anderen Seite abfließt

alveolo-vasculären Reflex wird aber die Durchblutung der hypoventilierten Bezirke eingeschränkt, so daß sich der Beimischungseffekt der hypoventilierten Abschnitte reduziert. Die Reduktion der Durchblutung läßt sich auch bei lungen- und herzgesunden Versuchspersonen bei einseitiger Blockierung eines Hauptbronchus, bzw. mit dem einseitigen Rückatmungsversuch, bei denen sich auf der rückatmenden Seite die alveolären Gasspannungen denen des venösen Mischblutes anpassen, nachweisen (Abb. 24).

*Einseitiger Rückatmungsversuch*
($n = 5$ Männer, $39{,}5 \pm 12{,}0$ J.)

| *4 Rückatmung rechte, 1 Rückatmung linke Lunge* | vor | 2—3 min | 15 min |
|---|---|---|---|
| | | Rückatmung | |
| $O_2$-Sttg., % art. | $\overline{X}$ 96,4 | 88,7 | 91,8 |
| | $\pm$ 1,2 | 3,5 | 2,6 |
| $P_{CO_2}$ art. mmHg | $\overline{X}$ 36,1 | 36,5 | 36,3 |
| | $\pm$ 2,8 | 3,2 | 2,9 |
| Anteil der Durchblutung | $\overline{X}$ 51 | — | 19 |
| am Herzzeitvolumen in % | $\pm$ 7 | — | 9 |

Die Verteilungsstörung ist entsprechend den Mittelwerten der Rückatmungsversuche blutgasmäßig durch eine leichte Hypoxämie bei normalem oder sogar erniedrigtem $P_{CO_2}$ charakterisiert, sofern die Mehrzahl der Alveolen normal oder hyperventiliert wird. Selbstverständlich kann sich die Verteilungsstörung mit jeder anderen Lungeninsuffizienz kombinieren. Die Hypoxämie wird bei der reinen Verteilungsstörung bei Atmung eines mit $O_2$ angereicherten Gasgemisches vollständig behoben.

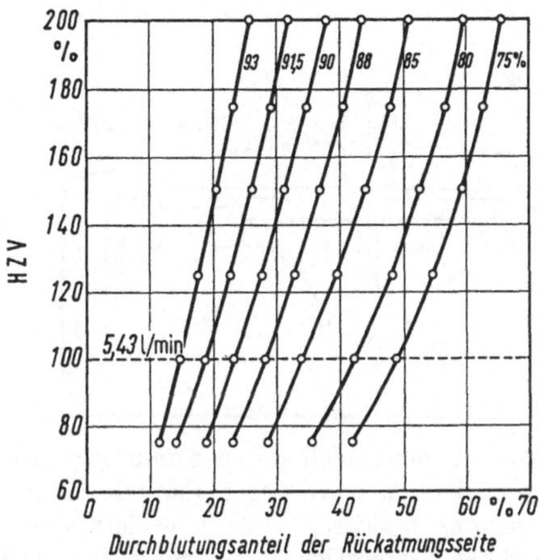



Abb. 24. Einseitiger Rückatmungsversuch. Abhängigkeit der art. $O_2$-Sttg. vom Herzzeitvolumen und von der Durchblutung der rückatmenden Seite. Falls die art. $O_2$-Sttg. während des Versuches wieder ansteigt, muß entweder das Herzzeitvolumen zunehmen oder die Durchblutung der am Gasaustausch nicht mehr teilnehmenden Seite abnehmen. (Für die Berechnung eingesetzte Werte: $\dot{V}_{O_2}$ = 250 ml/min, a—v D = 4,6 Vol.-% $O_2$, $O_2$-Kap. = 20,0 Vol.-%, $O_2$-Sttg. des Lungenvenenblutes der freien Seite = 97,0%)

Theoretisches Interesse, wenn auch meßtechnisch schwer realisierbar, hat die Feststellung eines $N_2$-Druckgradienten zwischen Inspirationsluft und arteriellem Blut. Da der respiratorische Quotient schon normalerweise kleiner als 1 ist, muß der $P_{N_2}$ in den Alveolen und damit auch in der Exspirationsluft etwas höher sein als in der Inspirationsluft. In hypoventilierten Lungenpartien sinkt der $RQ$ stark ab, weil zwar noch relativ viel $O_2$ aufgenommen aber nur wenig $CO_2$ ausgeschieden werden kann. Wegen dieser Volumendifferenz fließt Inspirationsluft nach, was einen Anstieg des $P_{N_2}$ in diesen Partien zur Folge hat. Im arteriellen Mischblut ergibt sich dann je nach Durchblutungsanteil dieser hypoventilierten Bezirke ein mehr oder weniger deutlich höherer $P_{N_2}$ als in der Inspirationsluft, wie es das berechnete Beispiel zeigt (Tab. 17). Für dieses Modell beträgt der $P_{N_2}$-Gradient 19 mmHg, wie er auch schon bei Emphysempatienten gemessen wurde. Während körperlicher Arbeit steigt der $P_{CO_2}$ im venösen Mischblut an und der $P_{O_2}$ fällt ab. Mit dem erheblich höheren $P_{CO_2}$ nimmt die $CO_2$-Abgabe relativ mehr zu als die $O_2$-Aufnahme, so daß auch der $RQ$ in den hypoventilierten Bezirken größer wird. Damit sinkt der $P_{N_2}$ ab, und der Gradient zwischen arteriellem Blut und Inspirationsluft wird kleiner. Mit dem größeren $RQ$ steigt trotz gleichem alv. $P_{CO_2}$ der $P_{O_2}$ und damit auch die art. $O_2$-Sättigung an. Eigentliche Ursache für den Anstieg des $RQ$ in den hypoventilierten Bezirken ist der Unterschied

4*

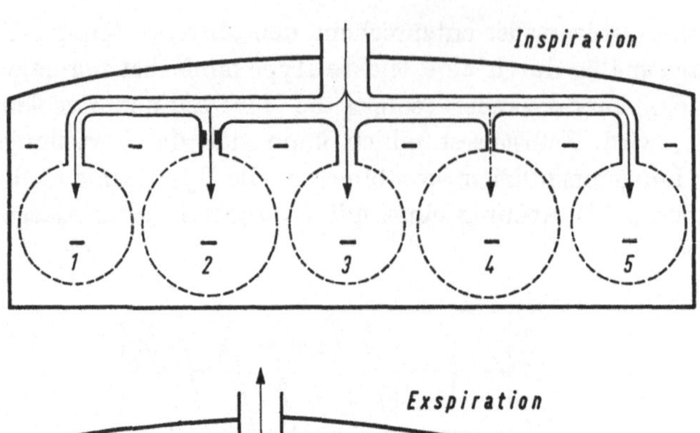


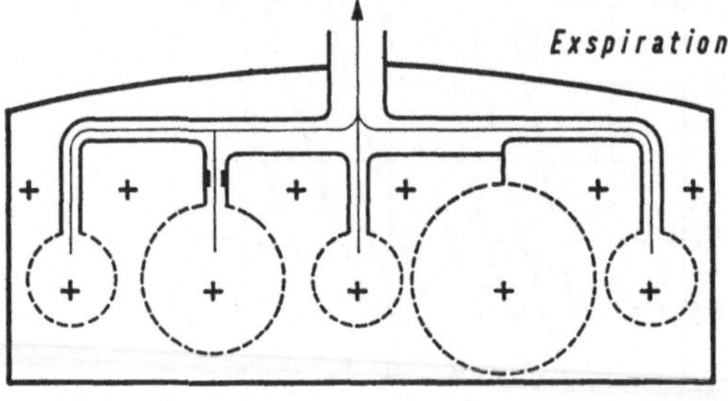


Abb. 25. Verteilungsstörung. Lungenmodell mit 5 Kompartimenten. 1, 3 und 5 mit freien Luftwegen werden hyperventiliert, 2 wird wegen der Obstruktion hypoventiliert, 4 wird wegen einem Ventilmechanismus praktisch nicht ventiliert aber während der Inspiration dekomprimiert und während der Exspiration komprimiert. Für die Lunge als Ganzes ergeben sich damit: Erhöhte Strömungswiderstände, eine verminderte dynamische Compliance, Pendelluft zwischen den Kompartinenten mit verschiedenen Zeitkonstanten sowie eine zusätzliche Atemarbeit für Kompression und Dekompression eines mit Gasmischmethoden nicht erfaßbaren intrathorakalen Gasvolumens

zwischen den $O_2$- und $CO_2$-Dissoziationskurven des Blutes. Die Besserung der Hypoxämie während Arbeit ist für die reine Verteilungsstörung typisch. Abgesehen von dem im Rechenbeispiel dargestellten Effekt des $RQ$ ist zu berücksichtigen, daß sich bei Patienten mit einer obstruktiven Bronchitis oft auch die Luftverteilung während Arbeit bessert, was ebenfalls die Hypoxämie reduziert. Der Nachweis einer Verteilungsstörung ist ein Hinweis auf eine gestörte Lungenfunktion, darf aber nicht überwertet werden. Normalerweise ergibt sich bereits im Schlaf in Seitenlage eine gegenüber der Norm verstärkte Ungleichmäßigkeit der Ventilation. Andererseits kann sich die Verteilungsstörung mit allen anderen Lungenfunktionsstörungen kombinieren und die Hypoxämie verstärken.

Als Extrem der Verteilungsstörung können sowohl im Asthmaanfall mit einer akuten Obstruktion der kleinen Luftwege als auch bei einer chronischen Bronchialobstruktion mit sekundären Parenchymveränderungen im Sinne des Emphysems überblähte und praktisch nicht mehr ventilierte Räume entstehen. Voraussetzung dafür ist die Bildung von Ventilmechanismen, die den Abfluß während der Exspiration und die Volumenabnahme durch Gasresorption mit einem minimen Zufluß verhindern. Diese extreme Form der Verteilungsstörung (Abb. 25) zeigt atemmechanisch 3 Besonderheiten: 1. die plethysmographisch gemessene funktionelle Residualkapazität ist wesentlich größer als der mit der Helium-Mischmethode bestimmte Wert. Oft ergibt sich damit auch eine über dem Sollwert liegende Totalkapazität. 2. die extreme Phasenverschiebung mit dem Nebeneinander ganz unterschiedlich geblähter Lungenpartien verbreitert die Schleife des bronchialen Widerstandes derart, daß an den Phasenwechselpunkten zwischen In- und Exspiration, d. h. in den Momenten der Stromstärke 0 am Mund immer noch erhebliche flußbedingte Druckdifferenzen meßbar sind, was auf ganz beträchtliche Pendelluft-Volumina hinweist. 3. die von der Atemmuskulatur zu leistende Arbeit ist wegen der zusätzlichen isothermen Kompression und Dekompression der geblähten aber nicht ventilierten Räume erheblich größer als es dem Produkt aus Pleuradruck und ventiliertem Volumen entspricht. Die Durchblutung derartiger praktisch nicht ventilierter Räume ist dank dem alveolo-vasculären Reflex auf ein Minimum reduziert, was sich scintigraphisch schön demonstrieren läßt, falls der Ventilmechanismus z. B. bedingt durch einen Tumor in einem Hauptbronchus liegt, so daß eine Lungenseite zwar noch Gas enthält aber nicht mehr ventiliert wird [2, 3, 8, 10, 11, 12, 14, 16, 18, 19, 22, 33].

### c) Alveoläre Hypoventilation („Globalinsuffizienz")

Die Hypoventilation der Mehrzahl der durchbluteten Alveolen führt zu einer Erhöhung des alv. $P_{CO_2}$, zu einer Senkung des alv. $P_{O_2}$ und damit zu einer arteriellen Hypoxämie und Hyperkapnie. Bei normalen Lungen und Luftwegen ist die alveoläre Hypoventilation entweder die Folge einer direkten Schädigung der Atemzentren oder einer Schwäche bzw. Lähmung der Atemmuskulatur, wobei dem Zwerchfell die entscheidende Bedeutung zukommt. Die Globalinsuffizienz bei obstruktiven Lungenerkrankungen z. B. im schweren Anfall des Asthma bronchiale und bei den fortgeschrittenen Stadien des obstruktiven Lungenemphysems hat neben den unfallbedingten akuten Ventilationsstörungen die größte praktische Bedeutung.

Die entsprechend der Hypoventilation pathologischen alveolären Gasspannungen, insbesondere die Senkung des alv. $P_{O_2}$ führt zu einer Zunahme des Lungengefäßwiderstandes, damit bei normalem oder vergrößerten Herzzeitvolumen zu einer pulmonalen Hypertonie und im chronischen Fall zu einem Cor pulmonale. Die arterielle Hypoxämie und Hyperkapnie haben eine Steigerung der Hirndurchblutung und eine Erhöhung des Liquordruckes zur Folge. Die Koronardurchblutung ist wegen der Hypoxämie in der Regel ebenfalls etwas gesteigert. Die Hyperkapnie führt zu einer respiratorischen Acidose, die im chronischen Fall durch eine Erhöhung des Standardbicarbonates mehr oder weniger kompensiert wird, was der „chronic respiratory acidosis" der amerikanischen Autoren entspricht. Die erhöhte Pufferkapazität des Blutes ergibt sich mit einer Verschiebung des Natrium/Chlorid-Verhältnisses zugunsten des Natriums. Die Abnahme der Chlorid-Konzentration ist im Liquor cerebrospinalis besonders deutlich (Tab. 19).

Die erhöhte Pufferkapazität des Blutes und der vermehrte Bicarbonatgehalt des Liquor cerebrospinalis hat beim $CO_2$-Rückatmungsversuch eine im Vergleich zur Norm geringere pH-Verschiebung zur sauren Seite zur Folge. Der oft für die Prüfung der Ansprechbarkeit der Atemzentren auf $CO_2$ benutzte Quotient $d\dot{V}_E/dP_{CO_2}$ ist bei einer chronischen respiratorischen Acidose meist vermindert, was aber auch mit einer geringeren pH-Änderung einhergeht. Ist die Pufferkapazität z. B. wegen einer urämischen Acidose erniedrigt, so ergeben sich im $CO_2$-Versuch größere pH-Änderungen als im Normalfall, wie es folgende Beispiele zeigen. Der Quotient $d\dot{V}_E/dP_{CO_2}$ hat deshalb ohne Berücksichtigung der pH-Änderungen nur beschränkte Aussagekraft über eine allfällig verminderte Ansprechbarkeit der Atemregulation auf $CO_2$, er demonstriert nur, daß sich die Atemzentren auf einen höheren $CO_2$-Pegel eingestellt haben und daß der höhere $P_{CO_2}$-Pegel etwas gröber reguliert wird.

*Beispiel: pH-Änderungen im arteriellen Blut und im Liquor cerebrospinalis bei Erhöhung des art. $P_{CO_2}$ um 10 mmHg im $CO_2$-Rückatmungsversuch*

| | chron. alv. Hypoventilation | | Normal | | urämische Acidose | |
|---|---|---|---|---|---|---|
| | Blut | Liquor | Blut | Liquor | Blut | Liquor |
| $P_{CO_2}$ mmHg | 56,0 | 70,0 | 38,0 | 46,5 | 31,5 | 35,6 |
| pH | 7,35 | 7,22 | 7,40 | 7,31 | 7,17 | 7,27 |
| $CO_2$ mmol/l | 32,0 | 29,0 | 24,0 | 23,5 | 11,9 | 16,1 |
| St. bic. mval/l | 27,0 | — | 23,0 | — | 12,5 | — |
| *Erhöhung des art. $P_{CO_2}$ um 10 mmHg* | | | | | | |
| $P_{CO_2}$ mmHg | 66,0 | 80,0 | 48,0 | 56,5 | 41,5 | 45,5 |
| pH | 7,30 | 7,16 | 7,34 | 7,23 | 7,10 | 7,16 |
| $CO_2$ mmol/l | 33,6 | 29,3 | 26,8 | 23,8 | 13,8 | 16,4 |
| St. bic. mval/l | 27,5 | — | 23,5 | — | 12,5 | — |
| *d* pH | *0,05* | *0,06* | *0,06* | *0,08* | *0,07* | *0,11* |

Während des $CO_2$-Rückatmungsversuches sind erhebliche Änderungen der Hirndurchblutung möglich, deren Zunahme eine Verkleinerung der $P_{CO_2}$-Differenz zwischen arteriellem Blut und Liquor zur Folge hat, was aber die Unterschiede des *d* pH im Liquor nur aufhebt, falls die Hirndurchblutung im Vergleich zur Norm bei chron. alveolärer Hypoventilation weniger, bei metabolischer Acidose aber stärker zunimmt.

Auch bei einer akuten Hypoventilation gleich welcher Genese kommt es zu einer Drucksteigerung im Lungenkreislauf. Die Widerstandserhöhung der Lungenstrombahn bei Senkung des alv. $P_{O_2}$ wurde bei lungen- und herzgesunden Versuchspersonen zuerst mit dem Hypoxieversuch nachgewiesen. Läßt man bei normalem Luftdruck ein Gemisch mit 12—13% $O_2$ atmen, was einen alv. $P_{O_2}$ entsprechend einer Höhe von ca. 3500 m ergibt, so kommt es zu einem leichten, bei Atmung von 10% $O_2$ (ca. 5500 m) zu einem erheblichen Druckanstieg in der A. pulmonalis. Dieser Hypoxieversuch simuliert allerdings nur die Verhältnisse in der Höhe und nicht die Senkung des alv. $P_{O_2}$ wegen Hypoventilation. Die beim Hypoxieversuch auftretende Hyperventilation sowie die Steigerung der Pulsfrequenz und des Herzzeitvolumens und die quantitativ sehr unterschiedlichen individuellen Reaktionen erschweren die Interpretation der Ergebnisse, was einen Teil der Kontroversen über die Existenz des „alveolo-vasculären" Reflexes erklärt. Den Verhältnissen der spontanen alveolären Hypoventilation näher kommt die künstliche Hypoventilation in oberflächlicher Narkose und Muskelerschlaffung mit einem Respirator. Mit dieser Versuchsanordnung lassen sich bei annähernd konstanten intrathorakalen respiratorischen Druckschwankungen die Effekte des alv. $P_{O_2}$ und $P_{CO_2}$ differenzieren (Tab. 18). Diese Untersuchungen zeigen, daß zumindest unter akuten Bedingungen dem erniedrigten alv. $P_{O_2}$ für die Vasoconstriction im Lungenkreislauf die größere Bedeutung zukommt als dem erhöhten alv. $P_{CO_2}$. Wird mit einer gleichzeitigen Bicarbonatinfusion die akute respiratorische Acidose während $CO_2$-Atmung bzw. künstlicher Hypoventilation vermieden, so steigt der Lungengefäßwiderstand trotzdem an, was gegen eine indirekte $CO_2$-Wirkung über das Blut pH spricht. Mit dem einseitigen Rückatmungsversuch konnte nachgewiesen werden, daß der alveolo-vasculäre Reflex auch regionär wirksam ist und die Durchblutung schlecht ventilierter Bezirke reduziert wird. Bei der künstlichen Hypoventilation mit Luft entstehen wie bei der Globalinsuffizienz eine arterielle Hypoxämie und Hyperkapnie. Wird die Hypoxämie durch Beatmung mit einem $O_2$-reichen Gasgemisch durchgeführt, so lassen sich die Effekte des erhöhten art. $P_{CO_2}$ und der pH-Senkung studieren. Auf diese Weise konnte gezeigt werden, daß der erhöhte art. $P_{CO_2}$ auch ohne Hypoxämie zu einer beträchtlichen Liquordrucksteigerung führt (Tab. 19). Diese Druckerhöhung muß zur Hauptsache Folge einer Vasodilatation im Gehirnkreislauf sein, da nicht anzunehmen ist, daß sich eine allfällig vermehrte Liquorproduktion bereits nach wenigen Minuten so stark auf den Liquordruck auswirken kann. Auffälligerweise liegt der Liquordruck bei einer chronischen Globalinsuffizienz mit ähnlichen Werten für den art. $P_{CO_2}$ wesentlich tiefer als im Akutversuch. Dieser Unterschied spricht dafür, daß die Hirndurchblutung bei einer chronischen Hyperkapnie mit einem etwas höherem art. pH nicht im gleichen Maße gesteigert ist, wie bei einer akuten Hypoventilation. Die Vergrößerung des $P_{CO_2}$-Gradienten zwischen arteriellem Blut und Liquor würde in diesem Sinne sprechen (Tab. 19). Aber auch bei einer chronischen alveolären Hypoventilation hat eine zusätzliche akute Verschlechterung eine beträchtliche Liquordruckerhöhung zur Folge, die dann auch zu einer Stauungspapille führen kann.

Die wichtigsten Folgen der alveolären Hypoventilation, die zusammen das Syndrom der Globalinsuffizienz ergeben, lassen sich schematisch folgendermaßen zusammenfassen:

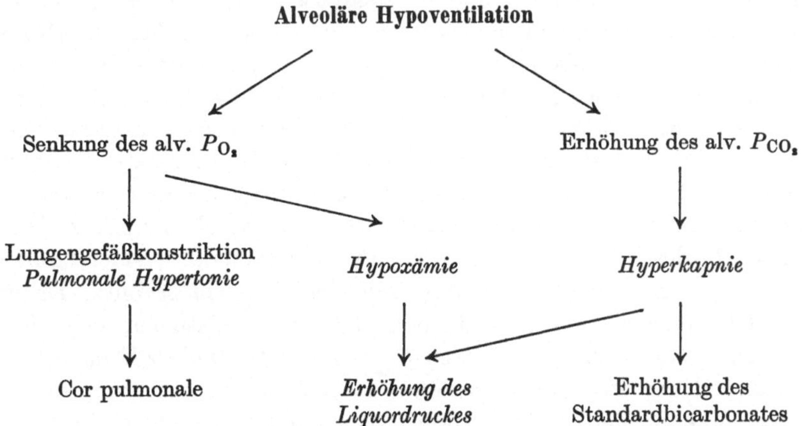


Handelt es sich um eine alveoläre Hypoventilation bei normalen Lungen, z. B. zur Kompensation einer metabolischen Alkalose, so korreliert die Hypoxämie mit der Hyperkapnie. Da in diesen Fällen das pH meistens etwas zur alkalischen Seite verschoben ist, kann die arterielle $O_2$-Sättigung trotz schwerer Hyperkapnie relativ hoch liegen. Bei obstruktiven Lungenerkrankungen ist die Globalinsuffizienz meist mit einer Verteilungsstörung kombiniert, und das pH leicht zur sauren Seite verschoben. Die arterielle $O_2$-Sättigung ist deshalb oft viel niedriger als man es nach dem art. $P_{CO_2}$ erwarten würde. Man darf bei den obstruktiven Lungenerkrankungen keine quantitativen Beziehungen zwischen dem Grad der Hypoxämie und Hyperkapnie erwarten.

Mit gesteigertem Gaswechsel während Arbeit verstärken sich in der Regel Hypoxämie, Hyperkapnie und pulmonale Hypertonie. Bei Atmung eines $O_2$-reichen Gasgemisches wird die Hypoxämie behoben, falls nicht die venöse Zumischung vergrößert ist. Wegen des Ausfalles der $O_2$-abhängigen Atemstimulation über die Glomera carotica wird aber die Ventilation reduziert, so daß sich Hyperkapnie und respiratorische Acidose verstärken, was auch für körperliche Arbeit gilt. Der Lungengefäßwiderstand fällt bei Atmung eines $O_2$-reichen Gasgemisches ab (Tab. 20). Die $O_2$-Therapie ist bei alveolärer Hypoventilation mit Risiken verbunden und sollte deshalb nur unter Kontrolle der Blutgase und zur Sicherheit intermittierend z. B. mit stündlich 10 min Luftatmung durchgeführt werden [2, 3, 4, 5, 8, 9, 10, 11, 29, 31].

## 3. Diffusionsstörungen

### a) Verdickung der alveolo-capillären Membran

Die pro Zeiteinheit mit 1 mmHg Druckdifferenz diffundierende Gasmenge ist für ein gegebenes Gas direkt proportional zu durchbluteten Capillaroberfläche und indirekt proportional zur Membrandicke. Die „Membran" ist von komplexer Zusammensetzung, sie besteht aus der eigentlichen alveolo-capillären Membran, dem Plasmafilm und der Erythrocytenmembran. Da der $O_2$ an das Hämoglobin chemisch gebunden wird, hat eine verzögerte Reaktion oder eine verkürzte Kontaktzeit zwischen Erythrocyten und Alveolargasen den gleichen Effekt wie ein erhöhter Diffusionswiderstand in der Membran oder eine reduzierte Diffusionsoberfläche zwischen Alveolargasen und Capillarblut. Jeder dieser Faktoren kann pathologisch verändert sein, so daß sich eine Erhöhung der Diffusionswiderstände ergibt (Abb. 6). Eine Erhöhung dieser Widerstände ist gleichbedeutend mit einer Abnahme der Diffusionskapazität und einer Zunahme der alveolo-endcapillären Druckdifferenz. Letztere beträgt für den $O_2$ normalerweise einige mmHg, für die $CO_2$ entsprechend der viel besseren Löslichkeit weniger als 1 mmHg. Der $CO_2$-Gradient bleibt deshalb auch im Falle einer Vergrößerung der Widerstände praktisch unmeßbar. Aus diesem Grund manifestiert sich ein erhöhter Diffusionswiderstand hauptsächlich in einer Hypoxämie, da bei normalem insp. $P_{O_2}$ eine Vergrößerung des alveolo-endcapillären $P_{O_2}$-Gradienten zu einer Erniedrigung des art. $P_{O_2}$ und damit zu einer Hypoxämie führen muß. Diese Symptomatologie verstärkt sich bei Steigerung des Gaswechsels während körperlicher Arbeit. Durch Atmen eines $O_2$-reichen Gasgemisches wird die Hypoxämie behoben. Eine Diffusionsstörung als Folge einer reinen Membranverdickung ohne wesentliche Reduktion der Austauschoberfläche ist eher selten, man beobachtet sie bei Inhalationsschäden, beim Lungenödem und in den Frühstadien diffuser Lungenfibrosen.

Charakteristisch ist für diese Fälle die Kombination von erhöhten Diffusionswiderständen mit einer verminderten Lungendehnbarkeit bei normaler oder nur wenig eingeschränkter Total-, Vital- und Sekundenkapazität sowie normalem Lungengefäßwiderstand. Wird die Diffusion in Alveolarbezirken vollständig blokkiert — „alveolo-capillärer Block" — so ergeben sich einerseits alveoläre Toträume und damit eine Vergrößerung des Totraumquotienten und auch eine Einschränkung der Diffusionsoberfläche (Abb. 26 u. 27).

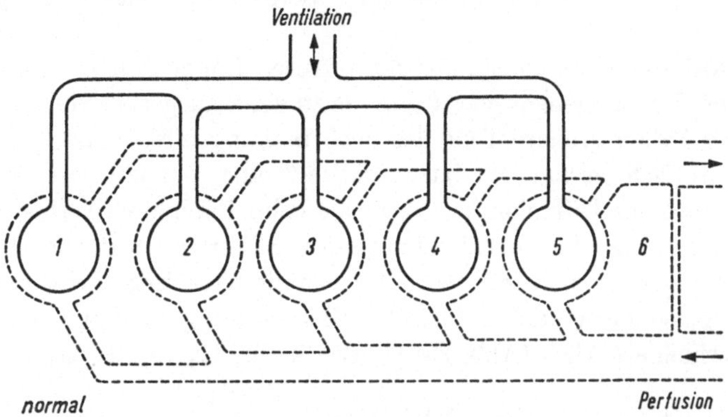


Abb. 26. Lungenmodell mit 5 normal ventilierten und durchbluteten Kompartimenten mit gleichen Diffusionswiderständen sowie mit einer normalen venösen Zumischung aus nicht ventilierten Abschnitten. Die Durchmesser der Luft- und Blutwege symbolisieren quantitativ die Ventilation und die Durchblutung, die Dicke der Membranen den Diffusionswiderstand und den Dehnungswiderstand, die Fläche der 5 Kompartimente die Austauschoberfläche und das Lungenvolumen

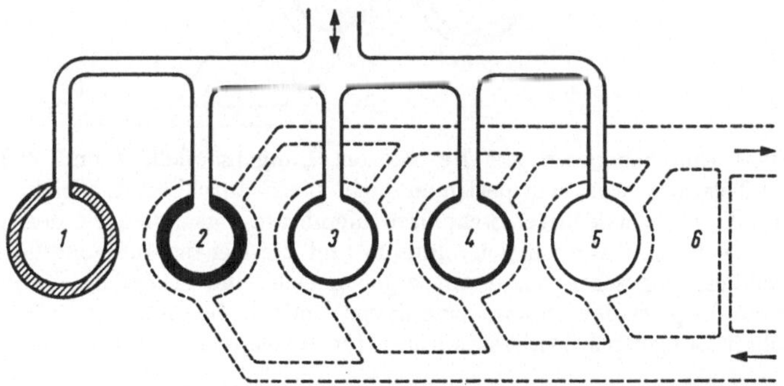


Abb. 27. Diffuse Lungenfibrosen mit geringer Restriktion; Lungenmodell. *1* Totraum, weil ventiliert aber nicht mehr durchblutet. *2* venöse Zumischung wegen Blockierung des Gasaustausches durch sehr hohe Diffusionswiderstände. *3* u. *4* leicht erhöhte Diffusionswiderstände. *5* normale alveolo-capilläre Membran. Der alveolo-arterielle $P_{O_2}$-Gradient ist vergrößert, die Lungendehnbarkeit ist trotz annähernd normaler Lungenvolumina deutlich vermindert, der Lungengefäßwiderstand ist normal

## b) Einschränkung der alveolo-capillären Oberfläche

Jeder vorübergehende oder definitive Ausfall an ventilierter und durchbluteter Lungenoberfläche ist gleichbedeutend mit einer Einschränkung der Diffusionskapazität und einem erhöhten Lungengefäßwiderstand. Das Beispiel der Pneumonektomie zeigt, daß beim Verbleiben einer normalen Lungenhälfte die

Diffusionsstörung mit arterieller Hypoxämie und die pulmonale Hypertonie erst bei körperlicher Arbeit mit gesteigertem Gaswechsel und vergrößerter Lungendurchblutung manifest werden. Daraus kann abgeleitet werden, daß eine reine Lungenrestriktion erst bei einem Verlust von ca. $^2/_3$ der Lunge unter Ruhebedingungen zu einer arteriellen Hypoxämie und zu einer pulmonalen Hypertonie führt. Bei der Restriktion durch Parenchymverlust ohne fibrotische Veränderungen des noch ventilierten Lungengewebes sind Total- und Vitalkapazität sowie Compliance und Diffusionskapazität nicht nur gleichsinnig, sondern auch annähernd proportional eingeschränkt.

In den fortgeschrittenen Stadien der diffusen Lungenfibrosen kommt es über Schrumpfung des Lungengewebes ebenfalls zu einer ausgesprochenen Restriktion. Da in diesen Fällen größere Teile des noch blähungsfähigen Lungenparenchyms ebenfalls fibrotisch verändert sind, resultiert eine viel stärkere Abnahme der Compliance und der Diffusionskapazität als beim Parenchymverlust ohne Fibrose. Die diffuse Lungenfibrose mit Schrumpfung führt auch immer zu einer deutlichen pulmonalen Hypertonie, weil der Gefäßquerschnitt nicht nur durch die Schrumpfung, sondern auch infolge Capillarverödung in den noch ventilierten Alveolen verkleinert wird. (Abb. 28) [1, 13, 14, 15, 17, 18, 21, 23].

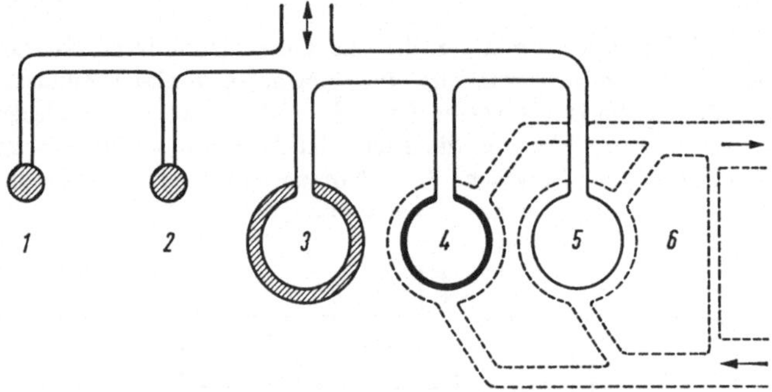

Abb. 28. Diffuse Lungenfibrosen mit Restriktion. Lungenmodell. *1* und *2* fibrosiert und geschrumpft. *3* Totraum, weil ventiliert aber nicht mehr durchblutet. *4* leicht erhöhter Diffusionswiderstand. *5* normale alveolo-capilläre Membran. Zusätzlich zu den Verhältnissen entsprechend Abb. 27 sind die Lungenvolumina und die Gasaustauschoberfläche sowie das Gefäßbett erheblich eingeschränkt, damit ergeben sich eine erhebliche Vergrößerung des alveolo-capillären $P_{O_2}$-Gradienten und eine Hypoxämie insbesondere bei Arbeit sowie ein erhöhter Lungengefäßwiderstand und eine vermehrte venöse Zumischung

## 4. Totraumhyperventilation

Der funktionelle Totraum beträgt in Ruhe liegend 35 ± 4%, bei gesteigertem Gaswechsel während Arbeit ca. 20 ± 5% des Atemzugsvolumen. Alle Störungen des Ventilations-Perfusionsverhältnisses vergrößern den über den art. $P_{CO_2}$ bestimmten funktionellen Totraumquotienten. Ätiologisch lassen sich 4 Möglichkeiten, die sich oft kombinieren unterscheiden:

1. Verteilungsstörung mit einem Nebeneinander von hyper- und hypoventilierten Alveolen.

2. Ventilierte, aber nicht durchblutete Emphysemblasen

3. Ventilierte aber wegen Gefäßobstruktion oder wegen eines fibrösen Umbaues nicht durchblutete Alveolen = „alveoläre" Toträume

4. Venöse Zumischung aus nicht ventilierten Abschnitten

5. Venöse Zumischung aus ventilierten Alveolen mit einem wegen sehr hohen Diffusionswiderständen blockierten Gasaustausch = „alveoläre" Toträume.

## 5. Vermehrte venöse Zumischung

Bei praktisch allen Lungenkrankheiten ist die venöse Zumischung, die in Ruhe normalerweise 5—7% des Herzzeitvolumens beträgt, aus nicht ventilierten oder hinsichtlich Gasaustausch blockierten aber noch durchbluteten Abschnitten und durch Vermehrung arteriovenöser Kurzschlüsse vergrößert. Abgesehen von direkten intrakardialen Kurzschlüssen mit Rechts-Links-shunt und von arterio-venösen Lungenaneurysmen führt die vermehrte venöse Zumischung bei sonst nicht schwer gestörten Ventilations- und Diffusionsverhältnissen nur zu einer leichten Hypoxämie. Bei gegebenem Shunt-Volumen bestimmt der $P_{O_2}$ des venösen Mischblutes den Grad der Hypoxämie. Sinkt der venöse $P_{O_2}$ bei Zunahme der arterio-venösen $O_2$-Differenz z. B. während körperlicher Arbeit ab, so verstärkt sich die arterielle Hypoxämie, was bei Herz- und Gefäßmißbildungen mit Rechts-Links-shunt besonders deutlich ist, um so mehr als in diesen Fällen die venöse Zumischung meist auch prozentual größer wird. Die Durchblutung nicht ventilierter Lungenabschnitte, z. B. Atelektasen und größere Infiltrationen nimmt während Arbeit oft relativ ab, weil sich die Unterschiede der Teil-Gefäßwiderstände zugunsten der gut ventilierten Bezirke verschiebt. Unter diesen Bedingungen verstärkt sich die arterielle Hypoxämie bei Arbeit trotz eines tieferen $P_{O_2}$ des venösen Mischblutes nicht oder nur wenig. Für alle Formen der vermehrten venösen Zumischung ist es typisch, daß die Hypoxämie beim Atmen eines $O_2$-reichen Gasgemisches nur wenig beeinflußt wird.

## 6. Lungengefäßobstruktion

Die verminderte Lungendurchblutung einer ganzen Lungenseite bei wenig eingeschränkter Ventilation, z. B. bei einer schweren Stenose eines Hauptastes der A. pulmonalis, läßt sich bronchospirometrisch nachweisen, weil der Quotient aus beiden Durchblutungsanteilen dem der $O_2$-Aufnahme beider Seiten entspricht, sofern ein Links-Rechts-shunt ausgeschlossen ist. Die gleichen Verhältnisse findet man auch bei einer massiven Embolie in einen Hauptast und bei einer Gefäßobstruktion durch ein infiltrierendes Malignom. Die mehr oder weniger vollständige Aufhebung des Gaswechsels einer Lungenseite bei erhaltener Ventilation bewirkt auch eine gut meßbare Differenz zwischen dem arteriellen und endexspiratorischen $P_{CO_2}$. Die regionäre Minderdurchblutung bei Obstruktion der großen Lungengefäße läßt sich gut mit der intravenösen Lungenszintigraphie demonstrieren. Diese Methode ergibt hingegen bei einer multiplen Obstruktion der kleinen und kleinsten Gefäße trotz schwer pathologischer Hämodynamik oft keine auffälligen von der Norm abweichenden Bilder (Abb. 29).

Die hämodynamischen Hauptbefunde der multiplen Lungengefäßobstruktion sind in fortgeschrittenen Fällen die schwere pulmonale Hypertonie, die Einschränkung des Herzzeitvolumens und die Vermehrung der venösen Zumischung durch arterio-venöse Anastomosen und bei Drucksteigerung im rechten Vorhof durch Öffnen des Foramen ovale. Das ungenügende Herzzeitvolumen bedingt eine

alveoläre Hyperventilation, die insbesondere während körperlicher Arbeit sehr
ausgesprochen wird. Die Ventilation von nicht mehr durchbluteten Alveolen verschlechtert die Atemökonomie durch Bildung von „alveolären" Toträumen. Die
Dehnbarkeit dieser Alveolen nimmt infolge Strukturänderungen der Membran ab,

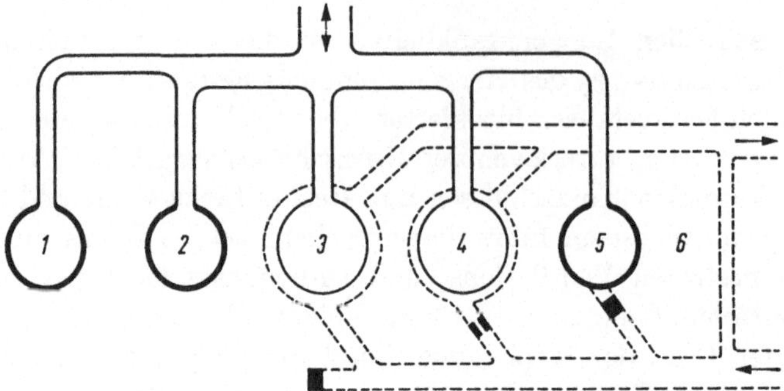

Abb. 29. Multiple Lungengefäßobstruktion. Lungenmodell. *1* und *2* Regionärer Durchblu-
tungsausfall bei Verschluß eines größeren Astes der A. pulmonalis. *3* gesteigerte Durchblutung
bei normalen Gefäßen, $\dot{V}_A/\dot{Q} < 1$. *4* verminderte Durchblutung wegen teilweiser Obstruktion,
$\dot{V}_A/\dot{Q} > 1$. *5* vollständiger Verschluß der kleinen Gefäße, alveolärer Totraum wie *1* und *2*.
*6* vermehrte prä- und intrapulmonale venöse Zumischung. Die Hauptbefunde sind eine
schwere pulmonale Hypertonie und eine Einschränkung der Gasaustauschoberfläche wegen
der Bildung von alveolären Toträumen bei normalen Lungenvolumina sowie eine leichte
Einschränkung der Lungendehnbarkeit wegen Oberflächenveränderungen der nicht durchbluteten Alveolen

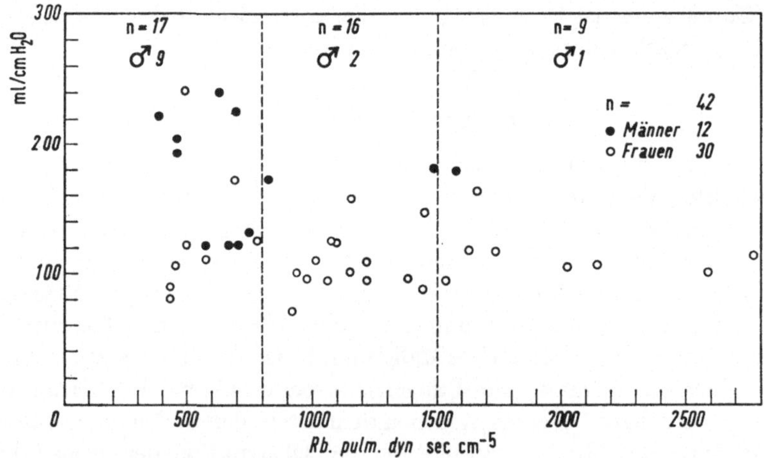


Abb. 30. Multiple Lungengefäßobstruktion. Dynamische Lungendehnbarkeit in ml/cm $H_2O$
in Abhängigkeit vom Lungengefäßwiderstand in dyn sec cm⁻⁵. Die Totalkapazität der 12
Männer beträgt im Mittel 6210 ± 954 ml, die der 30 Frauen 4475 ± 614 ml

so daß sich eine Reduktion der dynamischen Compliance ergibt. Denkbar wären
eine Verdickung der alveolären Membranen bzw. eine Fibrosierung der nicht mehr
durchbluteten Capillaren oder auch eine Schädigung des die Oberflächenspannung
herabsetzenden Oberflächenfilmes als Folge der blockierten Durchblutung.
Zwischen der Schwere der Lungengefäßobstruktion gemessen an der Höhe des

Lungengefäßwiderstandes und der Abnahme der Lungendehnbarkeit besteht keine quantitative Beziehung. Man hat aber den Eindruck, daß die dynamische Compliance nach embolischen Verschlüssen größerer Äste, wie es nach anamnestischen Kriterien für die Mehrzahl der Männer in Abb. 30 zutreffen dürfte, weniger stark eingeschränkt wird als bei den Frauen, bei denen thrombembolische und arteriitische Verschlüsse der kleinsten Gefäße überwiegen.

Experimentelle Untersuchungen am Tier haben gezeigt, daß die Ventilation schlecht oder nicht mehr durchbluteter Bezirke etwas abnimmt weil die Bronchiolen enger gestellt werden. Ob dieser „vasculo-bronchioläre" Reflex auch beim Menschen eine Rolle spielt ist noch nicht geklärt, immerhin lassen sich in schweren Fällen oft leicht erhöhte viscöse Atemwiderstände und eine Einschränkung des Atemgrenzwertes nachweisen (Kap. III, B, 2, 2). Die Patienten mit einer schweren multiplen Lungengefäßobstruktion zeigen als Hauptsymptom immer eine ausgesprochene Anstrengungsdyspnoe, die sich atemmechanisch mit einer vergrößerten Atemarbeit wegen alveolärer Hyperventilation bei kleinem Herzzeitvolumen, mit einer Totraumhyperventilation und mit einer Einschränkung der Lungendehnbarkeit objektivieren läßt.

## 7. Vermehrte Lungendurchblutung (Links-Rechts-shunt)

Die vermehrte Lungendurchblutung bei einem Links-Rechts-shunt ohne zusätzliche Veränderungen an den Lungengefäßen beeinflußt die Atmung in Ruhe und bei Arbeit wenig. Beim Vorhofseptumdefekt läßt sich gelegentlich eine geringe, mit der Atemphase wechselnde venöse Zumischung nachweisen. Die Patienten klagen nicht über Dyspnoe. Der Druck in der A. pulmonalis und in den Lungenvenen ist gegenüber der Norm nicht oder nur leicht erhöht (Kap. III, B, 1b).

## 8. Verminderung des Herzzeitvolumens

Ein im Verhältnis zum Gaswechsel zu kleines Herzzeitvolumen führt zu einer mit der Gewebehypoxie zusammenhängenden alveolären Hyperventilation und damit zu einer Erniedrigung des art. $P_{CO_2}$ und des Standardbicarbonates. Diese Hyperventilation, vom Patienten als Anstrengungsdyspnoe beschrieben, ist bei Arbeit besonders auffällig, wenn das Herzzeitvolumen nicht adäquat gesteigert werden kann. Die schwere Pulmonalstenose kann als typisches Beispiel für ein insbesondere bei Arbeit zu kleines Herzzeitvolumen bei einer sonst praktisch normalen Lungenfunktion angeführt werden. Ähnlich liegen die Verhältnisse bei der schweren Aortenstenose und beim vollständigen atrio-ventriculären Block (Tab. 21, 35, 42, 44).

## 9. Lungenstauung, Lungenödem

Die Druckerhöhung in den Lungencapillaren wegen einer Ausflußbehinderung aus dem Lungenkreislauf ist in der Regel mit einem vermehrten Blutgehalt in allen Lungengefäßabschnitten kombiniert. Bei einer chronischen Stauung nehmen Lungendehnbarkeit, Total- und Vitalkapazität sowie Atemgrenzwert ab (s. a. Kapitel Mitralstenosen). Zwischen der Erhöhung des Druckes im linken Vorhof und der Abnahme der Compliance besteht eine lockere Beziehung. Bei einer schweren Lungenstauung häufen sich leichte arterielle Hypoxämien. Die Strömungswiderstände hingegen sind auch schon bei einer leichten Lungenstauung etwas erhöht. Bei einer akuten Erhöhung des Druckes im linken Vorhof z. B. während einer Angiotensin-Infusion kommt es hingegen im Mittel zu keiner sicheren Abnahme der Lungendehnbarkeit und auch nicht zu einem Abfall der art. $O_2$-Sttg. Das akute Lungenödem mit Transsudation in die Alveolen führt hingegen zu einer massiven Verminderung der Compliance und meist auch zu einer leichten bis mittelschweren Hypoxämie wegen einer vermehrten venösen Zumischung (Abb. 31, Tab. 22). [25].

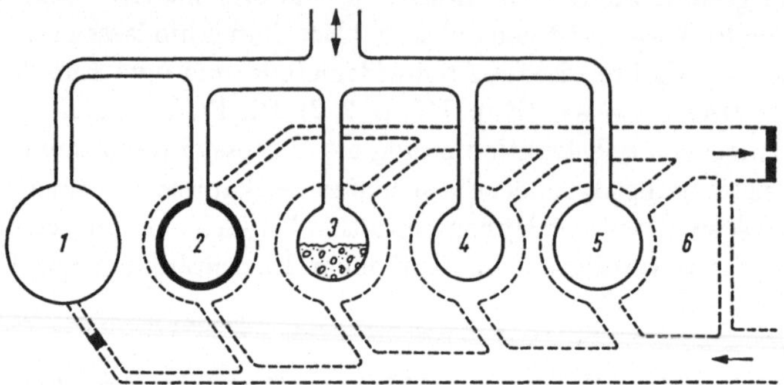

Abb. 31. Chronische Lungenstauung. Lungenmodell. *1* Gefäßverschluß, alveolärer Totraum. *2* leichte Fibrosierung der Membran, erhöhter Diffusionswiderstand. *3* venöse Zumischung wegen Füllung der Alveolen mit Transsudat, *3* und *4* capilläres Blutvolumen erhöht. *5* normal. Die Hauptbefunde sind ein erhöhter Druck und ein vergrößertes Blutvolumen in den Lungencapillaren und -venen, eine etwas vermehrte venöse Zumischung und eine leichte Einschränkung der Lungenvolumina und der Lungendehnbarkeit

*Übersicht zu den pathophysiologischen Syndromen*

| Syndrome: | Bronchialobstruktion ↓ | Lungenrestriktion ↓ | | Gefäßobstruktion ↓ | Herzzeitvolumen reduziert ↓ | Lungenstauung |
|---|---|---|---|---|---|---|
| Tendenz zu: | Verteilungsstörung, alv. Hypoventilation | Diffusionsstörung Membran | Oberfläche | Alv. Hyperventilation | | vermehrte ven. Zumischung |
| Totalkapazität | o | ↓ | ↓↓ | ↓ | o | ↓ |
| Vitalkapazität | ↓↓ | ↓ | ↓↓ | ↓ | o | ↓ |
| Sekundenkapazität | ↓↓ | o | o | (↓) | o | (↓) |
| Atemgrenzwert | ↓↓ | ↓ | ↓↓ | ↓ | o | ↓ |
| Compliance | ↓ | ↓↓ | ↓↓ | ↓ | o | ↗ |
| Viscance | ↗↗ | ↗ | ↗ | (↗) | o | ↗ |
| Spez. Ventilation | ↗ | ↗ | ↗↗ | ↗↗ | ↗↗ | o |
| VD/VT | ↗↗ | ↗ | ↗↗ | ↗↗ | ↗ | (↗) |
| $P_{O_2}$, $O_2$-Sttg. | ↓↓ | ↓ | ↓↓ | ↓ | o | (↓) |
| $P_{CO_2}$ | ↗↗ | ↓ | ↓ | ↓↓ | ↓↓ | o |
| Lungengefäßwiderstand | ↗ | o | ↗ | ↗↗ | (↗) | ↗ |

o = keine typische Änderung; ↗↗, ↓↓ = deutlich erhöht bzw. vermindert; ↗, ↓ = in der Regel leicht erhöht bzw. vermindert; (↗), (↓) = fakultativ leicht erhöht bzw. vermindert.

*Übersicht zu den Dyspnoe-Faktoren*

Dyspnoe: Die subjektiv empfundene Atemnot in Ruhe und bei Anstrengung wird mit der Feststellung einer im Verhältnis zum Gaswechsel zu großen Atemarbeit objektiviert.

| *Ursachen:* | I<br>*extrathorakal* | II<br>*kardial* | III<br>*pulmonal* |
|---|---|---|---|
| | alveoläre Hyperventilation wegen | | |
| *Faktoren:* | 1. Hypoxie | 1. im Verhältnis zum Gaswechsel zu kleines Herzzeitvolumen | 1. Erhöhte bronchiale Strömungswiderstände |
| | 2. Anämie | 2. schwere Hypoxämie bei Rechts-Links-shunt | 2. Verminderte Lungendehnbarkeit |
| | 3. Metabolische Acidose | | 3. Totraumhyperventilation |
| | | | 4. Hyperventilation bei pulmonal bedingter Hypoxämie |
| Für die Abklärung entscheidende *Meßwerte:* | art. $O_2$-Sttg.<br>Hb, pH, Standardbicarbonat | art.-ven. $O_2$-Differenz bzw. Herzzeitvolumen, art. $O_2$-Sttg. | Sekundenkapazität, Viscance Compliance Totraumquotient (VD/VT) art. $O_2$-Sttg. |

# III. Spezielle Pathophysiologie der Atmung

## A. Erkrankungen des Thoraxskeletes, der Pleura und der Lungen

### 1. Thoraxdeformitäten

#### a) Trichterbrust

Die Eindellung des Brustbeines, bzw. des Ansatzes der Rippen am Sternum hat eine Verkürzung des dorso-ventralen Durchmessers und eine Seitenverlagerung des Herzens zur Folge. Die Lungenvolumina und Atemreserven sind meistens nicht wesentlich reduziert, was um so bemerkenswerter ist, weil die theoretischen Sollwerte für diese meist überdurchschnittlich großen Jugendlichen sehr hoch sind.

Von größerer Bedeutung ist in schweren Fällen die Herzverlagerung mit Behinderung des venösen Rückflusses, insbesondere in aufrechter Körperhaltung. In diesen Fällen läßt sich bei Arbeit im Liegen ein erheblich größeres Schlagvolumen nachweisen als bei Arbeit in normaler aufrechter Körperhaltung. Diese Patienten sind in der Lage, mit dem Fahrradergometer im Liegen eine annähernd normale Leistung zu vollbringen. Im Sitzen ist die Anpassungsfähigkeit an Arbeit deutlich reduziert, indem das Herzzeitvolumen wegen des erheblich kleineren Schlagvolumens bei gleicher Pulsfrequenz kleiner ist als im Liegen. Eine um mehr als 10% geringere Arbeitskapazität im Sitzen als im Liegen spricht für eine er-

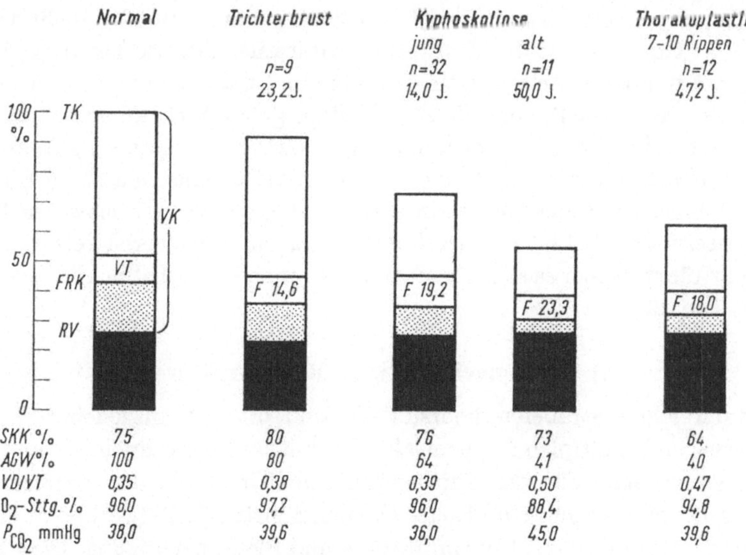


Abb. 32. Thoraxdeformitäten und Thorakoplastik. Mittelwerte für Lungenvolumina, Sekundenkapazität, Atemgrenzwert, Totraumquotient, $O_2$-Sttg. und $P_{CO_2}$ (Tab. 23)

hebliche, von der Körperhaltung abhängige Behinderung des venösen Rückflusses. Mit der operativen Korrektur verbessert sich die kardiale Anpassung an Arbeit in aufrechter Körperhaltung (Abb. 32, Tab. 23) [26, 28].

### b) Kyphoskoliose

Bei der schweren Kyphoskoliose sind im Gegensatz zur Trichterbrust die Lungenvolumina und Atemreserven immer stark vermindert. Diese Einschränkung ist noch eindrücklicher, wenn man nicht die auf die effektive Körperlänge bezogenen Sollwerte berücksichtigt, sondern die Sollwerte mit der mittleren Größe normal gewachsener, gleichalteriger Personen berechnet.

Oft ist die schwere Kyphoskoliose Folge einer Rachitis, eines Phosphatdiabetes und am häufigsten einer ätiologisch unklaren Wachstumsstörung der Wirbelsäule im Kindesalter. Die schwere Osteomalacie, z. B. bei der Hyperphosphaturie, bei der tubulären Acidose und gelegentlich auch bei der Malabsorption kann aber auch beim Erwachsenen innert einiger Jahre zu einer Kyphoskoliose mit schweren Ventilationsstörungen und Cor pulmonale führen.

Bei Kindern ist die Arterialisation des Blutes praktisch immer vollständig, gelegentlich läßt sich eine leichte Verteilungsstörung nachweisen. Die massive Einschränkung der Lungenvolumina hat mit fortschreitendem Alter eine frühe Invalidisierung zur Folge. Schon die normalen Altersveränderungen der Lunge und eine banale Bronchitis genügen, daß sich eine Globalinsuffizienz mit allen Konsequenzen entwickelt. Beim „Kyphoskoliose-Herz" handelt es sich um ein Cor pulmonale bei alveolärer Hypoventilation (Abb. 32, Tab. 23) [8, 14, 30, 67].

### c) Thorakoplastik

Die Thorakoplastik hat in der Thoraxchirurgie zahlenmäßig nicht mehr die gleiche Bedeutung wie vor der Einführung wirksamer Tuberkulostatica. Die Teilplastik führt nur zu einer geringen Einbuße an Lungenvolumen, was praktisch keine größere Rolle spielt, weil die zum Kollaps gebrachten Lungenpartien meist schon vorher teilweise oder vollständig von der Atemfunktion ausgeschlossen waren. Die Resektion von 7 und mehr Rippen führt zu einer massiven Einschränkung der Lungenvolumina und Atemreserven, die, wie bei der schweren Kyphoskoliose jenseits des 6. Lebensjahrzehnts, oft zu einer schweren respiratorischen Insuffizienz führt, wobei es sich ebenfalls meist um eine Globalinsuffizienz handelt (Abb. 32, Tab. 23).

### d) Status nach multiplen Rippenfrakturen

Die zahlreichen Straßenverkehrsunfälle sind oft mit ausgedehnten Thoraxverletzungen und multiplen Rippenfrakturen mit und ohne Pneumo- und Hämatothorax verbunden. Für die Versicherungsmedizin spielt die Beurteilung der dauernden Einschränkung eine Rolle. Die angeführten Mittelwerte stammen von Verunfallten mit multiplen Rippenfrakturen und Pleurabeteiligung. Die Patienten zeigten im Zeitpunkt der Untersuchung, die 1—2 Jahre nach dem Unfall durchgeführt wurde, röntgenologisch nur geringe Pleura-Adhärenzen und nur eine leichte Einschränkung der Zwerchfellbeweglichkeit (Tab. 24).

Im Mittel läßt sich keine schwere Beeinträchtigung der Lungenvolumina und Atemreserven nachweisen. Die leichte Totraumvergrößerung kann als Hinweis auf eine etwas verschlechterte Luftverteilung interpretiert werden. Eine arterielle Hypoxämie wurde nur ausnahmsweise festgestellt. Die pulmonale Anpassung an Arbeit ist im Mittel gut. Diese Befunde sind überraschend günstig, sie entsprechen denen nach einer Thorakotomie. In den höheren Altersklassen ergibt sich eine Häufung von Patienten mit einer chronischen asthmoiden Bronchitis und mit einem obstruktiven Emphysem mit den für diese Erkrankungen typischen funktionellen Veränderungen. In der Regel macht es keine Schwierigkeiten, anamnestisch das Vorbestehen der Bronchitis nachzuweisen. Da die Entwicklung eines obstruktiven Emphysems entsprechend den dargestellten Mittelwerten viele Jahre benötigt, kann für diese Fälle ein kausaler Zusammenhang zwischen Thoraxunfall und Emphysem abgelehnt werden. Welche Bedeutung dem Unfall für die vorbestehende Bronchitis als Verschlimmerungsfaktor zugemessen werden soll, muß im Einzelfall nach dem unmittelbaren Krankheitsverlauf mit allfälligen Komplikationen wie Aspiration, Pneumonie und Tracheotomie beurteilt werden [5, 56].

## 2. Pleura- und Zwerchfellerkrankungen

### a) Pleuraexsudat und -transsudat, Hämatothorax, Pneumothorax

Jede teilweise Kompression der Lunge durch Flüssigkeit oder andere Substanzen führt zu einer entsprechenden Abnahme der Blähungsfähigkeit und Ventilation der betreffenden Seite. Zudem ergibt sich eine Verschiebung des Ventilations-Perfusionsverhältnisses mit dem Resultat einer vermehrten venösen Zumischung. Ist die andere Lungenseite normal, so entsteht auf diesem Weg jedoch keine oder nur eine leichte Hypoxämie, da die Durchblutung der betroffenen Lungenseite reduziert wird. Das gleiche gilt auch für den spontanen und therapeutischen Pneumothorax. Auch beim Spannungspneumothorax entsteht nur eine schwere respiratorische Insuffizienz falls auch die Ventilation der Gegenseite beeinträchtigt wird. Die bedrohliche Situation betrifft oft vor allem den Kreislauf, der durch die Verschiebung des Mediastinums mit Kompression der Hohlvenen behindert wird.

### b) Pleuraverschwartung

Die ausgedehnte Verschwartung der kostalen und diaphragmalen Pleura hat eine mehr oder weniger ausgesprochene, definitive Funktionseinschränkung der betroffenen Seite zur Folge, was beim früher angewandten therapeutischen Pneumothorax oft ungenügend berücksichtigt wurde. Bronchospirometrische Untersuchungen haben gezeigt, daß der Verlust an Vitalkapazität und damit angenähert auch an Ventilation und $O_2$-Aufnahme nach komplikationslos verlaufendem intrapleuralem Pneumothorax für die betreffende Seite ca. 25%, nach extrapleuralem Pneumothorax ca. 35% beträgt. Kommt es zu einer Verschwartung, was auch für einen Fibrothorax nach Pleuritis exsudativa ohne Pneumothorax gilt, so beträgt der Ausfall im Mittel annähernd 60%, also eine Abnahme der Vitalkapazität für beide Lungen zusammen um ca. 30%. Eine doppelseitige Verschwartung führt dementsprechend zu einer ganz beträchtlichen Einbuße an Lungenvolumen und Ventilationsreserven.

5*

*Beispiel: Pleuraschwarte beidseits nach doppelseitigem Pneumothorax.* Edwin Sch., 53 J., Hb
13,8 g-%

| TK $S$ ml | TK ml | VK %TK | FRK %TK | AGW %S | SKK %VK | Spez. V. ml/ml | VD/VT | $O_2$-Sttg. % | $P_{CO_2}$ mmHg |
|---|---|---|---|---|---|---|---|---|---|
| 6250 | *2850* | 65 | 54 | *25* | *50* | 37,4 | 0,50 | 95,5 | 38,5 |
| Bronchospirometrie | | Re | | | Li | | 75 Watt | *86,5* | 42,0 |
| $\dot{V}\,O_2$ ml/min | | *50* | | | 190 | | | | |
| $\dot{V}_E$ ml/min | | 2250 | | | 4500 | | | | |
| VK ml | | *400* | | | 1400 | | | | |

Mit der rechtzeitigen Decortication ist eine wesentliche Funktionsbesserung
möglich. Die Pleurafibrose breitet sich mit der Zeit in das Lungenparenchym aus,
und die Capillaren in den während Jahre nicht ventilierten Lungenpartien veröden.
Die in einem derartigen Stadium durchgeführte Decortication ist nicht nur tech-
nisch viel schwieriger, auch das funktionelle Resultat ist enttäuschend. Man erreicht zwar eine bessere Blähungsfähigkeit und damit eine größere Total- und
Vitalkapazität. Da aber die wieder ventilierten Abschnitte wegen den definitiv
veröteten Capillaren nur ganz ungenügend durchblutet werden, ergibt sich keine
wesentliche Vergrößerung der Gasaustauschfläche, sondern nur eine Zunahme des
funktionellen Totraumes. Die ausgedehnte Verödung von Lungencapillaren unter
der Pleuraschwarte bedeutet auch eine Einschränkung des Lungengefäßquer-
schnittes, so daß sich eine pulmonale Hypertonie entwickeln kann. Damit ist
insbesondere zu rechnen, falls auch die Gegenseite nicht normal ist, wie im dargestellten Beispiel. Wichtig zu wissen ist auch, daß zwischen röntgenologischer
Ausdehnung des Befundes und funktioneller Einschränkung oft keine Korrelation
besteht. Eine beidseitige Pleuraverschwartung kann die Ventilation derartig beeinträchtigen, daß sich gelegentlich trotz normaler bronchialer Widerstände bereits
in Ruhe eine Globalinsuffizienz entwickelt [9, 13, 46].

### c) Zwerchfell-Lähmung und -Hernien

Das Zwerchfell hat als Atemmuskel die entscheidende Bedeutung für die
Ventilation. Bei zentralen und peripheren Atemlähmungen kommt es erst zu
einer lebensbedrohlichen Ventilationsstörung, falls beide Zwerchfellseiten betroffen
sind. Doch führt schon die einseitige Zwerchfell-Lähmung und Einschränkung
der Beweglichkeit, die am besten bei der Durchleuchtung gemessen wird, zu einer
Einschränkung der Total- und Vitalkapazität und zu einer sehr ungleichmäßigen
Luftdurchmischung, die sich in einer Verteilungsstörung zeigen kann. Die früher
bei der Kollapstherapie der Lungentuberkulose häufig durchgeführte Phrenicus-
Exairese führte in der Regel zu einer erheblich stärkeren funktionellen Einbuße
als die Teilplastik, der Pneumothorax und die Lobektomie. Der Verlust an Vitalkapazität der betreffenden Seite beträgt im Mittel 80%, d. h. nicht selten ist die
betroffene Seite vollständig vom Gaswechsel ausgeschlossen und vergrößert nur
die venöse Zumischung. Ist die andere Lungenseite ebenfalls nicht ganz normal,
so ergeben sich nicht nur eine Einschränkung der Lungenvolumina und Atemreserven, sondern auch eine schlechte Anpassung an körperliche Arbeit sowie eine
pulmonale Hypertonie.

*Beispiel: Zwerchfell-Lähmung rechts, Status nach Pneumothorax beidseits wegen Tuberkulose.*
Rudolf B., 33 J., Hb 15,0 g-%.

| TK $S$ ml | TK ml | VK %TK | FRK %TK | AGW %S | SKK %VK | Spez. V. ml/ml | VD/VT |
|---|---|---|---|---|---|---|---|
| 5800 | 3200 | 72 | 47 | 40 | 65 | 27,8 | 0,38 |

| | c. i $l/min/m^2$ | Vstr ml | $F$ | Rbpulm dyn sec cm$^{-5}$ | $\bar{p}$apulm mmHg | $\bar{p}$atrd mmHg | $O_2$-Sttg. % | $P_{CO_2}$ mmHg |
|---|---|---|---|---|---|---|---|---|
| Ruhe | 2,9 | 64 | 81 | 216 | 19 | 2 | 95,7 | 42,0 |
| 50 Watt | 4,8 | 66 | 130 | 186 | 28 | 4 | 93,9 | 39,8 |

Die Zwerchfellhernie mit Verlagerung von abdominalen Organen, z. B. des Magens in den Thoraxraum, verursacht eine Abnahme der Lungenvolumina und in schweren Fällen eine leichte Hypoxämie wegen einer vermehrten venösen Zumischung aus schlecht ventilierten, bzw. atelektatischen Bezirken. [26].

## 3. Lungentumoren (Atelektase), Lungencarcinose, Lungenadenomatose

Benigne und maligne Lungentumoren führen, solange sie volumenmäßig keine größere Rolle spielen, zu keinen sicher nachweisbaren Änderungen der Lungenfunktion. Die Stenosierung eines Bronchus kann eine meßbare Erhöhung der bronchialen Strömungswiderstände zur Folge haben. Eine Atelektase reduziert je nach Ausdehnung die Total- und Vitalkapazität und vergrößert die venöse Zumischung. Solange die Funktion der anderen Seite gut ist, entsteht aber auch bei einer Totalatelektase keine schwere Hypoxämie. Die Kompression der A. pulmonalis oder deren Obstruktion durch Infiltration eines Malignoms werden am elegantesten mit der Lungenszintigraphie nachgewiesen. Die verminderte oder sogar praktisch aufgehobene, einseitige Durchblutung bei erhaltener Ventilation kann auch bronchospirometrisch mit der erheblich reduzierten $O_2$-Aufnahme festgestellt werden. Multiple Lungenmetastasen, vor allem aber die Lungencarcinose und die Lungenadenomatose, führen mit Abnahme der Lungendehnbarkeit, Einschränkung der Lungenvolumina und Atemreserven sowie Erhöhung der Diffusionswiderstände zu einer ausgesprochenen Restriktion und werden im Kapitel III, A, 5 besprochen [57].

## 4. Obstruktive Lungenerkrankungen

### a) Asthma bronchiale

Das wesentliche funktionelle Merkmal des Asthma bronchiale ist die anfallsweise auftretende Erhöhung der bronchialen und bronchiolären Strömungswiderstände mit allen sich aus einer Obstruktion ergebenden Konsequenzen wie Zunahme der funktionellen Residualkapazität und Störungen der Ventilation. Eine anfallsweise auftretende Dyspnoe ohne erheblich erhöhte bronchiale Strömungswiderstände sollte nicht als Asthma bronchiale bezeichnet werden. Die Genese der Obstruktion ist komplexer Natur; die wichtigsten Faktoren sind:

1. Veränderungen der Schleimhaut mit Ödem und Produktion eines sehr konsistenten Sekretes sowie Sekretverhaltung.

2. Spasmen der Muskulatur der Bronchiolen und Bronchien.

3. Exspiratorische Kompression der Luftwege infolge eines stark positiven intrathorakalen Druckes und eines niedrigen intrabronchialen Druckes hinter den Stenosen.

Die durch die Obstruktion bedingte inspiratorische Verschiebung der Atemmittellage kann den Durchmesser der Luftwege etwas vergrößern und erhöht auch die elastischen Retraktionskräfte. Trotzdem genügen bei hohen bronchialen Strömungswiderständen Thorax- und Lungenelastizität allein nicht für eine ausreichende exspiratorische Stromstärke. Die Exspiration wird deshalb nicht nur zeitlich verlängert, es treten auch die Exspirationsmuskeln in Aktion. Damit ergibt sich während der Exspiration ein stark positiver Alveolar- und Intrathorakaldruck, der die nicht durch Knorpel geschützten Bronchiolen komprimiert und evtl. sogar die Pars membranacea der Bronchien und die intrathorakal gelegene Trachea in das Lumen vorgewölbt wird, was eine zusätzliche Obstruktion zur Folge hat. Die nie ganz gleichmäßig verteilte Obstruktion verschlechtert die Gasdurchmischung, so daß praktisch immer eine Verteilungsstörung und eine Hypoxämie entstehen. Gelegentlich werden die überblähten Unterlappen nicht mehr ventiliert, indem sich das Zwerchfell infolge des stark negativen Druckes während der Inspiration paradox nach oben bewegt. Die ungleichmäßige Ventilation der verschiedenen Lungenabschnitte mit Überblähung der gut drainierten Partien reduziert die dynamische Compliance, so daß sich im Asthmaanfall auch stark erhöhte elastische Atemwiderstände ergeben, ohne daß das Lungenparenchym strukturelle Veränderungen aufweisen muß. Im Anfall können als Extrem der Verteilungsstörung durch Ventilmechanismen überblähte Alveolarbezirke entstehen, die nicht mehr am Gasaustausch teilnehmen, deshalb die Austauschoberfläche verkleinern und volumenmäßig nur plethysmographisch, nicht aber mit Fremdgasmethoden gemessen werden können. Mit der Kompression und Dekompression dieser Räume ergibt sich eine zusätzliche Atemarbeit, die mit der üblichen Bestimmung, z. B. mittels Pneumotachographie und Ösophagusdruckmessung, nicht erfaßt wird.

Der Metabolismus ist im Asthmaanfall deutlich gesteigert, die $O_2$-Aufnahme beträgt bei leichten und mittelschweren Anfällen im Mittel 20% mehr als in Ruhe. Die sich mit dem zusätzlichen Gaswechsel ergebende Steigerung des Ventilationsbedürfnisses bei stark erhöhten Atemwiderständen verschlechtert die Situation zusätzlich. Bei den hinsichtlich Atemwiderständen leichteren Fällen läßt sich oft eine angstbedingte Hyperventilation mit respiratorischer Alkalose nachweisen. Doch besteht auch bei diesen Patienten in der Regel eine Hypoxämie als Folge einer Verteilungsstörung. Zu einer schweren Hyperkapnie und einer Globalinsuffizienz mit pulmonaler Hypertonie kommt es nur im Status asthmaticus mit massiver Erhöhung der bronchialen Strömungswiderstände. Wegen der zusätzlichen Verteilungsstörung und vermehrter venösen Zumischung aus nicht ventilierten Abschnitten ist die Hypoxämie immer viel schwerer als es der Hyperkapnie bzw. der über den art. $P_{CO_2}$ berechneten alveolären Hypoventilation entsprechen würde. Gelegentlich entwickelt sich der schwere Asthmaanfall mit Hyperkapnie protrahiert, nachdem während Tagen hyperventiliert und damit das Standardbicarbonat gesenkt wurde. In diesen Fällen führt dann die respiratorische Acidose zu einer massiven Senkung des pH.

*Beispiel: Protrahierte Entwicklung eines schweren Status asthmaticus während Tagen.* Anna K., 55 J.

|  | 1. Tag<br>leichter Anfall | 2. Tag | 3. Tag<br>schwerer Status asthmaticus |
| --- | --- | --- | --- |
| $O_2$-Sttg., % | 91,0 | 89,0 | 68,0 |
| pH | 7,46 | 7,38 | 7,19 |
| $P_{CO_2}$ mmHg | 28,0 | 29,5 | 58,5 |
| St. bic. mval/l | 22,0 | 19,6 | 18,5 |

Dieses Beispiel zeigt auch, daß die nur einmalige Untersuchung der arteriellen Blutgase bei der Beurteilung der Schwere des Asthmaanfalles zu Fehlschlüssen verleiten kann. Die zur $CO_2$-Retention führende Hypoventilation der Mehrzahl der Alveolen bessert sich mit der Senkung der bronchialen Strömungswiderstände. Mit der erfolgreichen Therapie eines schweren Asthmaanfalles kann sich aus einer alveolären Hypoventilation wieder eine Hyperventilation mit respiratorischer Alkalose entwickeln, doch läßt sich auch in dieser Phase meist noch eine Hypoxämie als Folge einer weiterbestehenden Verteilungsstörung nachweisen. Die Hyperventilation mit ihren Konsequenzen wird gelegentlich bei den verschiedenen Phasen des Asthmaanfalles zu wenig beachtet, was insbesondere für die Abnahme des Plasmavolumens mit Tendenz zur Hypovolämie bei einer längere Zeit dauernden Hyperventilation gilt. Die Mittelwerte der Tab. 25 von 2 Patientengruppen im Status asthmaticus und einige Stunden später nach Besserung des Zustandes zeigen eine leichte aber sichere Verminderung des Plasmavolumens und eine Hämokonzentration. Diese Befunde bessern sich etwas während der Therapie dank der Flüssigkeitszufuhr mit intravenösen Infusionen. Trotzdem kommt es bei der Patientengruppe mit $CO_2$-Retention im Anfall nach Senkung des art. $P_{CO_2}$ zu einem erheblichen Anstieg der Pulsfrequenz und zu einem Blutdruckabfall, was möglicherweise wenigstens z. T. Folge einer Abnahme der vasoconstrictiven Wirkung der $CO_2$ bei einer noch nicht vollständig kompensierten Hypovolämie ist. Wenn in diesem Zusammenhang auch nicht übersehen werden soll, daß viele Bronchospasmolytica, z. B. Adrenalin und verwandte Substanzen die Pulsfrequenz erhöhen, so ist doch bemerkenswert, daß die Pulsfrequenz im Mittel bei den Patienten ohne $CO_2$-Retention im Status asthmaticus trotz gleicher medikamentöser Therapie viel weniger zunimmt. Wenn auch bei der Therapie des Asthmaanfalles immer die Bekämpfung der Bronchialobstruktion und die Besserung der Hypoxämie im Vordergrund stehen, so sollte darüber eine Hypovolämie als Ursache einer bedrohlichen Verschlechterung des Kreislaufes nicht übersehen werden. Gelegentlich sind Beruhigung und Plasmaersatz nicht weniger wichtig als Bronchospasmolytica. In der Med. Universitätsklinik Zürich sank die Letalität im oder unmittelbar nach einem Status asthmaticus 1968 und 1969 auf 0, während sie im Durchschnitt der vorausgegangenen 10 Jahre 7% betragen hatte. Die Kombination der bronchospasmolytischen Medikation mit massiver Sedierung bis zur Narkose ist nur bei künstlicher Beatmung möglich und stellt manchmal die einzige Möglichkeit dar, eine lebensbedrohliche Asphyxie zu beheben.

Das eigentliche Asthma bronchiale unterscheidet sich von der chronischen Form durch ein hinsichtlich Lungenfunktion praktisch normales Intervall. Beim chronischen Asthma bronchiale lassen sich auch im anfallsfreien Intervall erhöhte bronchiale Strömungswiderstände nachweisen. Das chronische Asthma bronchiale führt zum obstruktiven Lungenemphysem. Es unterscheidet sich schließlich nur noch anamnestisch durch den Beginn mit Anfällen von der chronisch asthmoiden Bronchitis, bei der sich meist eine Infektion nachweisen läßt. Beim Asthma bronchiale überwiegen im Erwachsenenalter die Frauen, die chronisch asthmoide Bronchitis befällt etwas häufiger die Männer, insbesondere während der 2. Lebenshälfte, wie es folgende Übersichten zeigen [33, 34, 48, 53, 54].

*Häufigkeit des Asthma bronchiale und der chronisch asthmoiden Bronchitis bei der städtischen Bevölkerung* [39]

|  | Männer | Frauen |
|---|---|---|
| *Asthma bronchiale* | 1,1 | 2,8 |
| *Chron. Bronchitis* | 2,1 | 1,8 |
| Zahl der untersuchten Bewohner | 1054 | 1113 |

*Altersverteilung der chronisch asthmoiden Bronchitis bei 300 hospitalisierten Männern (Med. Universitätsklinik Zürich)*

| Alter | 25—40 | 41—70 |
|---|---|---|
| Anteil, % | 18 | 82 |

Die gegenseitigen Beziehungen zwischen Asthma bronchiale und chronischer Bronchitis bzw. Bronchiolitis lassen sich etwas vereinfacht folgendermaßen schematisieren:

*Schema: Beziehungen Asthma bronchiale und chron. asthmoide Bronchitis*

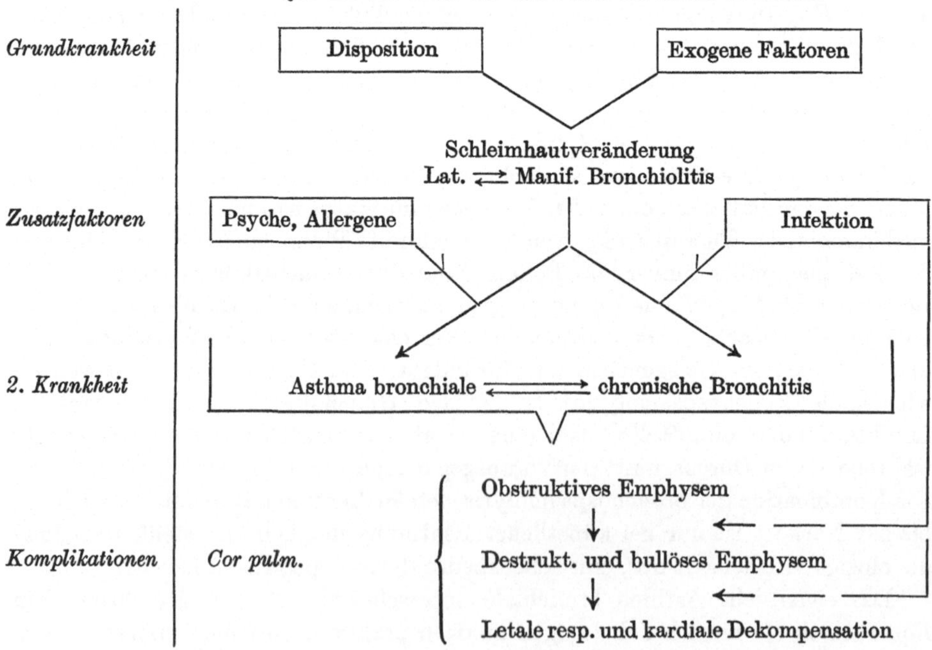

## b) Chronisch asthmoide Bronchitis

Die akute Laryngitis, Tracheitis und Bronchitis mit Husten und Auswurf führen zu einer leichten Erhöhung der Strömungswiderstände und in schweren Fällen auch zu einer Vergrößerung der funktionellen Residualkapazität sowie zu einer Abnahme der Sekundenkapazität und des Atemgrenzwertes. Diese Befunde normalisieren sich nach Ausheilen der akuten Entzündung.

Regelmäßiger Zigarettenkonsum kann insbesondere bei Inhalation einen chronischen Reizzustand der Schleimhäute in den Luftwegen und schließlich eine chronische Bronchitis mit Beteiligung der kleinen Bronchien und Bronchiolen zur Folge haben. Die sich damit entwickelnde chronische Obstruktion der Luftwege ist von entscheidender Bedeutung für die Lungenfunktion. Betrachtete man früher die chronische Bronchitis immer als Komplikation oder als Symptom anderer Lungen- und Herzerkrankungen, so ist die chronische Bronchitis bzw. Bronchiolitis mit Obstruktion längst zu einer selbständigen Krankheit geworden. Obwohl Bronchialspasmen nur einen Teilfaktor für die Obstruktion darstellen, hat sich die Bezeichnung „asthmoide" oder „spastische" Bronchitis eingebürgert. Die Häufigkeit der chronischen asthmoiden Bronchitis beträgt bei den hospitalisierten Patienten einer internmedizinischen Klinik etwa 10%. Bei Kindern verbergen sich hinter einer chronischen Bronchitis gelegentlich Bronchiektasen oder auch eine Mucoviscidosis, bei Erwachsenen aus landwirtschaftlichen Berufen muß man auch an eine „farmers lung" denken. Typisch für jede chronische asthmoide Bronchitis sind klinische und funktionelle Verschlechterungen durch äußere Einflüsse wie Wetter, Jahreszeiten und Einwirkung unspezifischer Reize wie Staub und Rauch. Im weiteren Verlauf tritt der Krampf der Bronchialmuskulatur gegenüber der chronischen Infektion mit vermehrter Schleimproduktion etwas in den Hintergrund. Die bronchialspastische Komponente läßt sich durch Messung der Sekundenkapazität und des Atemgrenzwertes vor und nach pororaler oder parenteraler Applikation eines Bronchospasmolyticums erfassen. Auch körperliche Arbeit kann insbesondere beim chronischen Asthma bronchiale zu einer Bronchospasmolyse führen, was sich in einer wesentlichen Besserung der Sekundenkapazität nach einem Arbeitsversuch zeigt. [17, 22, 25, 40, 49, 61, 62, 63, 64].

## c) Lungenemphysem

Das Emphysem wird anatomisch als definitive Erweiterung der Alveolen und Bronchioli respiratorii definiert. Beim Lebenden können diese anatomischen Veränderungen ohne Lungenbiopsie nur durch Kombination verschiedener Meßwerte indirekt festgestellt werden. Eine Zunahme der statischen Compliance und eine Vergrößerung der Totalkapazität sind verdächtig auf einen Elastizitätsverlust des Lungenparenchyms infolge emphysematöser Veränderungen. Die größte praktische Bedeutung hat aber die Messung des intrathorakalen Gasvolumens, das beim Emphysem ein Mehrfaches des Sollwertes betragen kann und dann trotz Berücksichtigung der Streuung der Normalwerte bei der Beurteilung weniger Unsicherheit bereitet als die Totalkapazität und die Compliance. Die Zunahme der funktionellen Residualkapazität beweist streng genommen nur die Überblähung der Alveolen, nicht aber den definitiven Charakter der Überblähung. Auch bei einer akuten Stenosierung der Luftwege und beim Asthmaanfall ist die funktionelle

Residualkapazität vergrößert, doch ist diese Überblähung reversibel. Die Patienten können mehr oder weniger vollständig exspirieren und haben noch keine wesentliche Einschränkung der Vitalkapazität und Zunahme des Residualvolumens. Hingegen kann eine bei wiederholter Messung festgestellte erhebliche Vergrößerung des Residualvolumens in der Regel mit einer definitiven Überblähung

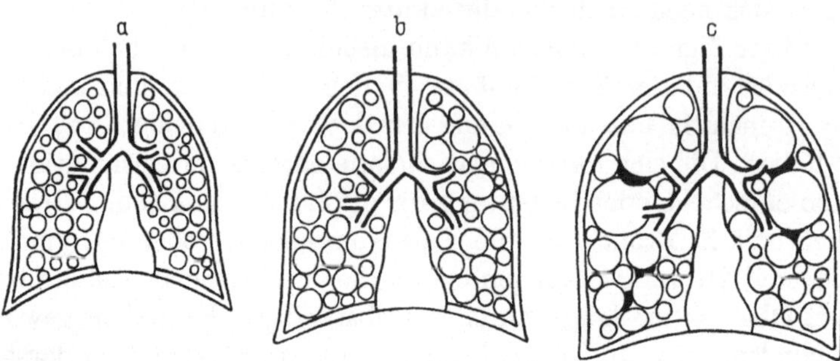

Abb. 33. Lungenblähung bei akuter und chronischer Obstruktion. Schematische Darstellung. *a* normal mit geringen Blähungsunterschieden, normale Atemmittellage. *b* akute Obstruktion der kleinen Luftwege z. B. beim Anfall des Asthma bronchiale mit sehr ungleichmäßiger Überblähung der Mehrzahl der Alveolen, inspiratorische Verschiebung der Atemmittellage, Ventilationsstörungen. *c* chronische Obstruktion der kleinen Luftwege mit unterschiedlicher Überblähung der Alveolen und Bildung von nicht mehr durchbluteten großen Blasen, die andere Alveolen und auch die Luftwege komprimieren können. Neben den Ventilationsstörungen ergeben sich zusätzlich große Toträume, eine Einschränkung der Gasaustauschoberfläche sowie des Gefäßbettes

der Lungen, also mit einem Emphysem, gleichgesetzt werden (Abb. 33). Die Beurteilung des Schweregrades basiert funktionell auf der Messung des Residualvolumens, der bronchialen Strömungswiderstände und damit der Atemreserven, der arteriellen Blutgase in Ruhe und bei Arbeit und auf der Bestimmung des Lungengefäßwiderstandes.

Nach ätiologischen Gesichtspunkten und nach der funktionellen Symptomatologie lassen sich verschiedene Emphysemformen unterscheiden.

*Einteilung der Emphysemformen*

| *Nicht-obstruktiv* | *Obstruktiv* |
|---|---|
| 1. *kompensatorisch*<br>bei jedem Parenchymverlust | 1. *lokalisiert*<br>bei regionärer Obstruktion |
| 2. *zunehmende Lungendehnbarkeit*<br>bei Verlust von elastischen Fasern, z. B. im Alter oder beim seltenen „idiopathischen" Emphysem | 2. *generalisiert*<br>bei multipler Bronchialobstruktion<br>a) in- und exspiratorische Obstruktion<br>b) vorwiegend exspiratorische Exspiration wegen Bronchialkollaps. |
|  | 3. *bullös und destruktiv*<br>bei Verlust an Lungenoberfläche durch Blasenbildung und Kompression von Alveolen in der Umgebung der Blasen. |

Beim familiär vorkommenden Mangel an $\alpha_1$-Antitrypsin-Globulin im Serum kann sich bereits beim Jugendlichen ein primär nicht-obstruktives panalveoläres Emphysem entwickeln. Die Immunelektrophorese ermöglicht die ätiologische Abklärung dieser seltenen familiären Form des Emphysems.

Das nicht-obstruktive Altersemphysem und die kompensatorische Überblähung normaler Partien beim Ausfall anderer Lungenabschnitte haben funktionell und klinisch keine so große Bedeutung wie das obstruktive Emphysem, das die häufigste zur Invalidität führende Lungenerkrankung ist. Bei den fortgeschrittenen Stadien überwiegen anteilmäßig die Männer, weil sie etwas häufiger an einer immer wieder rezidivierenden obstruktiven Bronchitis erkranken. Mit der Bestimmung der Sekundenkapazität und des Atemgrenzwertes vor und nach Gabe eines Bronchospasmolyticums läßt sich feststellen, ob die multiple Bronchialobstruktion vorwiegend Folge eines erhöhten Tonus der Muskulatur und Schwellung der Schleimhaut der Bronchien oder eines medikamentös nicht beeinflußbaren Bronchialkollapses bei erhöhtem intrathorakalen Druck ist.

Die Entwicklung der funktionellen Symptomatologie vom chronischen Asthma bronchiale bzw. der chronisch asthmoiden Bronchitis bis zur terminalen respiratorischen und kardialen Dekompensation läßt sich schematisch folgendermaßen darstellen (siehe Seite 76).

Diese Entwicklung benötigt in der Regel 10—15 Jahre. Das obstruktive Emphysem führt wegen der Bronchialobstruktion zu den typischen Ventilationsstörungen und wegen dem Verlust an durchbluteter Alveolaroberfläche bei Bildung von vielen oder großen Blasen auch zur Einschränkung der Diffusionskapazität und schließlich zur Diffusionsstörung. Die alveoläre Hypoventilation hat wegen der Vasoconstriction der Arteriolen, die Destruktion des Lungengewebes wegen des Capillarverlustes eine Erhöhung des Lungengefäßwiderstandes zur Folge, so daß sich ein Cor pulmonale entwickelt. Damit es zu einer Hypoventilation der Mehrzahl der Alveolen kommt, muß man eine verminderte Ansprechbarkeit der Atemregulation auf den $P_{CO_2}$ annehmen. Hypoxämie und Hyperkapnie sind der Preis für den atemmechanischen Vorteil einer geringeren Atemarbeit bei einer alveolären Hypoventilation.

Amerikanische und englische Autoren unterscheiden nach klinischen Gesichtspunkten die Emphysemtypen ,,Blue Bloater'' (Typ BB) und ,,Pink Puffer'' (Typ PP). Der Typ BB mit deutlicher Cyanose und subjektiv eher leichter Dyspnoe entspricht dem obstruktiven Emphysem mit Globalinsuffizienz. Der Typ PP zeichnet sich bei ähnlichen spirometrischen Befunden durch eine viel stärkere Dyspnoe, insbesondere bei Anstrengung, eine fehlende oder nur geringe Hyperkapnie, eine in Ruhe nur leichte Hypoxämie und ein gegenüber der Norm deutlich reduziertes Herzzeitvolumen aus. Der Blue Bloater hat im Gegensatz zum Pink Puffer meist eine Polyglobulie, einen deutlich erhöhten intrakraniellen Druck, injizierte Konjunktiven und ist zudem normal oder übergewichtig, während der Typ PP meist ausgesprochen mager ist. Beim Blue Bloater führen $O_2$-Atmung oder Sedativa wie beim Pickwick-Syndrom und bei einer zentral bedingten alveolären Hypoventilation zu einer beträchtlichen und nicht selten gefährlichen $CO_2$-Retention. Beim Pink Puffer bessern $O_2$ und Sedativa die Situation zumindestens subjektiv und sind nicht mit dem Risiko einer $CO_2$-Narkose verbunden. (Abb. 34) (Tab. 26).

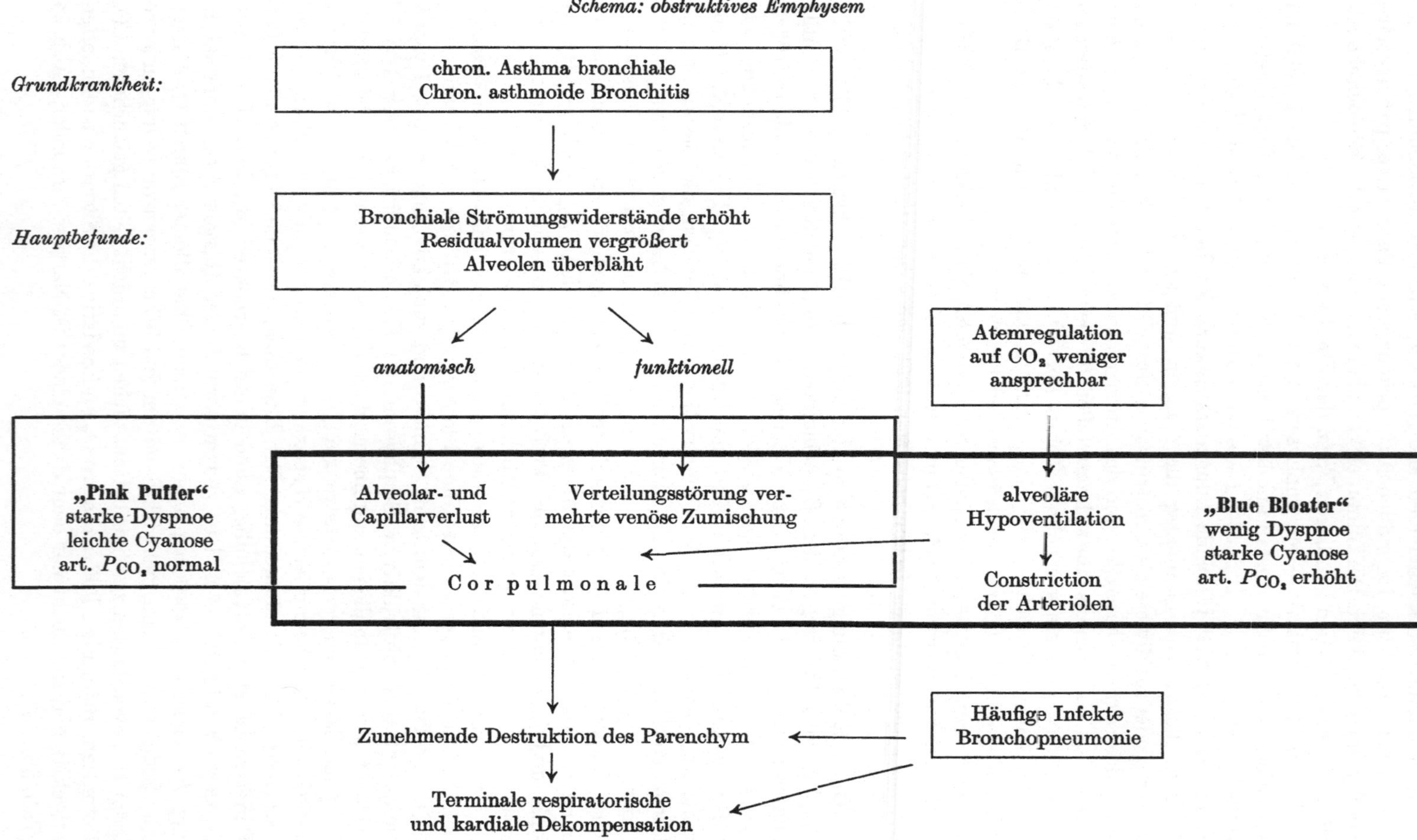

Schema: obstruktives Emphysem
Grundkrankheit:
chron. Asthma bronchiale
Chron. asthmoide Bronchitis
Hauptbefunde:
Bronchiale Strömungswiderstände erhöht
Residualvolumen vergrößert
Alveolen überbläht
anatomisch
funktionell
Atemregulation auf CO₂ weniger ansprechbar
„Pink Puffer"
starke Dyspnoe
leichte Cyanose
art. P_CO₂ normal
Alveolar- und Capillarverlust
Verteilungsstörung vermehrte venöse Zumischung
alveoläre Hypoventilation
„Blue Bloater"
wenig Dyspnoe
starke Cyanose
art. P_CO₂ erhöht
Cor pulmonale
Constriction der Arteriolen
Zunehmende Destruktion des Parenchym
Häufige Infekte Bronchopneumonie
Terminale respiratorische und kardiale Dekompensation

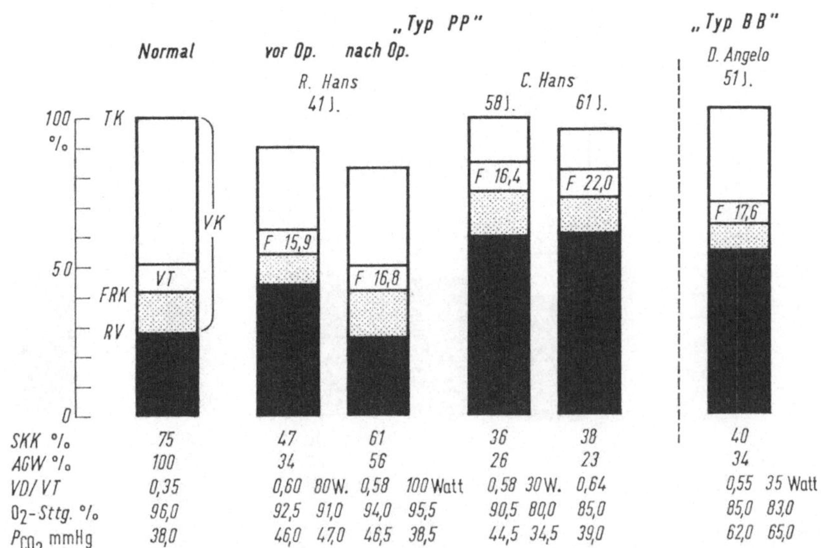


Abb. 34. Obstruktives Lungenemphysem. Lungenvolumina, Sekundenkapazität, Atemgrenzwert, Totraumquotient, $O_2$-Sttg. und $P_{CO_2}$ in Ruhe und bei Arbeit. Einzelbeispiele für den Typ „Pink Puffer" mit Bildung großer Emphysemblasen in einem frühen Stadium vor und nach operativer Entfernung einer großen Blase (R. H.), in einem Spätstadium und weiterer Verschlechterung innert 3 Jahren (C. H.) und beim Typ „Blue Bloater" (D. A.) (Tab. 26)

Man diskutiert, ob sich die exspiratorische Bronchialobstruktion beim Typ PP erst sekundär entwickelt und deshalb die Situation zwar entscheidend verschlechtert aber nicht den kausalen Faktor für die Entstehung des Emphysems darstellt, was sich aber nur mit Vorlaufsstudien über viele Jahre entscheiden ließe. In den fortgeschrittenen Stadien kann immer eine schwere Behinderung der Exspiration nachgewiesen werden. Der Typ PP entspricht weitgehend den hier als „bullöses" Emphysem dargestellten Beispielen und Mittelwerten. Eine strikte Differenzierung der beiden Typen ist nicht immer möglich. Es handelt sich meistens mehr um das Überwiegen der einen oder anderen Hauptmerkmale. Jedes obstruktive Emphysem und jedes primär nur durch einen Elastizitätsverlust bedingte Emphysem führt zur Blasenbildung, die aber immer nur in einem Teil der Fälle, die man auch mit der Bezeichnung „vanishing lung" zusammenfassen kann, das klinische, röntgenologische und funktionelle Bild dominiert. Im terminalen Stadium entwickelt sich auch beim bullösen Emphysem, bzw. beim Typ PP eine alveoläre Hypoventilation. Prophylaktisch und therapeutisch steht bei beiden Formen die Bekämpfung der Bronchialobstruktion im Vordergrund.

Die funktionelle Einteilung des Schweregrades des Emphysems berücksichtigt die Größe des Residualvolumens, die Einschränkung des Atemgrenzwertes, die bronchialen Strömungswiderstände und die Sekundenkapazität sowie die arteriellen Blutgase in Ruhe und bei Arbeit. Die Erhöhung der direkt gemessenen bronchialen Strömungswiderstände ist in leichten und mittelschweren Fällen gut mit der Einschränkung der Sekundenkapazität korreliert. In den fortgeschrittenen Stadien ist die Sekundenkapazität verhältnismäßig stärker reduziert, weil während

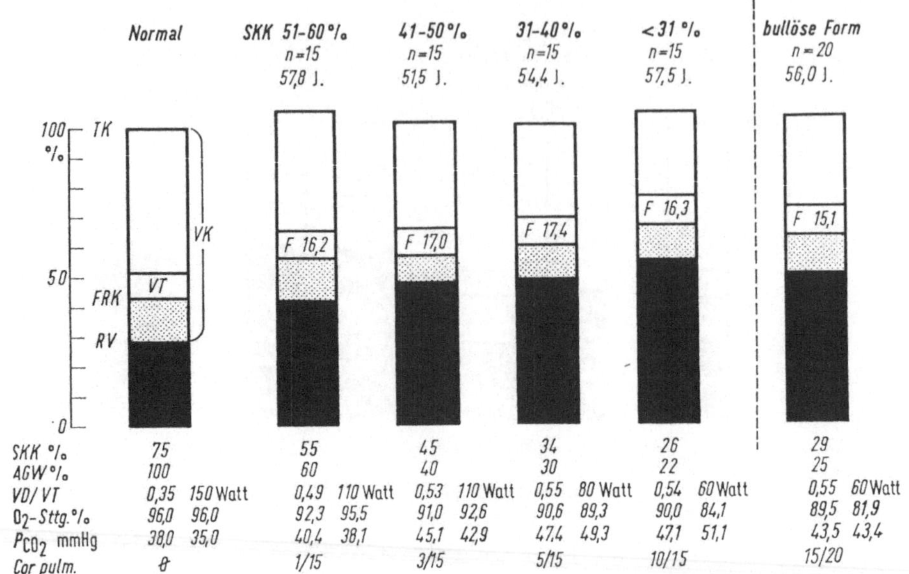



Abb. 35. Obstruktives Lungenemphysem. Mittelwerte für Lungenvolumina, Sekundenkapazität, Atemgrenzwert, Totraumquotient, $O_2$-Sttg. und $P_{CO_2}$ in Ruhe und bei Arbeit sowie Häufigkeit des Cor pulmonale. 60 Männer, unterteilt nach Einschränkung der Sekundenkapazität sowie 20 Männer, bei denen große Emphysemblasen nachgewiesen wurden (Tab. 27 u. 28)

dem forcierten Exspirationsstoß mit stark erhöhtem intrathorakalen Druck die kleinen, wegen des Elastizitätsverlustes des Lungenparenchyms ungenügend stabilisierten Luftwege zusätzlich obstruieren. Die im Verhältnis zu den Bronchialwiderständen bei Spontanatmung inadäquate Einschränkung der Sekundenkapazität kann als diagnostisches Kriterium für einen Elastizitätsverlust angewandt werden.

Mit der Obstruktion entstehen über Ventilmechanismen Bezirke, die an der Exspiration gar nicht mehr teilnehmen („trapped air"). Diese volumenmäßig nicht zu unterschätzenden Räume werden bei der Bestimmung der funktionellen Residualkapazität mit der Helium- oder Sauerstoff-Stickstoff-Mischmethode nur teilweise, mit der Ganzkörperplethysmographie aber vollständig erfaßt. Diese Methode gibt deshalb bei fortgeschrittenen Fällen im Mittel eine etwas größere und meist über dem Sollwert liegende Totalkapazität. Abb. 35 und Tab. 27 u. 28 zeigen die Mittelwerte von 60 Männern ungefähr gleichen Alters unterteilt nach der Einschränkung der Sekundenkapazität als Maß für die Behinderung der Exspiration. Die Zunahme der funktionellen Residualkapazität und des Residualvolumens ist mit der Abnahme der Sekundenkapazität korreliert. Die 1. Gruppe umfaßt Kranke mit einem leichten Emphysem. Diese Patienten haben in Ruhe eine leichte Hypoxämie, die sich bei mittelschwerer Arbeit bessert und somit zur Hauptsache Folge einer bei Arbeit abnehmenden Verteilungsstörung ist. Ein Cor pulmonale läßt sich bei den Patienten dieser Gruppe nur ausnahmsweise nachweisen.

Bei der Gruppe mit einer Sekundenkapazität von 41—50% der Ist-Vitalkapazität und einem Atemgrenzwert von weniger als 50% des Sollwertes wird die art. $O_2$-Sttg. während mittelschwerer Arbeit oft nicht mehr normal, doch besteht in Ruhe meist noch keine Hyperkapnie.

Die beiden folgenden Gruppen, die man als schweres und sehr schweres Emphysem bezeichnen kann, zeigen in Ruhe nicht nur eine Hypoxämie sondern auch eine leichte Hyperkapnie, die bei Arbeit zunimmt. Die Gruppe mit einer Sekundenkapazität von weniger als 31% unterscheidet sich von der vorherstehenden vor allem darin, daß die Hypoxämie schon bei leichter Arbeit deutlich zunimmt, was als Folge einer Diffusionsstörung bei stark reduzierter Alveolaroberfläche wegen der Bildung von zahlreichen Blasen zu deuten ist. Gelegentlich dominiert auch röntgenologisch die Blasenbildung, ohne daß eine quantitative Korrelation zur Schwere der Obstruktion nachweisbar wäre. 20 der 60 Patienten zeigten im Röntgenbild Veränderungen im Sinne von Emphysemblasen. Diese Blasen stehen unter einem Überdruck, sind aus dem kleinen Kreislauf praktisch ausgeschlossen, sind während der Exspiration nicht oder nur zeitweise drainiert und werden deshalb kaum ventiliert und mit der Helium-Misch-Methode volumenmäßig nicht erfaßt, was die scheinbar normale Totalkapazität dieser Gruppe erklärt. Diese Blasen komprimieren aber auch an sich noch funktionsfähiges Lungengewebe, was röntgenologisch als vermehrte Lungenzeichnung in Erscheinung tritt. Die Kompression erhöht zusätzlich den Lungengefäßwiderstand und verkleinert die Gasaustauschfläche. Bei diesen Patienten beobachtet man entsprechend den Mittelwerten insbesondere bei Arbeit eine erhebliche Hypoxämie ohne oder nur mit geringer Hyperkapnie. Diese Hypoxämie ist zur Hauptsache Folge einer Diffusionsstörung bei verkürzter Kontaktzeit zwischen Blut und Alveolargasen wegen der stark eingeschränkten Austauschfläche.

Die chirurgische Entfernung der Emphysemblasen kann zu einer wesentlichen Besserung der Lungenfunktion mit Zunahme der Vitalkapazität, der Sekundenkapazität, des Atemgrenzwertes und zu einer besseren pulmonalen Anpassung an Arbeit führen (Abb. 34). Wegen der Häufung schwerer postoperativer respiratorischer Störungen beim fortgeschrittenen obstruktiven Emphysem sollte die Operation frühzeitig erfolgen, was insofern etwas schwierig ist, weil dann die Patienten noch nicht so stark unter Atemnot leiden und deshalb weniger operationswillig sind.

Beim Vergleich der Mittelwerte für Ventilation, arterielle Blutgase und Hämodynamik ist zu berücksichtigen, daß diese Untersuchungen immer am Tage beim wachen Patienten durchgeführt wurden. Schon normalerweise wird die Atmung während des Schlafes leicht reduziert. Diese physiologische Sedierung ist bei Patienten mit einer Globalinsuffizienz etwas ausgesprochener. Im Mittel kann man mit einem Anstieg des art. $P_{CO_2}$ um 7 mmHg rechnen. Mit der Verflachung der Atmung wird die Luftdurchmischung noch schlechter, so daß die Hypoxämie erheblich zunimmt. Bei Emphysempatienten ist die Arterialisation des Blutes während der Nacht noch schlechter als am Tag.

Die bisher dargestellten Mittelwerte und Beispiele entsprechen Dauerständen, wie man sie auch bei ambulanten Emphysempatienten beobachtet. Der Zustand verschlechtert sich dramatisch durch interkurrente Bronchopneumonien, die zu einer respiratorischen und zirkulatorischen Notfallsituation führen können. Diese Situation ist blutgasmäßig gelegentlich durch eine sehr schwere Hypoxämie charakterisiert, die in keinem Verhältnis zur Schwere der Hyperkapnie steht.

*Extreme Hypoxämiezustände beim obstruktiven Emphysem*
$n = 37$ (3 Frauen), Temperatur 36,8 °C. 20% Vorhofflimmern

| | Alter | $O_2$-Sttg., % | $P_{CO_2}$ mm Hg | $O_2$-Sttg., % mit ca. 60% $O_2$ |
|---|---|---|---|---|
| $\overline{x}$ | 57,8 | *59,1* | *62,1* | *88,5* |
| ± | 8,5 | 11,0 | 9,4 | 6,0 |

Letalität nach 1 Jahr 45%, nach 4 Jahren 70%.

Die schwere Hypoxämie kann zu einer akuten Linksinsuffizienz des Herzens führen, so daß sich in diesem Zustand kardiale Rechts- und Links-Dekompensation kombinieren können. Das Vorhofflimmern ist beim Cor pulmonale wegen obstruktivem Emphysem eher die Ausnahme, aber in diesem terminalen Stadium nicht so selten. Die extreme Hypoxämie ist in dieser Situation die kombinierte Folge der alveolären Hypoventilation, der ungleichmäßigen Verteilung, der reduzierten Austauschoberfläche und einer vermehrten venösen Zumischung aus nicht ventilierten, z. B. pneumonischen Partien. Da die Bronchialarterien beim obstruktiven Emphysem meist erweitert sind, spielt möglicherweise eine gesteigerte Bronchialdurchblutung eine zusätzliche Rolle. Damit eine derartige extreme Hypoxämie entsteht, muß bei einer größenordnungsmäßig vorstellbaren venösen Zumischung von z. B. $^1/_3$ des Herzzeitvolumen die $O_2$-Sttg. des venösen Mischblutes sehr niedrig sein, d. h. das Herzzeitvolumen muß stark vermindert sein (Abb. 36). Die ungenügende Aufsättigung des arteriellen Blutes bei Atmung eines $O_2$-reichen Gasgemisches beweist die vermehrte venöse Zumischung. Die extreme Hypoxämie wird unter diesen Bedingungen Symptom einer Herzinsuffizienz mit verminderter Förderleistung. Da die sehr schwere Hypoxämie ihrerseits die Myokardfunktion und eine allfällige Lungenstauung wieder die Arterialisation des Blutes beeinträchtigt, entsteht ein Circulus vitiosus, der nur durch Maßnahmen durchbrochen wird, die die Ventilation und Zirkulation entscheidend verbessern. Zur Therapie gehören bei diesen Fällen nicht nur Expektorantien, Bronchospasmolytica, Antibiotica und $O_2$, sondern auch Herzglykoside, Diuretica und die künstliche Dauerbeatmung. Bei einer schweren Polyglobulie ist wegen der vermehrten Viscosität nicht nur der Strömungswiderstand im Lungenkreislauf zusätzlich erhöht, sie vergrößert auch das Risiko thromboembolischer Komplikationen, weshalb als zusätzliche Maßnahme die Anticoagulation indiziert sein kann. Mit diesem Aufwand gelingt es meist, den bedrohlichen Zustand zu überbrücken, den Emphysempatienten gewissermaßen wieder in das ambulante Stadium zu bringen. Da sich aber diese Notfallsituationen wiederholen, ist die Prognose schlecht. Die häufigsten unmittelbaren Todesursachen sind nach neuerer Zusammenstellung Pneumonien, Arrhythmien, $CO_2$-Narkose, gastrointestinale Blutungen und Embolien. Daraus ergeben sich auch die häufigsten therapeutischen Fehler, die oft auf eine Unkenntnis der pathophysiologischen Zusammenhänge oder eine Verkennung der Schwere des Zustandes zurückzuführen sind. Ein häufiger Fehler, der zu einer $CO_2$-Narkose führen kann, ist die unkontrollierte Gabe von Sedativa und $O_2$. Da diese auch vor und nach kleinen Eingriffen fast nicht zu vermeiden sind, ist bei diesen Patienten mit diagnostischen Eingriffen,

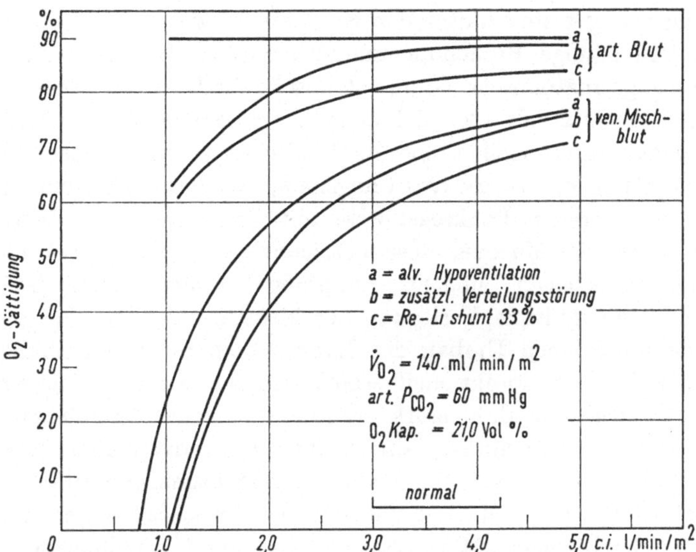



Abb. 36. Einfluß des Herzzeitvolumens auf den Grad der Hypoxämie. Schematische Darstellung. Bei einer gleichmäßigen alveolären Hypoventilation mit einem alv. $P_{CO_2}$ von 60 mm Hg beträgt bei normalem Luftdruck die $O_2$-Sttg. ca. 90%, und die Größe des Herzzeitvolumens bzw. die $O_2$-Sttg. des venösen Mischblutes haben praktisch keinen Einfluß. Bestehen zusätzlich eine Verteilungsstörung oder eine venöse Zumischung, so sinkt die art. $O_2$-Sttg. mit dem Abfall der $O_2$-Sttg. des venösen Mischblutes bei Verkleinerung des Herzzeitvolumens ab. Eine art. $O_2$-Sttg. unter 80% in Ruhe und bei normaler Hämoglobinkonzentration ist auch bei alveolärer Hypoventilation mit zusätzlicher Verteilungsstörung und vermehrter venöser Zumischung ein Hinweis für ein erheblich eingeschränktes Herzzeitvolumen

z. B. auch Bronchoskopien, Zurückhaltung am Platze. Kammerarrhythmien sind oft Folge einer Digitalisintoxikation. Der Digitaliseffekt ist bei einer schweren Hypoxämie reduziert, was eine Überdosierung provozieren kann. Die kardiale Therapie muß deshalb mit einer Verbesserung der respiratorischen Situation kombiniert werden. Zu wenig beachtet wird oft die bei diesen Fällen unerwünschte Sedierung der Atmung durch eine Alkalose mit Senkung der Chlorid- und Kaliumkonzentration bei Anwendung von Salidiuretica, was sich mit der konsequenten Gabe von Kaliumchlorid vermeiden läßt. [7, 12, 16, 18, 35, 41, 43, 45, 49, 57, 59].

### d) Bronchiektasen und Lungencysten

Sekundäre Bronchiektasen haben funktionell neben der Grundkrankheit wie z. B. Tuberkulose und Silikose nur eine untergeordnete Bedeutung. Auch einzelne Lungencysten beeinträchtigen die Lungenfunktion nur wenig. Mehrere größere Cysten reduzieren die Austauschoberfläche und damit die pulmonale Anpassung an Arbeit. Die Bildung von zahlreichen, über die ganze Lunge verteilten kleinen Cysten, die „Honigwabenlunge", führt zu einer ausgesprochenen Restriktion und wird im folgenden Kapitel besprochen.

Die angeborenen Bronchiektasen verursachen beim Jugendlichen in der Regel keine schweren funktionellen Störungen. Die mäßige Einschränkung der Lungenvolumina, die etwas ungleichmäßige Luftdurchmischung und die leicht vermehrte venöse Zumischung treten hinter den Symptomen wie massive Expektoration, Hämoptoe und häufige Bronchopneumonien zurück. Die Bronchiektasen sind aber eine günstige anatomische Voraussetzung für die Entwicklung einer chronisch asthmoiden Bronchitis mit allen sich aus einer generalisierten Bronchialobstruktion ableitenden funktionellen und anatomischen Konsequenzen wie schwere Ventilationsstörungen, obstruktives Lungenemphysem und Cor pulmonale.

Bei der angeborenen Pankreasfibrose mit Bronchiektasen, einem auch als cystische Fibrose oder Mucoviscidosis bezeichneten Syndrom, kann es frühzeitig zu einer ausgesprochenen Lungenschrumpfung kommen, indem die chronische Infektion und die multiple Verlegung der kleinen Luftwege eine progrediente Fibrosierung sowie einen Umbau des Lungenparenchyms mit Bildung kleiner Cysten zur Folge hat. Funktionell ergibt sich die Kombination einer ausgesprochenen Obstruktion, d. h. stark erhöhte bronchiale Strömungswiderstände mit einer schweren Restriktion, also kleinen Lungenvolumina, massiv eingeschränkter Lungendehnbarkeit und reduzierter Diffusionskapazität. Der Umbau und Verlust an Lungenparenchym führt in den fortgeschrittenen Stadien auch zur Erhöhung des Lungengefäßwiderstandes und zum Cor pulmonale. Die bei der Mucoviscidosis im Gegensatz zu anderen restriktiven Prozessen nachweisbare schwere Obstruktion ist ein funktionelles Kriterium von differentialdiagnostischer Bedeutung. (Abb. 37, Tab. 29). [3, 29, 50].

## 5. Restriktive Lungenerkrankungen

### a) Kongenitale Cystenlunge mit progredienter Fibrose

Die kongenitale Cystenlunge führt zu keiner schweren funktionellen Beeinträchtigung der Lungen, falls es sich nur um einzelne, kleinere oder auch größere,

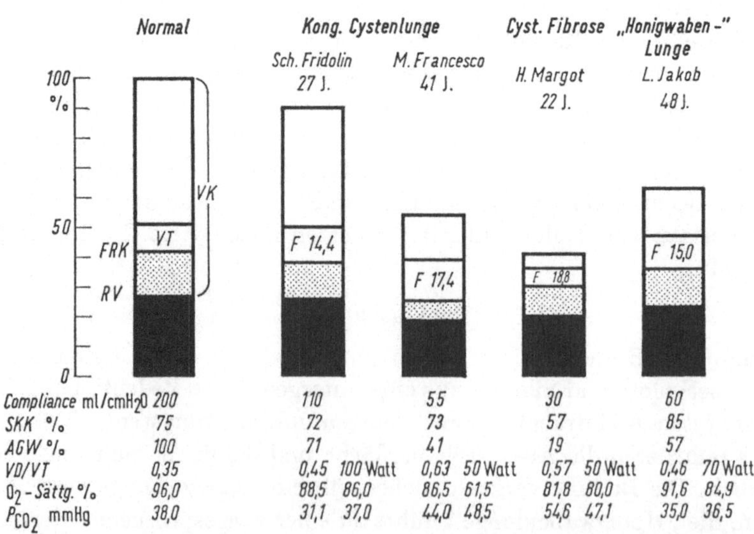


Abb. 37. Cystenlungen. Lungenvolumina, dynamische Compliance, Sekundenkapazität, Atemgrenzwert, Totraumquotient, $O_2$-Sttg. und $P_{CO_2}$ in Ruhe und bei Arbeit. Einzelbeispiele für kongenitale Cystenlunge, cystische Fibrose bei Mucoviscidosis und „Honigwabenlunge" bei Bronchiolitis obliterans (Tab. 29)

nicht infizierte Cysten handelt. Bestehen hingegen in allen Lungenlappen zahlreiche kleine und kleinste Cysten, so entwickeln sich schwere funktionelle Störungen, die weitgehend denen einer diffusen Lungenfibrose mit Restriktion entsprechen. Die Hauptbefunde sind Abnahme der Lungendehnbarkeit und der Lungenvolumina bei nur leicht erhöhten Strömungswiderständen, ein großer funktioneller Totraum und eine arterielle Hypoxämie insbesondere bei Arbeit. Wesentlich ist die Progredienz des Leidens. In den frühen Stadien sind oft nur diskrete funktionelle Veränderungen nachweisbar, was mit 2 Beispielen gezeigt werden soll (Abb. 37, Tab. 29). Der zweite, 14 Jahre ältere Patient hatte 10 Monate vor dem Tode röntgenologisch und funktionell alle Befunde einer fortgeschrittenen Fibrose mit pulmonaler Hypertonie bei deutlich erhöhtem Lungengefäßwiderstand. Die unvollständige Aufsättigung des Blutes bei Atmung eines mit $O_2$ angereicherten Luftgemisches zeigt, daß die arterielle Hypoxämie z. T. auch Folge einer vermehrten venösen Zumischung ist.

### b) Erworbene Cystenlunge bei Bronchiolitis obliterans, „Honigwabenlunge"

Die Bronchiolitis obliterans kann in den Frühstadien zu einem ausgesprochenen obstruktiven Syndrom führen. Die Spätstadien entsprechen mit der Obliteration zahlreicher Bronchiolen einer schweren Restriktion, indem die distalen Partien fibrosieren und schrumpfen. Die Überdehnung der noch ventilierten, z. T. aber nicht mehr perfundierten Alveolen kann schließlich makroskopisch zum Bild der „Honigwabenlunge" führen. Die funktionelle Symptomatologie entspricht weitgehend derjenigen der kongenitalen Cystenlunge (Abb. 37) [4, 68].

### c) Sarcoidosis (M. Boeck)

Betrifft der M. Boeck nur die Hilus-Lymphknoten, so ist ohne Stenosierung der Hauptbronchien die Lungenfunktion unauffällig. Bei der parenchymatösen, diffusen Form ist die funktionelle Einschränkung hinsichtlich Lungendehnbarkeit, Lungenvolumen, Gasdiffusion und Lungendurchblutung mit dem Ausmaß der definitiven Fibrosierung korreliert. Überwiegen in den Anfangsstadien die granulomatösen Veränderungen, so findet man nur eine Einschränkung der Lungendehnbarkeit. Die Lungenvolumina und die Capillaroberfläche sind nur wenig reduziert, so daß sich auch eine Diskrepanz zwischen ausgedehntem Röntgenbefund und relativ guter Anpassung an körperliche Arbeit ergibt. Mit der fortschreitenden Fibrosierung und Schrumpfung, die man mit der Steroidtherapie zu verzögern versucht, entwickelt sich funktionell das Vollbild der restriktiven Lungenerkrankung mit stark eingeschränkter Diffusionskapazität, erheblich verminderten Lungenvolumina und Atemreserven sowie deutlich reduzierter Lungendehnbarkeit. In den Spätstadien läßt sich dann auch eine leichte bis mittelschwere pulmonale Hypertonie nachweisen. Die Mittelwerte der Tab. 30 stammen von Patienten, die noch in der Lage waren, ihrem Beruf nachzugehen, bei denen die Fibrosierung noch nicht soweit fortgeschritten war, daß man von einem präterminalen Stadium sprechen könnte. Bemerkenswert ist beim M. Boeck die Häufung einer Bronchialobstruktion (Abb. 38, 39a [22, 24, 31, 37, 44, 66, 68]).

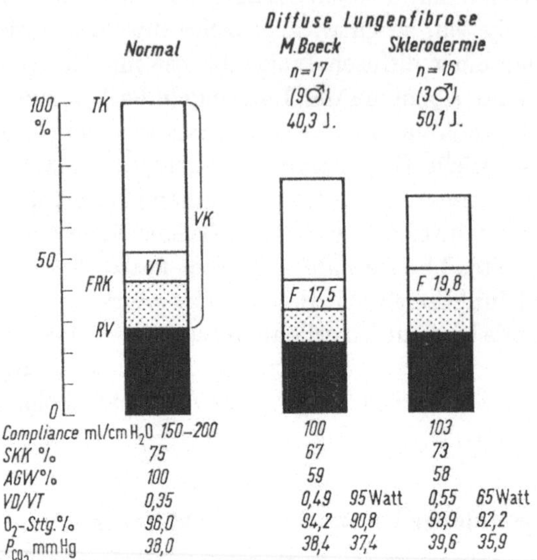


Abb. 38. Diffuse Lungenfibrosen mit geringer Restriktion. M. Boeck und Sklerodermie mit Lungenbeteiligung. Lungenvolumina, dynamische Compliance, Sekundenkapazität, Atemgrenzwert, Totraumquotient, $O_2$-Sttg. und $P_{CO_2}$ in Ruhe und bei Arbeit (Tab. 30)

### d) Diffuse Lungenfibrosen verschiedener Ätiologie

Beim Hamman-Rich-Syndrom, bei der Sklerodermie-Lunge, bei der Strahlenfibrose aber auch bei der Lungencarcinose und beim eosinophilen Granulom kommt es wie bei der subakuten Silicose, bei der Asbestose und bei der Berylliose zu einer ausgesprochenen Schrumpfung. Typisch sind für die fortgeschrittenen Fälle nicht nur die massive Abnahme der Lungendehnbarkeit, sondern auch die erhebliche Zunahme des elastischen Widerstandes während einer normalen Inspiration und damit die sichelförmige Krümmung der Compliancelinie. Der hohe elastische Widerstand erklärt die flache und frequente Atmung dieser Patienten mit Ruhefrequenzen von über 20/min. Das fibröse Lungengewebe bedingt einen gegenüber der Norm erhöhten Deformationswiderstand, damit ergeben sich auch leicht erhöhte Strömungswiderstände. Die Sekundenkapazität bleibt aber meist im Normbereich. Diese atemmechanischen Verhältnisse erklären z. T. die Anstrengungsdyspnoe. Da aber die Strömungswiderstände meist nur leicht erhöht sind, erreicht die Atemarbeit an den Lungen nie so extrem hohe Werte wie bei einer schweren Bronchialobstruktion. Man beobachtet deshalb bei den diffusen Lungenfibrosen in Ruhe nur ausnahmsweise eine alveoläre Hypoventilation. Der Totraumquotient ist meist erheblich vergrößert, was darauf hinweist, daß zahlreiche Alveolen zwar noch ventiliert aber nicht mehr durchblutet sind oder der Diffusionswiderstand so hoch ist, daß praktisch weder $O_2$ noch $CO_2$ diffundiert. In diesem Fall ist die venöse Zumischung vergrößert, was sich bei den meisten Lungenfibrosen insbesondere bei Arbeit mit einer nicht vollständigen Aufsättigung bei Atmung eines $O_2$-reichen Luftgemisches nachweisen läßt.

Als Beispiele für sehr seltene Lungengerüsterkrankungen, die röntgenologisch und funktionell weitgehend einer diffusen Lungenfibrose entsprechen, werden eine

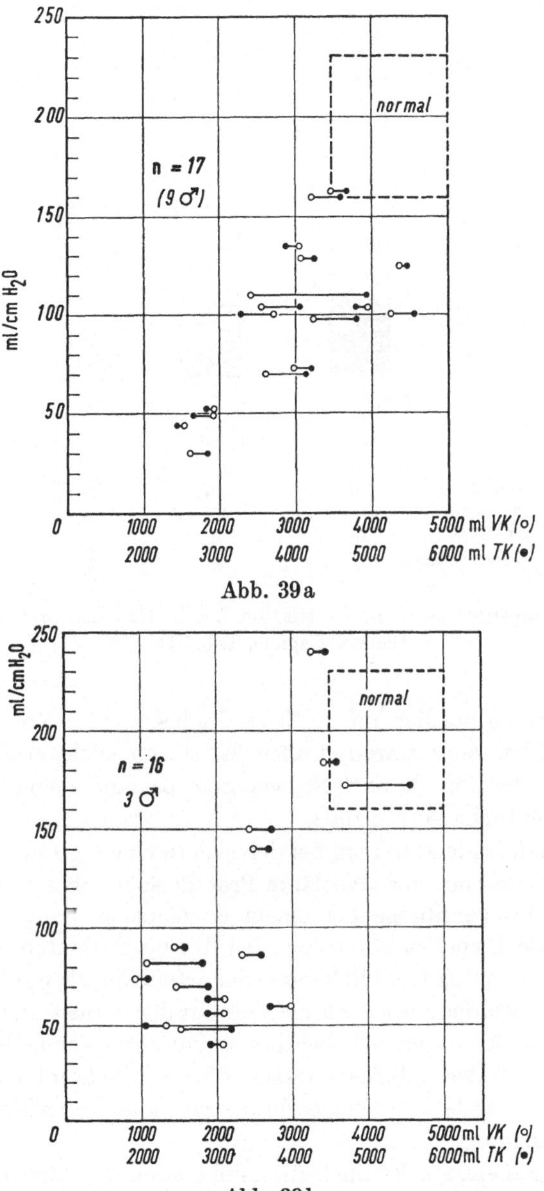

Abb. 39a

Abb. 39b

Abb. 39a u. b. M. Boeck und Sklerodermie. Dynamische Compliance in Beziehung zur Total- und Vitalkapazität

alveoläre Proteinose, eine Thesaurismose, ein eosinophiles Granulom der Lungen, eine Lungenadenomatose, eine Lungenhämosiderose, eine Lungenfibrose bei Lupus erythematodes sowie eine Lungencarcinose angeführt (Abb. 40, Tab. 31). Die Diagnosen wurden durch Probethorakotomie bzw. Sektion gesichert. Obwohl die Untersuchungen der Lungenfunktion in sehr unterschiedlichen Stadien durchgeführt wurden, ergaben sich im wesentlichen übereinstimmende Befunde. In allen Fällen wurde eine deutliche Abnahme der Lungendehnbarkeit festgestellt,

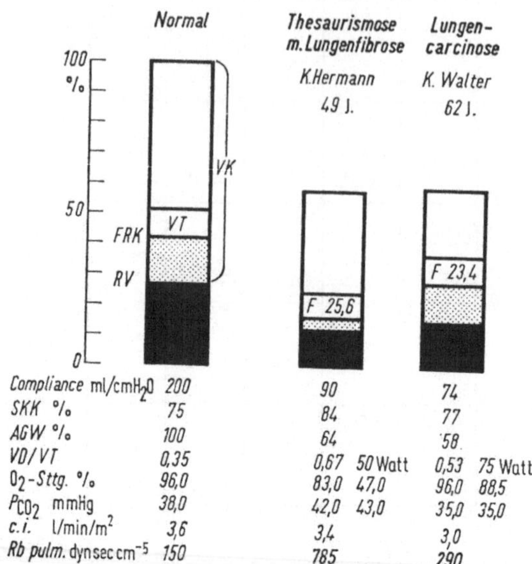


Abb. 40. Diffuse Lungenfibrosen mit Restriktion bei M. Gaucher und bei Lungencarcinose (Einzelbeispiele, Tab. 31)

die in den terminalen Stadien nur noch ca. $^1/_3$ bis $^1/_{10}$ des Normalwertes betrug. Die Strömungswiderstände waren in allen Fällen nur leicht erhöht. Kein Patient zeigte eine $CO_2$-Retention. Je nach Schweregrad bestand schon in Ruhe oder erst bei Arbeit eine deutliche Hypoxämie.

Der Lungengefäßwiderstand lag bei den sich in einem guten Allgemeinzustand befindenden Patienten mit der alveolären Proteinose im oberen Normbereich. Der Patient mit der Lungenfibrose bei einem M. Gaucher hatte präterminal eine schwere pulmonale Hypertonie. Da sich bei diesem Patienten der Lungengefäßwiderstand bei $O_2$-Atmung trotz Behebung der arteriellen Hypoxämie nicht senkte, muß angenommen werden, daß auch hier der Capillarverlust und die Fibrosierung eine wesentliche Rolle spielen. Die bei diesem Patienten schließlich extreme Hypoxämie war wie bei anderen diffusen Lungenfibrosen die kombinierte Folge erhöhter Diffusionswiderstände, einer eingeschränkten Capillaroberfläche und vermehrter venöser Zumischung.

Allen Fällen gemeinsam ist auch die unökonomische Atmung mit Erhöhung der spezifischen Ventilation und Vergrößerung des Totraumquotienten. Die in den terminalen Stadien zunehmende Gesamtventilation wegen alveolärer Hyperventilation und Totraumhyperventilation bei gleichzeitig abnehmender Lungendehnbarkeit erklärt die schwere Dyspnoe [20, 36, 52, 68].

### e) Akute Inhalationsschäden der Lungen

Die massive Inhalation von die Schleimhäute und das Lungenparenchym reizenden Gasen, z. B. „Nitrosegase" bei Sprengungen und „Jauchegase" in der Landwirtschaft kann zu einem toxischen Lungenödem führen. Gelegentlich steht zu Beginn eine asthmoide Reaktion mit entsprechendem Auskultationsbefund im

Vordergrund, und das Lungenödem entwickelt sich erst einige Stunden später. Nicht selten persistiert röntgenologisch eine feinfleckige streifige Verschattung ähnlich einer diffusen Lungenfibrose. In diesen Fällen läßt sich auch noch mehrere Monate nach dem Unfall eine verminderte Lungendehnbarkeit und eine Abnahme der Total- und Vitalkapazität nachweisen. Diese in der Regel leichten funktionellen Störungen können auch vorliegen, ohne daß unmittelbar nach dem Unfall schwere Symptome bestanden hätten. Über die Restitution oder eine allfällige Progredienz dieser Veränderungen ist noch wenig bekannt (Tab. 30).

Die Inhalation von aromatischen Diisocyanaten z. B. „Polyurethan", die sich in bestimmten Lackfarben befinden, aber auch bei Fabrikationsprozeß von Kunststoffen entstehen können, führt nicht nur zu Reizsymptomen der oberen Luftwege und zu Asthma-ähnlichen Atembeschwerden, sie kann ebenfalls zu einem toxischen Lungenödem und als Spätschaden zu einer Bronchiolitis obliterans mit progredienter Fibrose führen [47, 72].

### f) Pneumokoniosen

Die Pneumokoniosen sind in allen Industrieländern die zahlenmäßig wichtigste zur Invalidität führende Berufskrankheit der Lungen. Das anatomische, radiologische und funktionelle Bild sowie die Progredienz sind weitgehend von der Menge der inhalierten und lungengängigen fibroplastischen Staubpartikel abhängig. Das klinische Bild und die Invalidität werden zusätzlich durch Komplikationen, z. B. chronische Bronchitis, obstruktives Emphysem und Tuberkulose beeinflußt.

Bei einer massiven $SiO_2$-Exposition, z. B. Mineurtätigkeit ohne Schutzmaßnahmen in einem Gestein mit hohem Quarzgehalt und Sandstrahlen ohne Schutz

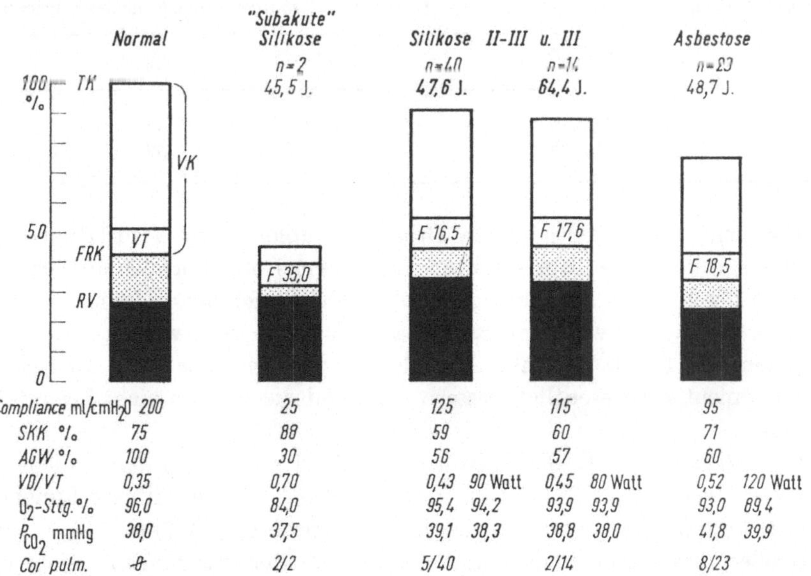


Abb. 41. Pneumokoniosen. Lungenvolumina, dynamische Compliance, Sekundenkapazität, Atemgrenzwert, Totraumquotient, $O_2$-Sttg. und $P_{CO_2}$ in Ruhe und bei Arbeit, Häufigkeit des Cor pulmonale. 2 Patienten mit „subakut" verlaufenen Silikosen, 54 Patienten mit Silikose II—III u. III in 2 Altersgruppen, 23 Patienten mit Asbestose (Tab. 32 u. 33)

entwickelt sich eine rasch progrediente, innert weniger Jahre zum Tode führende Silikose. Diese seltene, nur bei Außerachtlassen der Schutzvorschriften entstehende, „subakute Silikose" ist funktionell durch eine schwere Restriktion mit massiver Abnahme der Lungendehnbarkeit, der Total- und Vitalkapazität, durch eine Diffusionsstörung und eine pulmonale Hypertonie charakterisiert. Die bronchialen Strömungswiderstände sind in diesen Fällen meistens normal. Das funktionelle Bild entspricht einer diffusen Fibrose mit Lungenschrumpfung (Abb. 41, 42a, Tab. 32, 33).

Bei geringer, aber lange dauernder Exposition, z. B. bei Steinhauern und Gießereiarbeitern, entsteht eine langsam progrediente Silikose bzw. Mischstaubpneumokoniose, deren anatomische und röntgenologische Ausdehnung weitgehend von der Expositionsdauer abhängt. Damit ergibt sich für die fortgeschrittenen Stadien ein höheres Durchschnittsalter. Wird die Quarzstaubexposition in einem frühen Stadium der Schädigung beendet, so kann die Progredienz so verzögert werden, daß sich gar keine schwere Silikose entwickelt und die Lebenserwartung nicht gekürzt wird. Bei den langsam progredienten Pneumokoniosen stehen funktionell auch in den fortgeschrittenen Stadien nicht die Restriktion und damit die Entwicklung einer Diffusionsstörung sondern das Emphysem und damit die Ventilationsstörungen im Vordergrund. Das Emphysem ist z. T. kompensatorisch, in vielen Fällen aber zusätzlich obstruktiv bedingt. Der silikotische Umbau des Lungengewebes deformiert die Bronchien, und die Staubinhalation fördert die chronische Bronchitis, die sich zu einer asthmoiden Bronchitis entwickelt. Diese Bronchitis ist eine der häufigsten Komplikationen der langsam progredienten Silikosen und Mischstaubpneumokoniosen, insbesondere bei den älteren Patienten.

*Chronisch asthmoide Bronchitis bei 400 Männern mit röntgenologisch sicherer Pneumokoniose*

| Alter | Zahl | % |
|---|---|---|
| 25—40 J. | 80 | 49 |
| 41—65 J. | 320 | 57 |

Die sich von der asthmoiden Bronchitis ableitenden Ventilationsstörungen entsprechen denen des obstruktiven Emphysems und korrelieren nicht mit der Schwere der Silikose, weil keine quantitative Beziehung zwischen Ausdehnung der Silikose und Schwere der Bronchialobstruktion zu erwarten ist. Die für die Funktion und für die Atembeschwerden so wichtige asthmoide Bronchitis läßt sich therapeutisch wesentlich bessern, während die Fibrose nicht beeinflußt werden kann.

Die *Silikatosen*, z. B. die *Talkose* unterscheiden sich funktionell nicht von den Silikosen. Bei massiver Exposition entspricht das Bild einer diffusen Lungenfibrose mit Restriktion, was auch für die schwere *Berylliose* gilt (Tab. 33).

Größere praktische Bedeutung hat die *Asbestose*. Sie führt zu einer diffusen Lungenfibrose und schließlich ebenfalls zu einer Schrumpfung mit allen Konsequenzen. Die Progredienz scheint im Vergleich zur subakuten Silikose und zur schweren Berylliose etwas langsamer. Die Bronchitis ist weniger häufig. Die Prognose ist aber wegen der Häufung von Malignomen ungünstig, was insbesondere für

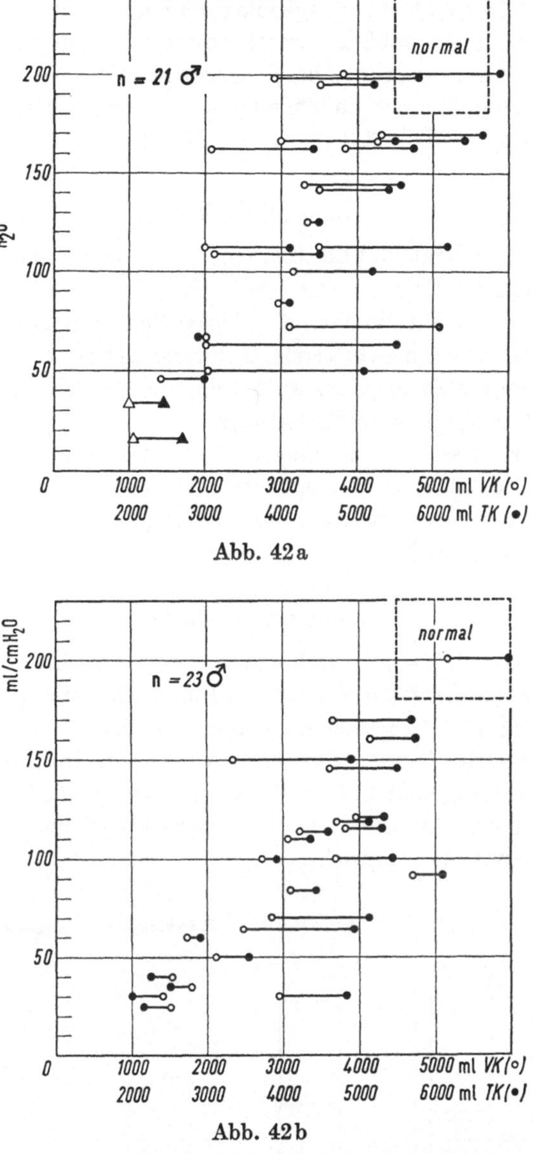


Abb. 42a



Abb. 42b

Abb. 42a u. b. Pneumokoniosen. Dynamische Compliance in Beziehung zur Total- und Vitalkapazität. a 21 Patienten mit fortgeschrittenen, langsam progredienten Silikosen sowie 2
Patienten mit „subakut" verlaufenen Silikosen ( △ ). b 23 Patienten mit mittelschwerer und
schwerer Asbestose

die langsam progredienten Fälle bei wenig intensiver Exposition gilt. Von den in
Tab. 32 dargestellten 23 Patienten starben innert 4 Jahren nach Diagnosestellung
4 an einem Cor pulmonale und 1 an einem Bronchuscarcinom. Die Mehrzahl
unserer Asbestose-Patienten hatte beim Spritzen von Asbest für Isolationszwecke
sehr intensiven Kontakt mit Asbeststaub, was den progredienten Verlauf erklärt.
Ähnlich wie bei der Silikose ist bei einer Exposition mit grobem Asbeststaub eine
langsamere Progredienz zu erwarten (Abb. 41, 42b, Tab. 32).

Die *Hartmetall-Lunge* ähnelt röntgenologisch einer diffusen Lungenfibrose und führt funktionell zu einer mäßigen Einschränkung der Lungendehnbarkeit, Lungenvolumina und Atemreserven. Die Prognose scheint nach Aufhören der Exposition nicht immer gut zu sein, indem eine weitere Progredienz und Schrumpfung der Lungen möglich ist. (Tab. 33) [6, 11, 15, 32, 42, 55, 71].

### g) Lungentuberkulose

Das lokalisierte Infiltrat und die Kaverne haben keine sichere Einschränkung der Lungenfunktion zur Folge. Ausgedehnte Prozesse reduzieren im Stadium der Vernarbung Total- und Vitalkapazität. Gelegentlich läßt sich eine Verteilungsstörung und eine leicht vermehrte venöse Zumischung nachweisen. Schwere Funktionsstörungen beobachtet man bei Mitbeteiligung der Pleura, bei der Kollapstherapie und nach ausgedehnten Resektionen.

Die Miliartuberkulose führt zu einer leichten Hypoxämie als Folge einer vermehrten venösen Zumischung und erhöhter Diffusionswiderstände. Die Lungendehnbarkeit ist leicht reduziert. Nach der Heilung normalisiert sich die Lungenfunktion vollständig [9, 13].

### h) Lungenresektionen

Thoracotomie, Lungenbiopsie und Segmentresektion beeinträchtigen bei komplikationslosem postoperativem Verlauf die Lungenfunktion praktisch nicht. Die *Lobektomie* führt im Mittel zu einer Einschränkung der Total- und Vitalkapazität um 10—15%. Die verbleibenden Lungenlappen werden im Sinne des kompensatorischen Emphysems gebläht. Das Residualvolumen wird prozentual größer. Die Atemreserven sind etwas stärker reduziert als es der Einschränkung der Total- und Vitalkapazität entspricht.

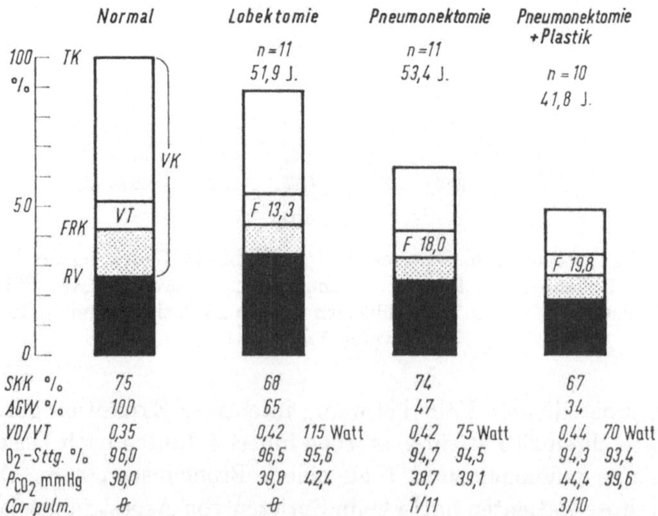


Abb. 43. Lungenresektionen. Lungenvolumina, Sekundenkapazität, Atemgrenzwert, Totraumquotient, $O_2$-Sttg. und $P_{CO_2}$ in Ruhe und bei Arbeit sowie Häufigkeit des Cor pulmonale nach Lobektomie, Pneumonektomie und Pneumonektomie mit Deckplastik (Tab. 34)

*Übersicht: Störungen der Lungenfunktionen bei Lungenerkrankungen*

| | Totalkap. | Vitalkap. | SKK | AGW | Compl. | Visc. | Spez. V. | VD/VT | $O_2$-Sttg. | $P_{CO_2}$ | Rbpulm |
|---|---|---|---|---|---|---|---|---|---|---|---|
| Kyphoskoliose Thorakoplastik | ↓↓ | ↓↓ | ○ | ↓↓ | ↓ | ○ | ○ | ↑ | (↓) | (↑) | (↑) |
| Pleuraverschwartung Zwerchfell-Lähmung | ↓↓ | ↓↓ | ○ | ↓↓ | ↓ | ○ | ↑ | ↑ | (↓) | (↑) | (↑) |
| Asthma bronchiale asthmoide Bronchitis obstr. Emphysem | ↑ | ↓↓ | ↓↓ | ↓↓ | ↓ | ↑↑ | ↑ | ↑ | ↓↓ | ↑↑ | ↑ |
| Diff. Lungenfibrosen mit geringer Restriktion | ↓ | ↓ | ○ | ↓ | ↓↓ | ↑ | ↑↑ | ↑↑ | ↓ | ○ | ○ |
| Diff. Lungenfibrosen mit Restriktion stark progrediente Pneumokoniosen | ↓↓ | ↓↓ | ○ | ↓↓ | ↓↓ | ↑ | ↑↑ | ↑↑ | ↓↓ | ↓ | ↑ |
| Multiple Lungenembolien | ↓ | ↓ | ○ | ↓ | (↓) | (↑) | ↑↑ | ↑↑ | ↓ | ↓↓ | ↑↑ |
| Lungenresektionen | ↓ | ↓ | ○ | ↓ | ↓ | ○ | ○ | ○ | (↓) | ○ | (↑) |

○ = keine typische Veränderung; ↑↑, ↓↓ = deutlich erhöht bzw. vermindert; ↑, ↓ in der Regel leicht erhöht bzw. vermindert; (↑),(↓) = fakultativ erhöht bzw. vermindert oder entsprechende Tendenz.

Nach der *Pneumonektomie* ist mit einer Einschränkung der Total- und Vital-kapazität um 40—50% zu rechnen, sofern vorher die verbleibende Lungenseite normal war. Die Pneumonektomie hat eine ganz beträchtliche Blähung der ver-bleibenden Lunge zu Folge, die mit einer Deckplastik etwas eingeschränkt werden kann. Damit ergibt sich aber in der Regel eine zusätzliche Abnahme der Atem-reserven. Die Einschränkung der Atemoberfläche um ca. $^{1}/_{2}$ mit entsprechender Reduktion der Diffusionskapazität hat eine leichte bis mittelschwere Hypoxämie bei größerer Arbeit zur Folge. Der Druck in der A. pulmonalis bleibt nach einer Pneumonektomie im Normalbereich und erreicht erst bei Steigerung des Herz-zeitvolumens während Arbeit leicht erhöhte Werte. Da pneumonektomierte Patien-ten schon wegen der stark reduzierten Atemreserven keine schwere Arbeit leisten, entwickelt sich in der Regel kein Cor pulmonale. Die Verhältnisse sind natürlich viel ungünstiger, falls die verbleibende Lunge nicht normal ist, wie z. B. bei doppelseitiger Tuberkulose oder bei einem vorbestehenden obstruktiven Emphy-sem. Die funktionelle Spätprognose ist weitgehend vom Zustand der verbleibenden Lunge im Zeitpunkt der Resektion abhängig. War die Funktion normal, so kann man auch 10 Jahre nach der Pneumonektomie eine abgesehen von der Ein-schränkung der Lungenvolumen und Atemreserven praktisch normale Lungen-funktion beobachten. (Abb. 43, Tab. 34).

Die früher häufig durchgeführten kollapstherapeutischen Maßnahmen wie Thorakoplastik und Paraffinplombe haben bei doppelseitiger Anwendung eine massive Einschränkung der Lungenvolumina und Atemreserven zur Folge, die quantitativ denen einer Pneumonektomie mit Deckplastik entspricht, wofür in Tab. 34 ein Beispiel angeführt wird. [1, 10, 21, 27, 65, 69].

## B. Herz- und Gefäßerkrankungen

### 1. Angeborene Herz- und Gefäßmißbildungen

#### a) Pulmonalstenose, Trilogie und Tetralogie von Fallot

Die wesentlichen hämodynamischen Befunde der schweren valvulären und infundibulären Pulmonalstenose sind der systolische Druckgradient zwischen rechtem Ventrikel und A. pulmonalis sowie die Einschränkung des Herzzeit- und -schlagvolumens. Die Lungenfunktionsprüfung zeigt lediglich eine leichte Hyperventilation mit Erhöhung der spez. Ventilation und Senkung des art. $P_{CO_2}$. Der funktionelle Totraum ist leicht vergrößert, was z. T. mit der leichten Hyper-ventilation zusammenhängt, nicht selten aber auch Folge einer insbesondere bei sehr schweren Pulmonalstenosen ungleichmäßigen Durchblutung der beiden Lun-genseiten ist. Gelegentlich läßt sich eine leichte Hypoxämie wegen eines geringen Rechts-Links-shuntes durch ein offen gebliebenes Foramen ovale nachweisen. Die Lungenvolumina, die Atemwiderstände und die Atemreserven sind in der Regel normal. Die Anstrengungsdyspnoe ist Folge einer Hyperventilation bei ungenügender Steigerung des Herzzeitvolumens während körperlicher Arbeit.

Zwischen Trilogie und Tetralogie von FALLOT zeigt die Lungenfunktion keine wesentlichen Unterschiede. Bei leichten und mittelschweren Pulmonalstenosen besteht in Ruhe nur ein geringer Rechts-Links-shunt durch den Vorhofseptum-defekt und somit im Gegensatz zur Tetralogie mit schwerer Pulmonalstenose keine

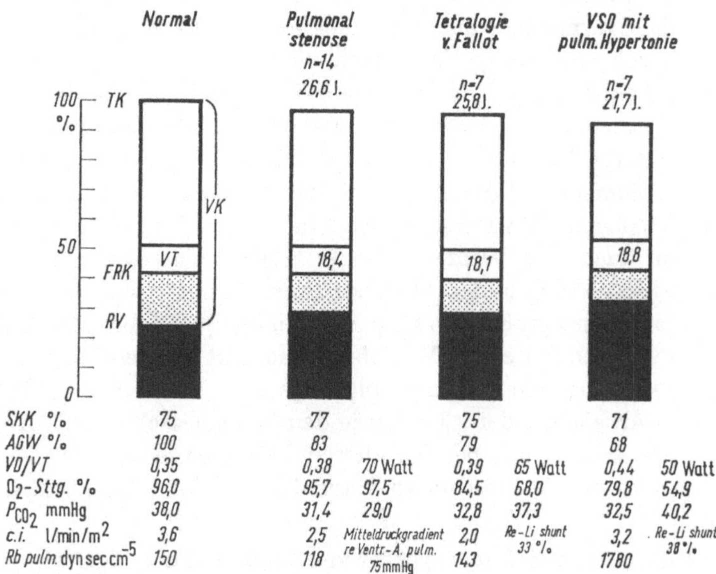


Abb. 44. Kongenitale Herzfehler. Lungenvolumina, Sekundenkapazität, Atemgrenzwert, Totraumquotient, $O_2$-Sttg. und $P_{CO_2}$ in Ruhe und bei Arbeit sowie Herzindex und Lungengefäßwiderstand bei schwerer isolierter Pulmonalstenose, Tri- und Tetralogie von Fallot und beim Ventrikelseptumdefekt mit stark erhöhtem Lungengefäßwiderstand (Eisenmenger-Komplex) (Tab. 35)

oder nur eine leichte Hypoxämie und keine Polyglobulie. Mit dem Druckanstieg im rechten Ventrikel während Arbeit kommt es auch zu einer Druckerhöhung im rechten Vorhof und damit zu einer Vergrößerung des Rechts-Links-shuntes sowie zu einem Abfall der arteriellen $O_2$-Sättigung. In der Tab. 35 sind entsprechend dem Mitteldruckgradienten nur Fälle mit einer schweren Pulmonalstenose berücksichtigt, damit ergeben sich hinsichtlich Rechts-Links-shunt und Hypoxämie keine Unterschiede zwischen Trilogie und Tetralogie. Während körperlicher Arbeit entwickelt sich eine schwere Hypoxämie. Dank der Polyglobulie ist aber die Anpassung an Arbeit nicht wesentlich schlechter als bei der isolierten Pulmonalstenose. Bei der Pulmonalatresie mit großem Ventrikelseptumdefekt, bzw. nur einer Herzkammer, erfolgt die Lungendurchblutung über einen offenen Ductus arteriosus oder über die Bronchialarterien. Die Lungenfunktionsbefunde entsprechen denen der Tetralogie (Abb. 44) [4, 5, 6, 7, 14].

## b) Vitien mit gesteigerter Lungendurchblutung, Vorhof- und Ventrikelseptumdefekt, Lungenvenentransposition, Ductus arteriosus

Der Vorhofseptumdefekt und die teilweise Lungenvenentransposition können als besonders representativ für ein Vitium mit Links-Rechts-shunt bezeichnet werden. Für die Zusammenstellung der Mittelwerte sind nur Fälle mit einem Links-Rechts-shunt von mindestens 40%, d. h. in der Regel hinsichtlich shunt-Größe „operationswürdige" Fälle, sowie Patienten mit einer massiven Widerstandserhöhung im Lungenkreislauf berücksichtigt. Die Lungenfunktion ist sowohl bei Frauen als auch bei Männern nicht auffällig gestört. Gelegentlich besteht eine leichte arterielle Hypoxämie als Folge eines geringen Rechts-Links-shuntes, etwas häufiger läßt sich eine mäßige Einschränkung der Sekundenkapazität nachweisen. Das Herzzeitvolumen im Körperkreislauf ist gegenüber der Norm nur wenig reduziert, und die kardiale Anpassung an Arbeit ist oft kaum eingeschränkt. Die Gruppe der älteren Patienten zeigt aber im Mittel eine deutliche Einschränkung des Herzzeitvolumens und damit auch eine schlechtere Anpassung an körperliche Arbeit. Der Lungengefäßwiderstand liegt im oberen Normbereich. Das Vorhofflimmern und auch eine leichte arterielle Hypoxämie sowie eine Bronchialobstruktion werden häufiger, der Atemgrenzwert nimmt etwas ab, und der funktionelle Totraum wird größer. Im Gegensatz zu den jugendlichen Kranken klagen die älteren Patienten mit einem Vorhofseptumdefekt meistens über eine deutliche Anstrengungsdypnoe, die mit der ungenügenden Vergrößerung des Herzzeitvolumens bei Arbeit und den gleichzeitig deutlich eingeschränkten Atemreserven erklärt werden kann. Auch bei den älteren Patienten lassen sich keine sicheren Geschlechtsunterschiede hinsichtlich Hämodynamik und Lungenfunktion nachweisen.

Bei massiv erhöhtem Lungengefäßwiderstand sind das Herzzeit- und Schlagvolumen für den Körperkreislauf auch beim Jugendlichen erheblich eingeschränkt. Die Lungendurchblutung ist nicht gesteigert, sondern gegenüber der Norm reduziert. Als Folge eines gemischten Shuntes läßt sich praktisch immer eine leichte bis mittelschwere Hypoxämie nachweisen. Die Hyperventilation ist z. T. Ausdruck einer alveolären Hyperventilation mit Senkung des art. $P_{CO_2}$, z. T. aber Folge einer Totraumvergrößerung wegen der Bildung von alveolären Toträumen in

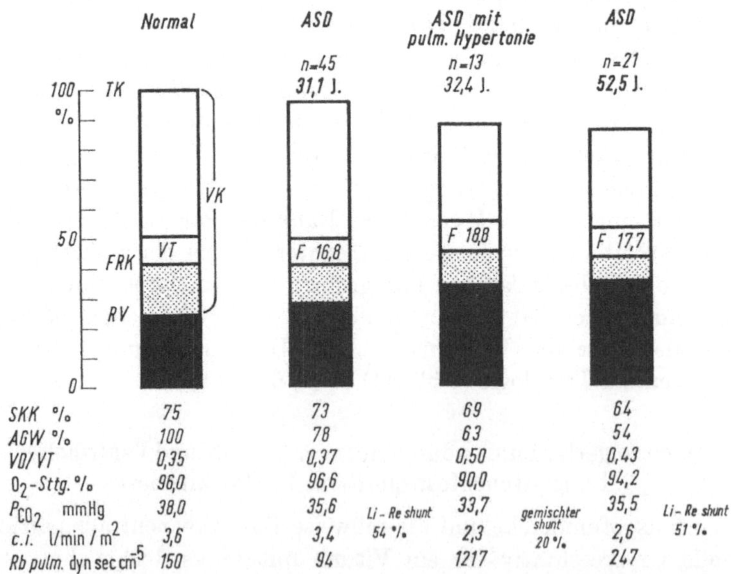


| | Normal | ASD | ASD mit pulm. Hypertonie | ASD |
|---|---|---|---|---|
| $SKK$ % | 75 | 73 | 69 | 64 |
| $AGW$ % | 100 | 78 | 63 | 54 |
| $VD/VT$ | 0,35 | 0,37 | 0,50 | 0,43 |
| $O_2$-Sttg. % | 96,0 | 96,6 | 90,0 | 94,2 |
| $P_{CO_2}$ mmHg | 38,0 | 35,6 | 33,7 | 35,5 |
| $c.i.$ l/min/m² | 3,6 | 3,4 | 2,3 | 2,6 |
| Rb pulm. dyn sec cm⁻⁵ | 150 | 94 | 1217 | 247 |

Abb. 45. Kongenitale Herzfehler. Lungenvolumina, Sekundenkapazität, Atemgrenzwert, Totraumquotient, $O_2$-Sttg. und $P_{CO_2}$, Herzindex und Lungengefäßwiderstand sowie prozentualer Shunt beim unkomplizierten Vorhofseptumdefekt mit 2 Altersgruppen und bei Vorhofseptumdefekt mit sehr hohen Lungengefäßwiderstand (Tab. 36)

noch ventilierten aber nicht mehr oder nur ganz mangelhaft perfundierten Abschnitten. In dieser Gruppe überwiegen die Frauen. Bei gleichem mittlerem Alter zeigen diese Patienten ein größeres Residualvolumen, eine höhere funktionelle Residualkapazität und eine deutliche Einschränkung des Atemgrenzwertes (Abb. 45, Tab. 36).

Der Ventrikelseptumdefekt und der offene Ductus arteriosus mit normalem oder nur leicht erhöhtem Lungengefäßwiderstand unterscheiden sich hinsichtlich Atmung und Lungenfunktion praktisch nicht vom unkomplizierten Vorhofseptumdefekt. Beim Ventrikelseptumdefekt beobachtet man, insbesondere bei Kindern und Jugendlichen, häufiger als beim Vorhofseptumdefekt eine leichte, gelegentlich eine mittelschwere Erhöhung des Lungengefäßwiderstandes und somit bei erheblichem Links-Rechts-shunt eine massive pulmonale Hypertonie, die sich nach Verschluß des Defektes mit der Normalisierung der Lungendurchblutung zurückbildet. Die Lungenfunktion zeigt in diesen Fällen oft keine Besonderheiten. Der Ventrikelseptumdefekt mit pulmonaler Hypertonie bei gesteigerter Lungendurchblutung muß vom Eisenmenger-Komplex im engeren Sinne, d. h. der Kombination von Ventrikelseptumdefekt mit massiver Erhöhung des Lungengefäßwiderstandes, permanenten Rechts-Links-shunt und normaler bzw. reduzierter Lungendurchblutung unterschieden werden. Beim Eisenmenger-Komplex zeigt die Lungenfunktion als Ausdruck der schweren Lungengefäßobstruktion eine Vergrößerung des funktionellen Totraumes und eine Abnahme des Atemgrenzwertes. Im Vergleich zur Pulmonalstenose und zur Tri- und Tetralogie von Fallot sind das Residualvolumen sowie die funktionelle Residualkapazität vergrößert und der Atemgrenzwert deutlich eingeschränkt.

### c) Teilweise Transposition der Hohlvenen

Die Einmündung einer Hohlvene in den linken Vorhof ohne zusätzliche Herz- oder Gefäßmißbildung bietet ein Beispiel für eine seit Geburt bestehende schwere und bei Arbeit zunehmende Hypoxämie bei normaler Hämodynamik im Lungenkreislauf. Wegen des Rechts-Links-shuntes ist das Herzzeitvolumen für den Körper größer als für die Lunge, Druck und Gefäßwiderstand sind aber in der Lunge normal. Diese beim Erwachsenen sehr seltene, isolierte Mißbildung — wir sahen seit 1948 bei 500 Patienten mit angeborenen Herzfehlern erst 2 Fälle — hat theoretische Bedeutung für die Pathophysiologie der Atmung. Eine Zeitlang wurde die Hypothese vertreten, daß die arterielle Hypoxämie bei Lungenerkrankungen wie Emphysem und Lungenfibrosen zu einer pulmonalen Hypertonie führt. Die beiden Beispiele zeigen hinsichtlich Lungenvolumina und Atemreserven eine normale Lungenfunktion sowie einen normalen Lungengefäßwiderstand, trotz deutlicher Hypoxämie und erheblicher Polyglobulie (Tab. 37).

### d) Arterio-venöse Lungenaneurysmen

Bei dieser sich im Laufe des Lebens entwickelnden Lungengefäßanomalie zeigt die Lungenfunktion, abgesehen von der Hypoxämie, keine Besonderheiten. Die Hämodynamik des Lungenkreislaufes ist für die normal verlaufenden Gefäße unverändert. Die Hypoxämie nimmt bei Arbeit zu. Ähnliche Verhältnisse ergeben sich bei dem sehr seltenen M. Osler der Lungen. Da es sich um kleinste arterio-venöse Aneurysmen mit nahem Kontakt zu den Alveolargasen handelt, wird die Hypoxämie bei Atmung eines $O_2$-reichen Gasgemisches im Gegensatz zu allen anderen intrapulmonalen und intrakardialen Kurzschlüssen mehr oder weniger behoben [21].

## 2. Erworbene Herzfehler

### a) Akutes und chronisches Cor pulmonale

Als Cor pulmonale bezeichnet man die Anpassungserscheinungen des Herzens, insbesondere des rechten Ventrikels, an eine Widerstandserhöhung im Lungenkreislauf, sofern der erhöhte Gefäßwiderstand nicht auf einen angeborenen oder einen anderen erworbenen Herzfehler zurückzuführen ist. Wir unterscheiden 3 grundsätzlich verschiedene Möglichkeiten einer akuten oder chronischen Widerstandserhöhung im Lungenkreislauf, die sich auch kombinieren können:

*I. Gefäßkonstriktion bei alveolärer Hypoventilation*

z. B. bei Asthma bronchiale, obstr. Lungenemphysem, Thoraxdeformitäten, zentralen Atemstörungen.

*II. Ausgedehnter Parenchymverlust*

z. B. bei diffusen Lungenfibrosen mit Restriktion, Pneumokoniosen, Lungenresektionen, bullösem Emphysem.

*III. Multiple Lungengefäßobstruktion*

z. B. bei multiplen Lungenembolien, Thrombarteriitiden, Periarteriitis nodosa, Tumorembolien, Bilharziose.

Die Möglichkeiten I und III können sowohl zu einem akuten als auch zu einem chronischen Cor pulmonale führen, während es sich beim massiven Parenchymverlust, abgesehen von der Pneumonektomie bei geschädigter verbleibender Lunge, immer um ein chronisches Cor pulmonale handelt. Bei I und II stehen anamnestisch und symptomatisch immer die Lungen im Vordergrund. Das Cor pulmonale wegen multipler Lungengefäßobstruktion imponiert hingegen meistens als primäre Herzerkrankung und wird wegen des unauffälligen Röntgenbildes der Lungen oft gar nicht als Cor pulmonale diagnostiziert.

Über die Häufigkeit des chronischen Cor pulmonale entsprechend den 3 Typen in einer intern-medizinischen Klinik orientiert folgende Übersicht (siehe Seite 97).

Das Cor pulmonale beim obstruktiven Emphysem spielt für beide Geschlechter die Hauptrolle. Die diffusen Lungenfibrosen sind als Ursache des Cor pulmonale sehr selten, falls man die Pneumokoniosen nicht berücksichtigt. Anteilmäßig überwiegen die Männer mit Ausnahme der multiplen Lungengefäßobstruktionen. Die Lungentuberkulose führt nur noch ausnahmsweise zu einer diffusen Fibrosierung und Schrumpfung als Ursache eines Cor pulmonale. Die Pneumonektomie ist bei der Tuberkulose ebenfalls selten geworden. Beim Bronchus-Carcinom ist die Lebenserwartung im Mittel zu kurz, als daß sich häufig ein chronisches Cor pulmonale nach der Pneumonektomie entwickeln würde.

Die Tab. 38 zeigt die Mittelwerte der Herzkatheter- und Lungenfunktionsbefunde bei den 3 Typen des chronischen Cor pulmonale. Die wichtigsten Befunde sind auch in den Abb. 46, 47 gegenüber gestellt. Das mittlere Alter ist für alle 3 Typen ähnlich. Alle Untersuchungen wurden immer am gleichen Vormittag und nie in einer bedrohlich schlechten Situation durchgeführt. Die Mittelwerte entsprechen deshalb einem Zustand, der während einiger Zeit mit dem Leben vereinbar ist.

*Häufigkeit des chronischen Cor pulmonale in der Medizinischen Universitätsklinik Zürich*

| | Männer | Frauen | Gesamt |
|---|---|---|---|
| Patientenzahl 1968 | 2192 | 1929 | 4121 |
| Cor pulmonale in % | | | |
| | | | |
| *I. Obstruktives Lungenemphysem* | | | |
| mit alveolärer Hypoventilation bei chron. Asthma bronchiale und chron. asthmoider Bronchitis „bullöses" Emphysem alveoläre Hypoventilation bei schweren Thoraxdeformitäten | 10,30 | 2,90 | 7,00 |
| *II. Ausgedehnter Parenchymverlust* | | | |
| Diffuse Lungenfibrosen | 0,20 | 0,10 | 0,16 |
| Schwere Pneumokoniosen | 2,60 | — | 1,45[a] |
| *III. Multiple Lungengefäßobstruktion* | | | |
| Multiple Lungenembolien Thrombembolische Prozesse und Thrombarteriitiden Periarteriitis nodosa | 0,23 | 1,61 | 1,12[b] |
| Gesamt | 13,33 | 4,61 | 9,73 |

[a] Einzugsgebiet größer als für die anderen Erkrankungen.

[b] Da leichte Fälle oft übersehen werden, ist die Häufigkeit eher etwas größer. 1967—1968 wurden insbesondere bei Frauen nach Einnahme eines Appetitzüglers viele Fälle von schweren gefäßbedingten pulmonalen Hypertonien beobachtet. Die Häufigkeit nahm bereits 1969 wieder deutlich ab, nachdem das Mittel zurückgezogen wurde.

Beim Cor pulmonale wegen obstruktivem Lungenemphysem mit Globalinsuffizienz handelt es sich um eine Widerstandserhöhung im Lungenkreislauf infolge einer funktionellen Engerstellung der kleinen Lungengefäße bei pathologischen alveolären Gasspannungen. Diese Widerstandserhöhung wird beim fortgeschrittenen Emphysem, insbesondere bei Bildung großer Blasen, durch den Gefäßverlust und durch die Kompression des noch durchbluteten Parenchyms verstärkt. Im Vordergrund der funktionellen Symptomatologie stehen das große Residualvolumen bei großer Totalkapazität, die stark eingeschränkte Sekundenkapazität bei kleiner Vitalkapazität sowie die Hypoxämie und Hyperkapnie. Die dynamische Lungendehnbarkeit ist wegen der ungleichmäßigen Luftverteilung meist eingeschränkt. Während körperlicher Arbeit nehmen Hypoxämie und Hyperkapnie in der Regel zu, und der Druck in der A. pulmonalis steigt an. Das Herzzeitvolumen liegt bei dieser Form des Cor pulmonale ungefähr im Normbereich; zu einer Abnahme kommt es im Stadium der Dekompensation, z. B. während einer interkurrenten Verschlechterung wegen einer Bronchopneumonie.

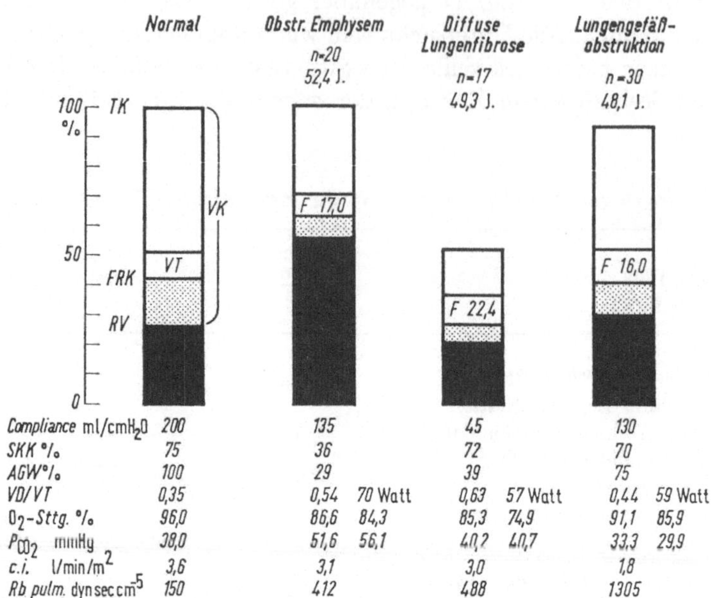


Abb. 46. Chronisches Cor pulmonale. Lungenvolumina, dynamische Compliance, Sekundenkapazität, Atemgrenzwert, Totraumquotient, $O_2$-Sttg. und $P_{CO_2}$ in Ruhe und bei Arbeit sowie Herzindex und Lungengefäßwiderstand bei obstruktivem Lungenemphysem mit alveolärer Hypoventilation, bei diffusen Lungenfibrosen mit schwerer Restriktion und bei schwerer multipler Lungengefäßobstruktion. (Tab. 38)

Bei $O_2$-Atmung sinken der Lungengefäßwiderstand und der Druck in der A. pulmonalis ab, doch nimmt bei Besserung der Hypoxämie die Hyperkapnie zu (s. Kap. II, C, 2, c).

Bei den diffusen Lungenfibrosen mit Lungenschrumpfung und bei anderen restriktiven Prozessen gibt schon die einfache Spirometrie mit der massiven Einschränkung der Total- und Vitalkapazität einen Hinweis auf die reduzierte Capillaroberfläche und damit auch auf die Einschränkung der Lungenstrombahn. Besonders typisch ist zusätzlich die Abnahme der Lungendehnbarkeit. Die sich bei Arbeit verstärkende Hypoxämie ist Folge erhöhter Diffusionswiderstände bei eingeschränkter Austauschoberfläche und verdickter Membran sowie einer vermehrten venösen Zumischung. Der große Totraumquotient weist zudem auf alveoläre Toträume hin. In der Regel handelt es sich um leichte bis mittelschwere pulmonale Hypertonien, und das Herzzeitvolumen liegt im Mittel im Normbereich. Entsprechend den kleinen Lungenvolumina und der stark verminderten dynamischen Compliance ist die Atmung im Gegensatz zu den beiden anderen Typen des chronischen Cor pulmonale eher frequent.

Beim Cor pulmonale wegen multipler Lungengefäßobstruktion handelt es sich in den fortgeschrittenen Fällen immer um eine schwere pulmonale Hypertonie mit Einschränkung des Herzzeitvolumens. Pathologisch-anatomisch kann man unterscheiden, ob vorwiegend die größeren Arterien oder die kleinsten Gefäße obstruiert sind (Abb. 29). Das Lungenszintigramm zeigt nur bei Verlegung der mittleren und größeren Arterien regionäre Durchblutungsausfälle. Sind lediglich

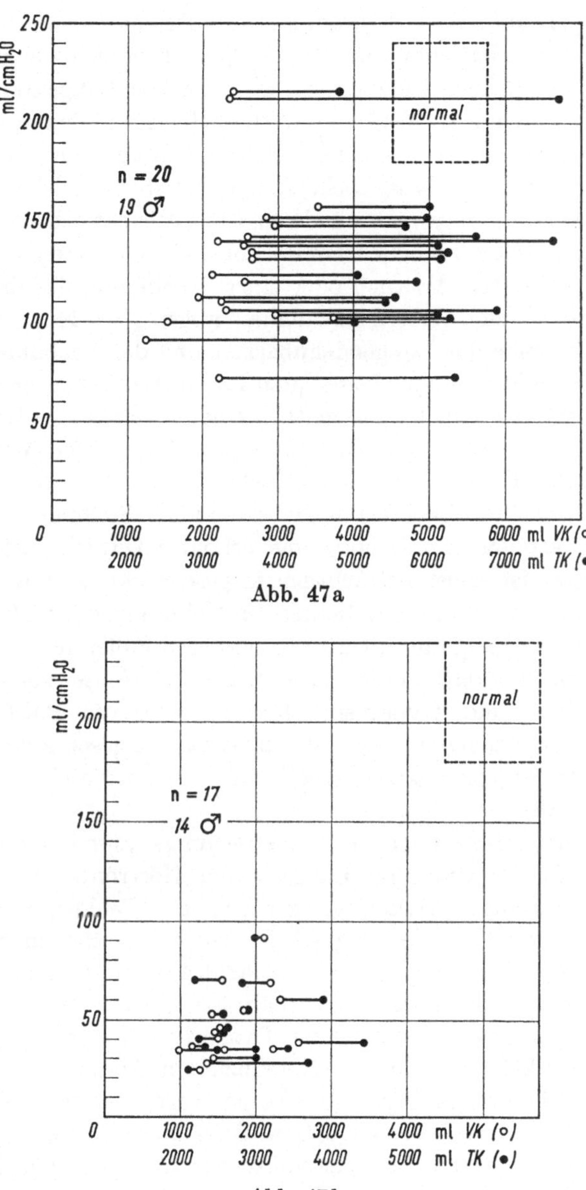



Abb. 47a



Abb. 47b

Abb. 47a u. b. Chronisches Cor pulmonale. Dynamische Compliance in Beziehung zur Total-
und Vitalkapazität. a 20 Patienten mit Globalinsuffizienz bei schwerem obstruktiven Emphysem
b 17 Patienten mit diffusen Lungenfibrosen und schwerer Restriktion

die kleinen präcapillären Gefäße obstruiert, so ist das Szintigramm trotz schwerster pulmonaler Hypertonie oft normal. Multiple embolische Verschlüsse einiger mittlerer Arterien führen meist zu einer leichten bis mittelschweren Widerstandserhöhung im Lungenkreislauf und sind bei Männern nicht wesentlich seltener als bei Frauen. Die thrombembolische und thrombarteriitische Obstruktion der kleinsten Gefäße verläuft meist progredient und führt dann zu einer sehr schweren pulmonalen Hypertonie. Diese Erkrankung der kleinen Gefäße befällt vorzugsweise Frauen. Bei den Patienten der Tab. 38 handelt es sich zur Hauptsache um die Obstruktion der kleinen Gefäße. Mit der einfachen Lungenfunktionsprüfung lassen sich wenig gravierende Veränderungen nachweisen, die die ausgesprochene Anstrengungsdyspnoe dieser Patienten erklären würden. Die Lungenvolumina sind praktisch normal, die dynamische Lungendehnbarkeit ist oft etwas eingeschränkt, und die Strömungswiderstände sind meist leicht erhöht. Die Abnahme der Lungendehnbarkeit ist möglicherweise Folge einer leichten Fibrosierung der nicht mehr durchbluteten Alveolen oder einer Schädigung des die Oberflächenspannung herabsetzenden Oberflächenfilmes wegen der Mangeldurchblutung. Zwischen der Abnahme der Lungendehnbarkeit und der Erhöhung des Lungengefäßwiderstandes läßt sich aber keine quantitative Beziehung nachweisen (Abb. 30). Häufig besteht eine leichte, gelegentlich eine mittelschwere Hypoxämie, insbesondere dann, wenn es wegen Druckerhöhung im rechten Vorhof zu einem Rechts-Links-shunt durch ein wiedereröffnetes Foramen ovale kommt. Die im Lungenvenenblut nachweisbare leichte Hypoxämie ist die Folge einer vermehrten intrapulmonalen venösen Zumischung und erhöhter Diffusionswiderstände. Die Diffusionskapazität ist meist beträchtlich eingeschränkt. Ziemlich typisch sind die Vergrößerung des Totraumquotienten und eine alveoläre Hyperventilation mit Senkung des art. $P_{CO_2}$, die mit dem in schweren Fällen immer eingeschränktem Herzzeitvolumen erklärt werden kann. Schon bei leichter körperlicher Arbeit nehmen Hypoxämie und Hyperventilation zu, und die Pulsfrequenz steigt inadäquat an. Der Atemgrenzwert ist oft etwas eingeschränkt. Bei gleicher hämodynamischer Situation lassen sich keine sicheren Geschlechtsunterschiede nachweisen (Tab. 38).

Die Diskrepanz zwischen schwerer Anstrengungsdyspnoe und diskreten Befunden bei der Auskultation, im Lungen- und Herzröntgenbild und bei der Lungenfunktionsprüfung verleiten gelegentlich zur Fehldiagnose einer Herzneurose. Das EKG zeigt in den fortgeschrittenen Fällen aber immer eine ausgesprochene Rechtshypertrophie, die den Verdacht auf eine pulmonale Hypertonie erhärtet und Anlaß geben sollte, die Verhältnisse mittels Herzsondierung näher abzuklären. Die Anstrengungsdyspnoe der Patienten mit einer multiplen Lungengefäßobstruktion erklärt sich nicht mit reduzierten Atemreserven sondern mit der alveolären und Totraum-Hyperventilation wegen ungenügendem Herzzeitvolumen und der Bildung von alveolären Toträumen. Diese Hyperventilation bei gleichzeitig verminderter Lungendehnbarkeit führt zu einer beträchtlichen Mehrbelastung der Atemmuskulatur. Für eine gegebene $O_2$-Aufnahme kann die Atemarbeit an den Lungen das 3—4fache der Norm betragen. Die Synkopen der Patienten mit einem Cor pulmonale wegen multipler Lungengefäßobstruktion sind in der Regel Folge eines plötzlichen Abfalles des Herzzeitvolumens wegen eines neuen Emboliereignisses oder einer akuten Myokardschwäche bei körperlicher Arbeit [2, 9, 11, 12, 13, 16, 17, 19].

### b) Mitralvitien

Die Mitralvitien gehören zu den häufigsten erworbenen Herzfehlern, was es möglich macht, die Bedeutung einzelner Faktoren für die Atmung, wie Geschlecht, Alter, Druck im linken Vorhof und Lungengefäßwiderstand vergleichend zu untersuchen. Die Mitralstenose bietet das Musterbeispiel für den Einfluß der chronischen Lungenstauung auf die Lungenfunktion. Für die folgenden Tabellen sind nur reine, bzw. überwiegende mittelschwere bis schwere Mitralstenosen ohne Dekompensation des rechten Ventrikels, berücksichtigt. Der sich gelegentlich innert weniger Jahre massiv erhöhende Lungengefäßwiderstand spielt für die Hämodynamik und Lungenfunktion sowie für die Operationsindikation eine große Rolle. Das Krankengut wurde deshalb in 4 Gruppen A—D mit normalem, leicht, mittelschwer und schwer erhöhtem Lungengefäßwiderstand eingeteilt (Abb. 48, 49, 50, Tab. 39, 40, 41).

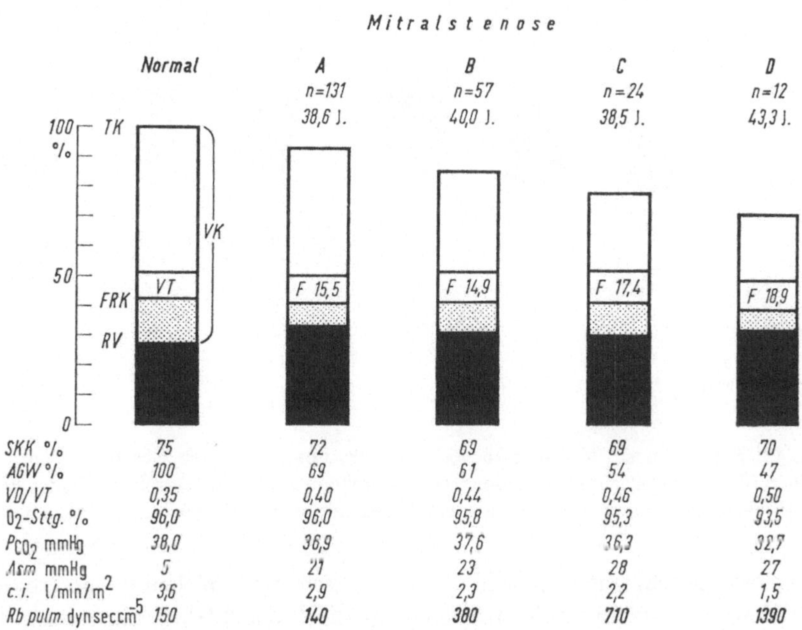


| | Normal | A | B | C | D |
|---|---|---|---|---|---|
| $SKK$ % | 75 | 72 | 69 | 69 | 70 |
| $AGW$ % | 100 | 69 | 61 | 54 | 47 |
| $VD/VT$ | 0,35 | 0,40 | 0,44 | 0,46 | 0,50 |
| $O_2$-Sttg. % | 96,0 | 96,0 | 95,8 | 95,3 | 93,5 |
| $P_{CO_2}$ mmHg | 38,0 | 36,9 | 37,6 | 36,3 | 32,7 |
| $Asm$ mmHg | 5 | 21 | 23 | 28 | 27 |
| $c.i.$ l/min/m$^2$ | 3,6 | 2,9 | 2,3 | 2,2 | 1,5 |
| $Rb\ pulm.$ dyn sec cm$^{-5}$ | 150 | 140 | 380 | 710 | 1390 |

Abb. 48. Mitralstenose. Lungenvolumina, Sekundenkapazität, Atemgrenzwert, Totraumquotient, $O_2$-Sttg. und $P_{CO_2}$, Druck im linken Vorhof bzw. Lungencapillardruck, Herzindex und Lungengefäßwiderstand. 203 Patienten unterteilt in 4 Gruppen nach der Höhe des Lungengefäßwiderstandes (Tab. 39)

Das mittlere Alter und die Geschlechtsverteilung sind für die 4 Gruppen sehr ähnlich. Mit zunehmendem Lungengefäßwiderstand geht eine Abnahme des Herzzeitvolumens und des Schlagvolumens parallel. Die Vitalkapazität und der Atemgrenzwert werden kleiner, während die Sekundenkapazität prozentual gleich bleibt. Signifikant sind auch die Zunahme der spez. Ventilation und des Totraumquotienten. Mit zunehmendem Lungengefäßwiderstand häufen sich leichte Hypoxämien. Die Lungengefäßobstruktion hat bei den Mitralstenosen mit der Zunahme der spez. Ventilation und des Totraumquotienten und auch mit der Abnahme des Atemgrenzwertes den gleichen Effekt auf die Atmung wie beim Vorhofseptumdefekt, beim Ventrikelseptumdefekt und bei obstruierenden Prozessen ohne angeborenen oder erworbenen Herzfehler. Das anamnestisch auffälligste Symptom dieser Patienten ist die Anstrengungsdyspnoe, die sich mit einer Hyperventilation wegen ungenügender Steigerung des Herzzeitvolumens und einer Totraumvergrößerung erklärt.

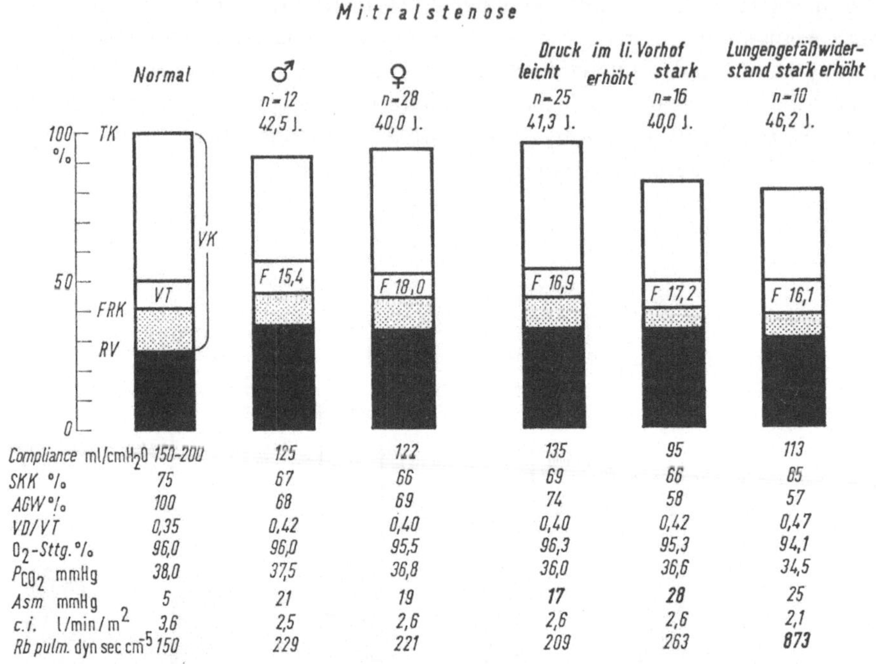



| | Normal | ♂ | ♀ | Druck im li. Vorhof leicht erhöht | stark | Lungengefäßwiderstand stark erhöht |
|---|---|---|---|---|---|---|
| Compliance ml/cmH$_2$O | 150–200 | 125 | 122 | 135 | 95 | 113 |
| SKK % | 75 | 67 | 66 | 69 | 66 | 85 |
| AGW % | 100 | 68 | 69 | 74 | 58 | 57 |
| VD/VT | 0,35 | 0,42 | 0,40 | 0,40 | 0,42 | 0,47 |
| O$_2$-Sttg. % | 96,0 | 96,0 | 95,5 | 96,3 | 95,3 | 94,1 |
| $P_{CO_2}$ mmHg | 38,0 | 37,5 | 36,8 | 36,0 | 36,6 | 34,5 |
| Asm mmHg | 5 | 21 | 19 | 17 | 28 | 25 |
| c.i. l/min/m$^2$ | 3,6 | 2,5 | 2,6 | 2,6 | 2,6 | 2,1 |
| Rb pulm. dyn sec cm$^{-5}$ | 150 | 229 | 221 | 209 | 263 | 873 |

Abb. 49. Mitralstenose. Mittelwerte wie Abb. 48, unterteilt nach Geschlecht bei praktisch gleichen hämodynamischen Befunden sowie unterteilt nach dem Druck im linken Vorhof bei gleichem Herzindex und bei stark erhöhtem Lungengefäßwiderstand (Tab. 40 u. 41)

Sichere Geschlechtsunterschiede lassen sich bei gleichen hämodynamischen Befunden nicht nachweisen, was auch für die Lungendehnbarkeit und die Strömungswiderstände gilt (Abb. 49, Tab. 40). Bei ansteigendem Druck im linken Vorhof nehmen Lungendehnbarkeit, Totalkapazität und Atemgrenzwert bei gleichem mittlerem Alter deutlich ab, und die arterielle Hypoxämie wird häufiger. Die Erhöhung des Lungengefäßwiderstandes hat im Mittel hingegen keinen sicheren Einfluß auf die Compliance. Bei gleichen hämodynamischen Befunden zeigen die älteren Patienten gegenüber den jüngeren eine leichte Abnahme des Atemgrenzwertes, eine Vergrößerung des Totraumquotienten und etwas häufiger eine leichte Hypoxämie. Einige Jahre nach der erfolgreichen Commissurotomie lassen sich bei verbesserten hämodynamischen Werten und damit gesteigerter Arbeitskapazität hinsichtlich Lungenfunktion lediglich eine Abnahme der Totalkapazität und eine deutliche Reduktion der funktionellen Residualkapazität und des Residualvolumens nachweisen, was möglicherweise mit der Abnahme der Thorax-Compliance infolge der Thorakotomie zusammenhängt. Die Vitalkapazität bleibt praktisch gleich, so daß sich trotz kleinerer Totalkapazität keine Abnahme des Atemgrenzwertes ergibt (Abb. 50, Tab. 40).

Die Veränderungen der Lungenfunktion bei der reinen oder überwiegenden *Mitralinsuffizienz* entsprechen im wesentlichen denen der Mitralstenose. Nach den

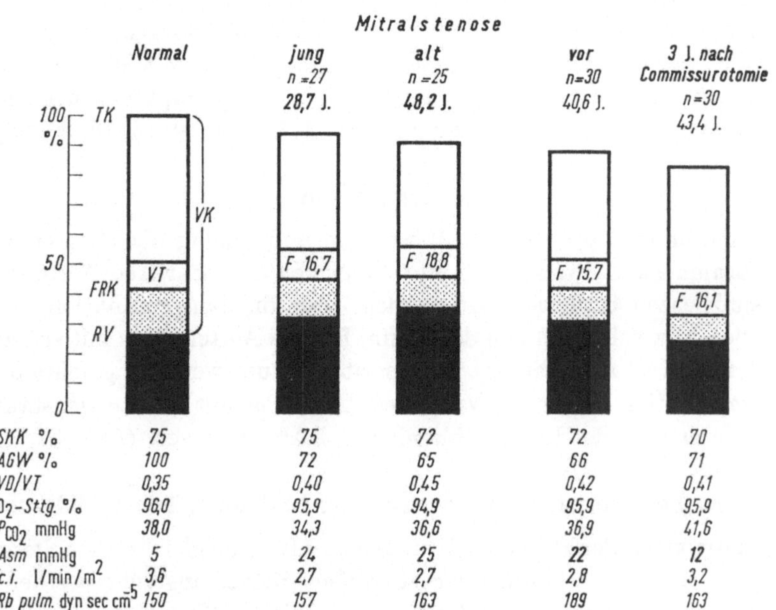



| | Normal | jung | alt | vor | 3 J. nach Commiss. |
|---|---|---|---|---|---|
| SKK % | 75 | 75 | 72 | 72 | 70 |
| AGW % | 100 | 72 | 65 | 66 | 71 |
| VD/VT | 0,35 | 0,40 | 0,45 | 0,42 | 0,41 |
| $O_2$-Sttg. % | 96,0 | 95,9 | 94,9 | 95,9 | 95,9 |
| $P_{CO_2}$ mmHg | 38,0 | 34,3 | 36,6 | 36,9 | 41,6 |
| Asm mmHg | 5 | 24 | 25 | 22 | 12 |
| c.i. l/min/m$^2$ | 3,6 | 2,7 | 2,7 | 2,8 | 3,2 |
| Rb pulm. dyn sec cm$^{-5}$ | 150 | 157 | 163 | 189 | 163 |

Abb. 50. Mitralstenose. Mittelwerte wie Abb. 48 und 49, unterteilt nach dem Alter bei praktisch gleichen hämodynamischen Befunden sowie bei 30 Patienten vor und 3 Jahre nach gelungener Commissurotomie (Tab. 40)

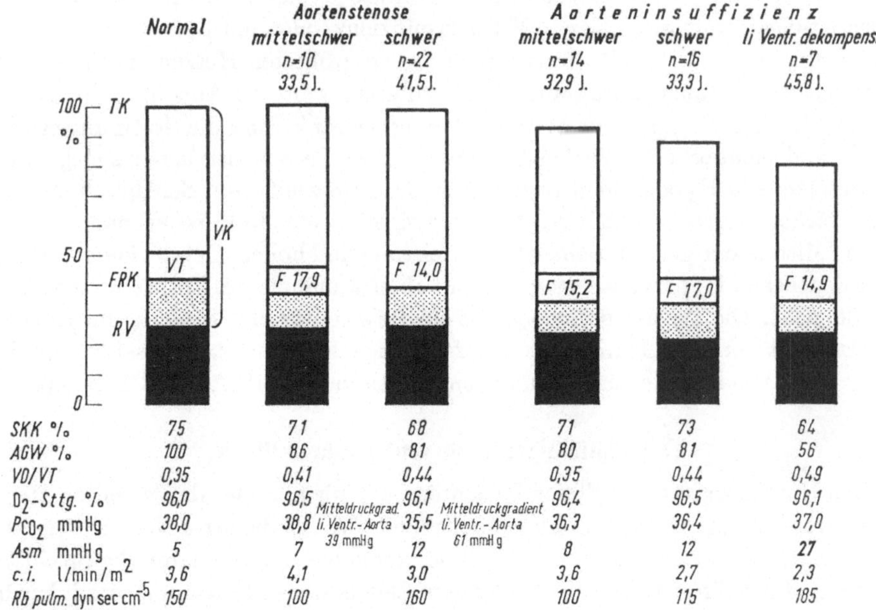



| | Normal | Aortenstenose mittelschwer | schwer | Aorteninsuffizienz mittelschwer | schwer | li Ventr. dekompens. |
|---|---|---|---|---|---|---|
| SKK % | 75 | 71 | 68 | 71 | 73 | 64 |
| AGW % | 100 | 86 | 81 | 80 | 81 | 56 |
| VD/VT | 0,35 | 0,41 | 0,44 | 0,35 | 0,44 | 0,49 |
| $O_2$-Sttg. % | 96,0 | 96,5 | 96,1 | 96,4 | 96,5 | 96,1 |
| $P_{CO_2}$ mmHg | 38,0 | 38,8 | 35,5 | 36,3 | 36,4 | 37,0 |
| Asm mmHg | 5 | 7 | 12 | 8 | 12 | 27 |
| c.i. l/min/m$^2$ | 3,6 | 4,1 | 3,0 | 3,6 | 2,7 | 2,3 |
| Rb pulm. dyn sec cm$^{-5}$ | 150 | 100 | 160 | 100 | 115 | 185 |



Abb. 51. Aortenklappenfehler. Lungenvolumina, Sekundenkapazität, Atemgrenzwert, Totraumquotient, $O_2$-Sttg. und $P_{CO_2}$, Druck im linken Vorhof, Herzindex und Lungengefäßwiderstand bei mittelschwerer und schwerer Aortenstenose, bei mittelschwerer und schwerer Aorteninsuffizienz und bei Aorteninsuffizienz mit Dekompensation der linken Herzkammer (Tab. 42)

bisherigen Erfahrungen findet man bei Patienten mit einer Mitralinsuffizienz etwas häufiger als bei denen mit einer reinen oder überwiegenden Stenose eine funktionelle Engerstellung der kleinen Lungengefäße. Mit der erfolgreichen Korrektur der Mitralinsuffizienz kommt es dann oft prompt zu einer eindrücklichen Senkung des Lungengefäßwiderstandes [1, 3, 4, 8, 10, 15, 18, 20, 22].

### c) Aortenvitien

Bei den Aortenklappenfehlern überwiegen anteilmäßig die Männer. Obwohl für die Zusammenstellung nur die mittelschweren und schweren Aortenstenosen und -Insuffizienzen berücksichtigt wurden, zeigt die Lungenfunktion im Mittel keine großen Abweichungen von der Norm. Für die Aortenvitien mit suffizientem linkem Ventrikel ist auch die Arbeitskapazität oft nur wenig eingeschränkt. Erst bei Dekompensation des linken Ventrikels kommt es mit der Lungenstauung zu einer Einschränkung der Lungenvolumina und Atemreserven. (Abb. 51, Tab. 42)

### d) Pericarditis constrictiva adhaesiva, „Cor bovinum", Tricuspidalstenose

Die konstriktive Perikarditis soll als Beispiel für eine gleichzeitige Stauung im Lungen- und Körperkreislauf bei normal großem Herzen angeführt werden. Herzzeit- und Schlagvolumen sind in der Regel reduziert, während der Lungengefäßwiderstand meist normal ist. Die Bronchialobstruktion ist ziemlich häufig, damit ergeben sich im Mittel eine eingeschränkte Sekundenkapazität und ein verminderter Atemgrenzwert. Auch leichte arterielle Hypoxämien sind relativ häufig. Das „Cor bovinum", wobei es sich meist um diffuse Myokardschädigungen verschiedener Ätiologie mit sekundärer Mitralinsuffizienz oder um Spätstadien kombinierter Mitralvitien handelt, führt wegen des vergrößerten Herzens auch zu einer Abnahme der Totalkapazität und damit zu einer weiteren Abnahme des Atemgrenzwertes. Die Compliance ist deutlich eingeschränkt und die Strömungswiderstände sind leicht erhöht. Wie bei der konstriktiven Perikarditis lassen sich gehäuft leichte arterielle Hypoxämien nachweisen. Das Herzzeit- und Schlagvolumen ist noch stärker eingeschränkt, und der Lungengefäßwiderstand ist erhöht, was wie bei den Mitralstenosen mit kleiner Förderleistung und hohem Gefäßwiderstand mit einer deutlichen Hyperventilation und mit einer Zunahme des Totraumquotienten parallel geht. Die Tricuspidalstenose ist ein Beispiel für eine Stauung im Körperkreislauf mit normaler Hämodynamik des Lungenkreislaufes. Abgesehen von der Hyperventilation ist die Lungenfunktion praktisch normal (Abb. 52 Tab. 43).

### e) Vollständiger atrio-ventriculärer Block

Das Durchschnittsalter dieser Patienten liegt für alle hier dargestellten Herzfehler weitaus am höchsten. Die Möglichkeit des Einbaues eines elektrischen Schrittmachers hat das Interesse für diese besondere hämodynamische Situation gefördert. Charakteristisch für eine längere Zeit bestehende Kammerbradykardie ist ein erheblich vergrößertes Schlagvolumen, während das Herzzeitvolumen meist reduziert ist. Das bereits in Ruhe große Schlagvolumen erreicht bei körperlicher Arbeit Werte wie man sie für das rechte Herz nur bei kongenitalen Vitien mit massiven Links-Rechts-shunt kennt. Damit ergeben sich für beide Ventrikel nicht nur eine große Volumenbelastung, sondern auch hohe systolische Druckwerte. In der Regel ist das Myokard, insbesondere bei den älteren Patienten, bereits insuffizient. Der Druck ist in beiden Vorhöfen, vor allem bei Arbeit stark erhöht. Das bereits in Ruhe ungenügende Herzzeitvolumen kann bei Arbeit nicht adäquat gesteigert werden. Abgesehen von einer mäßigen Hyperventilation zeigt die Lungenfunktion wohl auch im Zusammenhang mit dem höheren Durchschnittsalter häufig eine leichte arterielle Hypoxämie und sehr häufig eine Bronchialobstruktion. Im Mittel sind die Sekundenkapazität und der Atemgrenzwert deutlich eingeschränkt.

Nach Anlegen eines künstlichen Schrittmachers kommt es mit der höheren Frequenz zu einer erheblichen Verkleinerung des Schlagvolumens, das Herzzeitvolumen bleibt praktisch gleich, es wird nicht normal, was als indirekter Hinweis für das insuffiziente Myokard gelten kann. Die geringere Volumenbelastung hat eine Senkung der Druckwerte in beiden Vorhöfen zur Folge. Die Patienten behalten die Fähigkeit, ihr Schlagvolumen während Arbeit beträchtlich zu vergrößern, so daß mit der höheren Frequenz eine etwas größere Förderleistung erreicht wird. Die Lungenfunktion zeigt aber keine Änderung. (Abb. 52 Tab. 44).

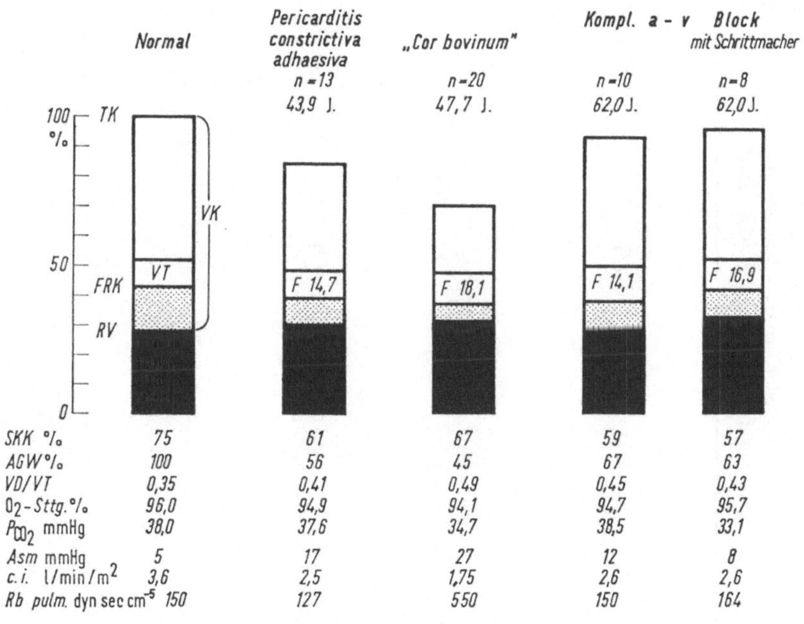


| | Normal | Pericarditis constrictiva adhaesiva | „Cor bovinum" | Kompl. a-v Block | mit Schrittmacher |
|---|---|---|---|---|---|
| $SKK$ % | 75 | 61 | 67 | 59 | 57 |
| $AGW$ % | 100 | 56 | 45 | 67 | 63 |
| $VD/VT$ | 0,35 | 0,41 | 0,49 | 0,45 | 0,43 |
| $O_2$-Sttg. % | 96,0 | 94,9 | 94,1 | 94,7 | 95,7 |
| $P_{CO_2}$ mmHg | 38,0 | 37,6 | 34,7 | 38,5 | 33,1 |
| $Asm$ mmHg | 5 | 17 | 27 | 12 | 8 |
| $c.i.$ l/min/m$^2$ | 3,6 | 2,5 | 1,75 | 2,6 | 2,6 |
| $Rb$ pulm. dyn sec cm$^{-5}$ | 150 | 127 | 550 | 150 | 164 |

Abb. 52. „Panzerherz", „Cor bovinum" und vollständiger A—V Block. Lungenvolumina, Sekundenkapazität, Atemgrenzwert, Totraumquotient, $O_2$-Sttg. und $P_{CO_2}$, Druck im linken Vorhof, Herzindex und Lungengefäßwiderstand (Tab. 43, 44)

## f) Coronarinsuffizienz, Herzinfarkt und kardiogener Schock

Coronare Durchblutungsstörungen und pektanginöse Beschwerden beeinflussen die Lungenfunktion abgesehen von einer gelegentlichen, vorwiegend emotionell bedingten Hyperventilation nicht. Die ungenügende Anpassung der Durchblutung des linken Ventrikels kann schon während leichter körperlicher Arbeit zu einer akuten Lungenstauung führen. In Tab. 45 sind die Herzkatheter-

*Übersicht: Pathologische Hämodynamik und Atmung*

| | Herzzeitvolumen für den Körper-kreislauf | Venöse Zumischung Re-Li-shunt | Lungen-durchblutung | Stauung im Lungen-kreislauf | Stauung im Körper-kreislauf | Ventilation/ Perfusion gestört |
|---|---|---|---|---|---|---|
| Isolierte Pulmonalstenose | ↓↓ | o | ↓↓ | o | (↑) | (↑) |
| Vorhofseptumdefekt<br>Ventrikelseptumdefekt<br>Ductus arteriosus | (↓) | (↑) | ↑↑ | o | (↑) | (↑) |
| Trilogie und<br>Tetralogie v. Fallot<br>Eisenmenger-Komplex | (↓) | ↑↑ | ↓ | o | (↑) | (↑) |
| Partielle Transposition der Hohlvenen | ↓ | ↑↑ | ↓ | o | (↑) | o |
| Cor pulmonale | | | | | | |
| bei Lungengefäßobstruktion | ↓↓ | ↑ | ↓↓ | o | (↑) | ↑↑ |
| bei Lungenemphysem | (↓) | ↑ | (↓) | o | (↑) | ↑ |
| bei diffusen Lungenfibrosen | ↓ | ↑ | ↓ | o | (↑) | ↑↑ |
| Mitralstenose, -insuffizienz | ↓↓ | (↑) | ↓↓ | ↑↑ | (↑) | ↑ |
| Aortenstenose, -insuffizienz | ↓ | o | ↓ | (↑) | (↑) | o |
| Pericarditis constrictiva | ↓↓ | (↑) | ↓↓ | ↑↑ | ↑↑ | ↑ |
| „Cor bovinum" | ↓ | (↑) | ↓ | ↑↑ | ↑↑ | ↑ |
| Tricuspidalstenose | ↓ | o | ↓ | o | ↑↑ | o |
| atrio-ventriculärer Block | ↓ | o | ↓ | ↑ | (↑) | o |
| Cardiogener Schock | ↓↓ | (↑) | ↓↓ | ↑ | ↑ | ↑ |
| *Hauptsymptome der Atmung* | alveoläre Hyper-ventilation | Hypoxämie | keine | Lungendehn-barkeit und -volumina reduziert | keine | Totraum-hyper-ventilation |

o = keine typische Veränderung; ↑↑, ↓↓ = deutlich erhöht bzw. vermindert; ↑, ↓ in der Regel leicht erhöht bzw. vermindert; (↑), (↓) = fakultativ erhöht bzw. vermindert oder entsprechende Tendenz.

und Lungenfunktionswerte von 12 Patienten zusammengestellt, bei denen cineangiographisch schwere obstruierende Veränderungen an der linken, z. T. zusätzlich auch an der rechten Coronararterie nachgewiesen wurden. In Ruhe sind die hämodynamischen Verhältnisse im Lungenkreislauf praktisch normal, das Herzzeitvolumen liegt im unteren Normbereich. Eindeutig pathologisch ist aber der Anstieg des enddiastolischen Druckes im linken Ventrikel während leichter Arbeit. Die Lungenfunktion dieser Patienten ist hinsichtlich Lungenvolumina und Atemreserven vollständig normal. Auch die arteriellen Blutgase sind im Mittel sowohl in Ruhe als auch bei leichter Arbeit normal, immerhin läßt sich relativ häufig eine leichte Hypoxämie als Folge einer etwas ungleichmäßigen Luftdurchmischung nachweisen.

Der ausgedehnte *Herzinfarkt* führt zu einer akuten Abnahme des Herzzeitvolumens, das im *kardiogenen Schock* auf ein lebensgefährliches Minimum reduziert wird. Häufig entwickelt sich auch eine Lungenstauung. Wie bei allen Zuständen mit einem zu kleinen Herzzeitvolumen kommt es zu einer alveolären Hyperventilation mit Senkung des art. $P_{CO_2}$, die sich beim frischen Herzinfarkt praktisch immer nachweisen läßt. Bei sehr kleinem Herzzeitvolumen entwickelt sich zudem eine metabolische Acidose durch Anhäufung von Milchsäure und anderen sauren Stoffwechselprodukten. Die gelegentlich nachweisbare leichte Hypoxämie erklärt sich mit einer vermehrten venösen Beimischung bei ungleichmäßiger Luftdurchmischung und z. T. mit der Lungenstauung. Die Untersuchungen für die Mittelwerte der Tab. 45 wurden am Krankenbett bei Patienten mit einem frischen Herzinfarkt unmittelbar nach der Klinikeinweisung durchgeführt. Die Messungen des Herzzeitvolumens erfolgten mittels Indicatorverdünnung und über die $O_2$- Aufnahme sowie die arteriovenöse $O_2$-Differenz mittels Blutentnahmen aus der A. pulmonalis durch einen Flow-Katheter.

## C. Die Atmung bei extra-thorakalen Erkrankungen

### 1. Erregung, Angst, Effort-Syndrom

Die „atemlose" Spannung ist zwar sprichwörtlich, doch handelt es sich meist um kurze Apnoezeiten und nicht um eine Hypoventilation. In der Regel gehen Erregungszustände eher mit einer Hyperventilation einher, die sich mit der Entspannung wieder normalisiert. Das „Hyperventilationssyndrom" kann als Atemneurose der Ausdruck krankhaft verarbeiteter Erlebnisinhalte ein selbständiges Krankheitsbild sein, dessen Symptome eine Mischung der somatischen Folgen einer Hyperventilation z. B. Akrocyanose, Kopfweh und Schwindelgefühl, neuromuskuläre Überregbarkeit und Herzklopfen mit einer Affektlabilität bis zum Weinkrampf darstellen. Die körperlich eher unangenehmen Sensationen erfüllen die Patienten mit Angst, die ihrerseits wieder die Hyperventilation fördert, so daß sich der circulus vitiosus schließt. Beim Arzt klagen die Kranken meist über eine Vielzahl von Symptomen, geben spontan aber oft nicht an, daß sie bei diesen Anfällen besonders tief und schneller als normal atmen. Das aufklärende Gespräch mit gezielten Fragen und ein Hyperventilationsversuch zwecks Provokation der Symptome können therapeutisch sehr wirksam sein. Gelegentlich ist aber das Hyperventilationssyndrom mit seinen somatischen Folgen die Komplikation einer Lungen- oder Herzerkrankung, die nicht übersehen werden sollten.

Das Effort-Syndrom (DA COSTA, 1871) betrifft meist jugendliche Männer und kann anamnestisch gut vom Hyperventilationssyndrom abgetrennt werden. Diese Patienten klagen über eine verminderte körperliche Leistungsfähigkeit mit Behinderung der Atmung wegen Seitenstechen, nicht aber über typische Hyperventilationssymptome. Die Untersuchung der Lungenfunktion zeigt bei diesen Patienten normale Lungenvolumina und Atemreserven und oft eine inspiratorisch verschobene Atemmittellage mit Zwerchfelltiefstand. Die arteriellen Blutgase sind in Ruhe und bei Arbeit in der Regel normal. Die alveoläre Ventilation ist im Gegensatz zum eigentlichen Hyperventilationssyndrom nicht oder nur wenig gesteigert. Hingegen läßt sich oft eine unökonomische Totraumhyperventilation nachweisen. Das Effort-Syndrom ist keine Atemneurose im engeren Sinne, es gehört mehr zu den vegetativen Regulationsstörungen, wofür auch ein allerdings nicht immer nachweisbarer inadaequater Pulsfrequenzanstieg während leichter Arbeit mit Normalisierung bei größerer Belastung spricht.

## 2. Zentralbedingte chronische alveoläre Hypoventilation

Die chronische alveoläre Hypoventilation bei normalen Lungen, ungestörter Muskelfunktion und ohne pharmakologische Beeinflussung der Atemregulation oder respiratorische Kompensation einer metabolischen Alkalose ist extrem selten. Bisher wurden nur Einzelfälle beschrieben und die Diagnosen per exclusionem gestellt. Bei älteren Patienten ist als Genese eine Durchblutungsstörung im Bereiche der Atemzentren am wahrscheinlichsten. Bei folgendem Beispiel lag neurologisch ein dorso-laterales Oblongata-Syndrom (Wallenberg-Syndrom) vor. Die Patientin kam 6 Wochen später mit einem Atemstillstand ad exitum. Die Sektion zeigte keine chronischen Lungenveränderungen, jedoch eine Hypertrophie beider Herzkammern mit Dilatation des rechten Ventrikels. Die histologische Untersuchung des Gehirns ergab einen kleinen Erweichungsherd im Bereich der linken Medulla oblongata mit Einbezug der Formatio reticularis und damit das anatomische Substrat eines teilweisen Ausfalles der humoralen Atemregulation. Die zentralbedingte chronische alveoläre Hypoventilation hat hinsichtlich Säure-Basen-Gleichgewicht, Widerstandserhöhung im Lungenkreislauf und Hirndurchblutung dieselben Folgen wie die Globalinsuffizienz bei Lungenerkrankungen, z. B.

*Beispiele: Zentralbedingte chronische alveoläre Hypoventilation.* Anna K. 64 J. Wallenberg-Syndrom. Otto M. 61 J. Schwere Hyperkapnie bei leichtem obstruktiven Emphysem

| | TK $S$ ml | TK ml | VK %TK | FRK %TK | VT %TK | $F$ | SKK %VK | AGW %$S$ | Spez. V. ml/ml | VD/VT |
|---|---|---|---|---|---|---|---|---|---|---|
| A. K. | 4000 | 2600 | 62 | 46 | 11 | 18,0 | 75 | 55 | 29,8 | 0,50 |
| O. M. | 5600 | 5900 | 60 | 52 | 9 | 14,5 | 58 | 67 | 30,5 | 0,52 |

| | Hb g-% | O$_2$-Sttg. % | $P_{CO_2}$ mmHg | St. bic. | Na | $K$ | Cl |
|---|---|---|---|---|---|---|---|
| | | | | | mval/l | | |
| A. K. | 15,1 | 84,0 | 51,2 | 23,5 | 144,0 | 5,2 | 102,5 |
| O. M. | 16,8 | 82,5 | 63,5 | 26,5 | 143,0 | 5,4 | 100,0 |

beim obstruktiven Emphysem. Bei Patienten mit einer chronischen Bronchitis und einem obstruktiven Lungenemphysem weist eine Diskrepanz zwischen schwerer Hyperkapnie und nur leichter Einschränkung der Atemreserven auf eine primär zentral bedingte alveoläre Hypoventilation hin. (Beispiel O. M.) [15, 17, 18, 26, 30, 31].

## 3. Anämie und Polycythaemia vera

Die Anämie reduziert die $O_2$-Transportkapazität des Kreislaufes und führt bei normalen Lungen und intakten Regulationen zu einer Hyperventilation mit Senkung des art. $P_{CO_2}$. Bei der akuten Blutungsanämie mit normalem Hämatokrit steht als Ursache einer ungenügenden $O_2$-Versorgung des Organismus immer die Hypovolämie im Vordergrund. Die Hyperventilation kombiniert sich in diesen Fällen mit einer Tachykardie und einer peripheren Vasoconstriction.

Bei einer chronischen Anämie wegen rezidivierenden Blutungen oder einer gestörten Hämoglobinsynthese bzw. Erythropoese ist das Plasmavolumen so vermehrt, daß das zirkulierende Blutvolumen normal, gelegentlich sogar vergrößert ist. Unter diesen Bedingungen können das Herzschlag- und Herzzeitvolumen gegenüber der Norm erhöht sein, ohne daß die Pulsfrequenz auffällig gesteigert ist, und das Herz vergrößert sich wie bei einer anders bedingten chronischen Volumenbelastung. Die Einschränkung der $O_2$-Transportkapazität wird aber mit diesen hämodynamischen Umstellungen nicht voll kompensiert. Deshalb sind auch bei einer chronischen Anämie bei Arbeit ein inadäquater Pulsfrequenzanstieg und eine Hyperventilation, die als Anstrengungsdyspnoe empfunden wird, nachweisbar.

*Beispiel: Schwere megaloblastäre Anämie, leichtes obstruktives Emphysem. Fritz K. 61 J.*

| TK S ml | TK ml | VK %TK | FRK %TK | VT %TK | F | SKK %VK | AGW %S | Spez. V. ml/ml | VD/VT |
|---|---|---|---|---|---|---|---|---|---|
| 5100 | 5300 | 62 | 52 | 11 | 14,0 | 69 | 78 | 34,9 | 0,42 |

| | Hb g-% | $O_2$-Sttg. % | $P_{O_2}$ | $P_{CO_2}$ | St. bic. mval/l | Puls |
|---|---|---|---|---|---|---|
| | | | mmHg | | | |
| Ruhe | 5,5 | 93,0 | 88 | 37,5 | 24,0 | 80 |
| 40 Watt | 6,0 | 95,5 | 100 | 31,5 | 21,0 | 144 |

Die periphere $O_2$-Ausschöpfung ist bei jeder Anämie vergrößert, womit sich im Gewebe, sofern die Durchblutung nicht eingeschränkt ist, ein etwas erniedrigter $P_{O_2}$, aber kein erhöhter $P_{CO_2}$ ergeben. Die Förderung der $O_2$-Abgabe aus dem Blut an das Gewebe durch Ansäuerung (Haldane-Effekt), die bei kleinem Herzzeitvolumen und auch bei Arbeit wichtig ist, spielt bei der chronischen Anämie mit vergrößertem Herzzeitvolumen nur eine untergeordnete Rolle. Andererseits kann, insbesondere bei den chronischen Blutungsanämien, die $O_2$-Dissoziationskurve des Blutes möglicherweise wegen einem erhöhten Gehalt der jungen Erythrocyten an Adenosintriphosphorsäure und 2,3-Diphosphorglycerinsäure etwas nach rechts verschoben sein, was für eine gegebene $O_2$-Sttg. des Capillarblutes einen etwas höheren $P_{O_2}$ im Gewebe ermöglicht als bei einer normalen Affinität des Hämoglobins zum $O_2$. Eine stark reduzierte Hämoglobinkonzentration vermindert etwas die Pufferkapazität des Blutes, was in einer Abflachung der $CO_2$-Dissoziationskurve, die in schweren Fällen nicht mehr durch den 0-Punkt geht, zum Ausdruck kommt.

In alternden Blutkonserven ist die $O_2$-Dissoziationskurve ganz beträchtlich nach links verschoben, so daß der $O_2$ nur bei tiefen $P_{O_2}$-Werten abgegeben wird. Diese Eigenschaft kann bei Austauschtransfusionen mit alten Blutkonserven den paradoxen Effekt haben, daß das Gewebe trotz Behebung der Anämie schwer hypoxisch wird. Ist hingegen das transfundierte Blutvolumen im Vergleich zu dem des Eigenblutes eher klein, so ist die $O_2$-Dissoziationskurve des Mischblutes bereits am Ende der Transfusion praktisch normal (Abb. 53).

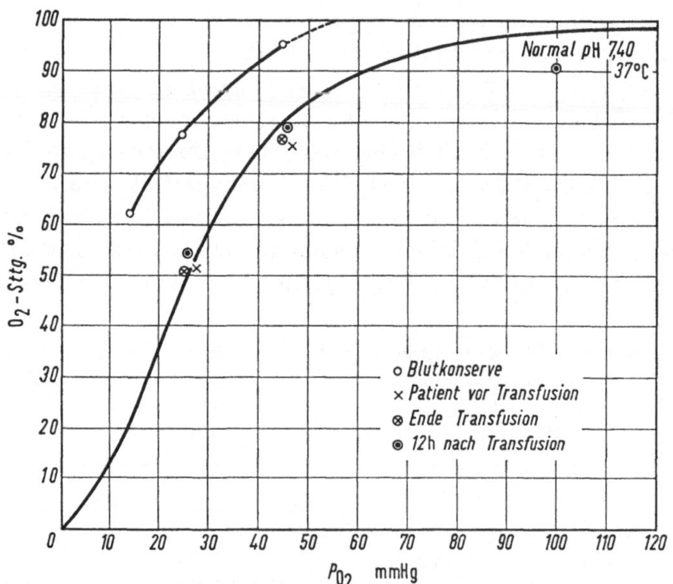


Abb. 53. Linksverschiebung der $O_2$-Dissoziationskurve im Konservenblut. Die Kurve des Konservenblutes ist zwecks besseren Vergleiches mit der Standardkurve auf ein pH von 7,40 korrigiert. Sofort nach Transfusionsende und 12 Std später liegen die Punkte des Mischblutes des Patienten im venösen Bereich auf der Standardkurve. Im arteriellen Bereich besteht eine leichte Rechtsverschiebung

Bei der Polycythaemia vera ist die Hämoglobinkonzentration ohne chronische Hypoxämie oder Gewebehypoxie wegen Mangeldurchblutung vermehrt, womit sich eine Erhöhung der $O_2$-Transportkapazität des Kreislaufes ergibt. Die gesteigerte Erythropoese geht mit einer leichten Rechtsverschiebung der $O_2$-Dissoziationskurve einher, was zur Folge hat, daß die art. $O_2$-Sttg. meist im unteren Normbereich liegt. Gelegentlich ist auch das inaktive Hämoglobin deutlich vermehrt. Im übrigen zeigt die Lungenfunktion wie bei den folgenden 2 Beispielen in der Regel keine auffälligen Befunde [3, 20, 24].

*Beispiele: Polycythaemia vera.* Mario D. 40 J., Karl B. 59 J.

| | TK S ml | TK ml | VK %TK | FRK %TK | VT %TK | F | SKK %VK | AGW %S | Spez. V. ml/ml | VD/VT |
|---|---|---|---|---|---|---|---|---|---|---|
| M. D. | 5650 | 6250 | 76 | 33 | 9 | 14,4 | 80 | 108 | 33,8 | 0,45 |
| K. B. | 5900 | 5850 | 76 | 36 | 10 | 16,2 | 71 | 90 | 42,0 | 0,55 |

| | | Hb g-% | inakt. Hb g-% | $O_2$-Sttg. % | $P_{O_2}$ | $P_{CO_2}$ | St. bic. mval/l | Puls |
|---|---|---|---|---|---|---|---|---|
| | | | | | mmHg | | | |
| M. D. | Ruhe | 21,5 | 1,4 | 94,5 | 90 | 40,5 | 21,0 | 76 |
| | 150 Watt | 22,6 | 1,5 | 96,0 | 97 | 37,5 | 17,0 | 160 |
| K. B. | Ruhe | 19,5 | 0,5 | 93,0 | 88 | 39,5 | 21,5 | 60 |
| | 150 Watt | 21,2 | 0,5 | 94,5 | 94 | 40,5 | 16,5 | 160 |

## 4. Adipositas und Pickwick-Syndrom

Das Übergewicht ist zweifellos eine häufige Mitursache einer chronischen Überbelastung des Herzens. Die Atmung wird hingegen nur wenig beeinflußt. Die reduzierte Zwerchfellbeweglichkeit führt zu einer Abnahme der Total- und Vitalkapazität sowie des Atemgrenzwertes. Die Thorax-Compliance ist wegen der zusätzlichen Fettmassen, insbesondere im Liegen, vermindert, während die Lungendehnbarkeit meist im Normbereich liegt. Bei der Mehrzahl der übergewichtigen Männer und Frauen läßt sich ein vergrößerter alveolo-arterieller $P_{O_2}$-Gradient als Folge einer Verteilungsstörung nachweisen, die in Ruhe oft eine leichte Hypoxämie zur Folge hat. Die pulmonale Anpassung an Arbeit ist meist gut, indem das Blut in den Lungen auch bei größerer Arbeit normal arterialisiert wird.

Das sog. Pickwick-Syndrom betrifft meist Männer mit einer extremen Adipositas. Es ist durch eine alveoläre Hypoventilation gekennzeichnet, die sich insbesondere im Liegen oft mit einer auffälligen Schlafneigung und mit einer periodischen Atmung mit 10—20 sec dauernden Atempausen kombiniert. Die Globalinsuffizienz führt auch beim Pickwick-Syndrom zu einer Vasoconstriction im Lungenkreislauf. Die Ursache der Atemstörung ist noch nicht sicher geklärt. Die periodische Atmung und die Schlafneigung sprechen für eine zentrale Störung. Es wurde auch eine im Vergleich zum Adipösen ohne $CO_2$-Retention verminderte elektrische Zwerchfellaktivität während $CO_2$-Inhalation beschrieben. Die Besserung der Ventilation im Stehen und bei Arbeit sowie das Verschwinden des Syndroms nach Abmagerung weisen auf mechanische Faktoren wie Thoraxgewicht, Zwerchfellbeweglichkeit und Verlegung der oberen Luftwege hin, die sich im Liegen stärker als im Stehen auswirken (Abb. 54, 55, Tab. 46).

Die Situation wird selbstverständlich durch eine zusätzliche chronische Bronchitis verschlechtert. Doch ist es nicht richtig, bei allen Patienten in der Bronchialobstruktion den wesentlichen Faktor für die alveoläre Hypoventilation zu sehen. Die sicher nicht seltene Kombination von Adipositas mit obstruktivem Emphysem sollte nur dann als Pickwick-Syndrom bezeichnet werden, falls die typischen Zeichen wie periodisches Atmen, zunehmende Hyperkapnie im Liegen sowie deutlicher Abfall des art. $P_{CO_2}$ bei Arbeit und nach Abmagerung nachweisbar sind.

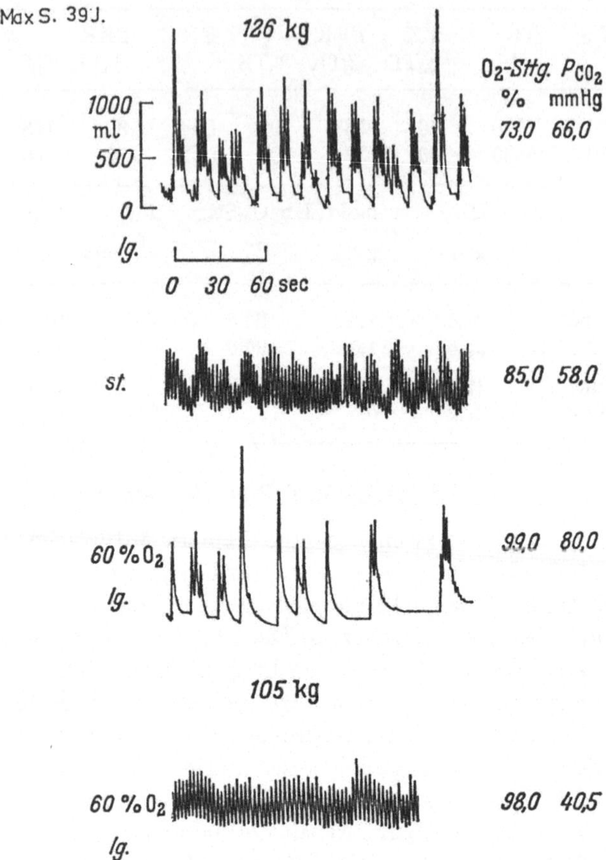



Abb. 54. Periodisches Atmen bei einem Patienten mit Pickwick-Syndrom. Der Patient schläft im Liegen ein und hat dabei Atempausen bis zu 15 sec. Auch im Stehen ist die Atmung angedeutet periodisch. Mit 60% $O_2$ entwickelt sich im Liegen eine extreme periodische Atmung mit Pausen bis zu 30 sec. 4 Wochen später nach Abmagerung ist die Ventilation auch mit 60% $O_2$ normal

*Beispiel: Pickwick-Syndrom.* Max S., 39 J., Größe: 169 cm

| | Soll | 15. 8. 1969 | 9. 9. 1969 | | 22. 9. 1969 |
|---|---|---|---|---|---|
| kg | 70 | 126 | 111 | | 105 |
| Totalkapazität ml | 5900 | 3600 | 4050 | | 4150 |
| Vitalkapazität ml | 4500 | 1900 | 2550 | | 2800 |
| Sekundenkapazität % | 70 | 65 | 80 | 100 Watt | 74 |
| $O_2$-Sttg., % | 96,0 | 73,0 | 87,5 | 86,5 | 90,5 |
| $P_{CO_2}$ mmHg | 40 | 66,0 | 51,5 | 47,0 | 38,5 |
| c.i. l/min/m² | 3,4 | | 2,8 | | 2,7 |
| Rbpulm dyn sec cm⁻⁵ | < 250 | | 320 | | 250 |

(Lungenvolumina im Stehen, arterielle Blutgase im Liegen, Arbeitsversuch im Sitzen)

Bei diesen Mischformen besteht meistens eine Diskrepanz zwischen Schwere der Hyperkapnie im Liegen sowie Vergrößerung des Residualvolumens und Einschränkung der Atemreserven. Bei den in Abb. 55 und Tab. 46 dargestellten Mittelwerten unterscheiden sich die Patienten mit einem Pickwick-Syndrom hinsichtlich Residualvolumen nicht von den adipösen Männern und Frauen ohne $CO_2$-Retention [1, 2, 7, 8, 9, 16, 25, 28].

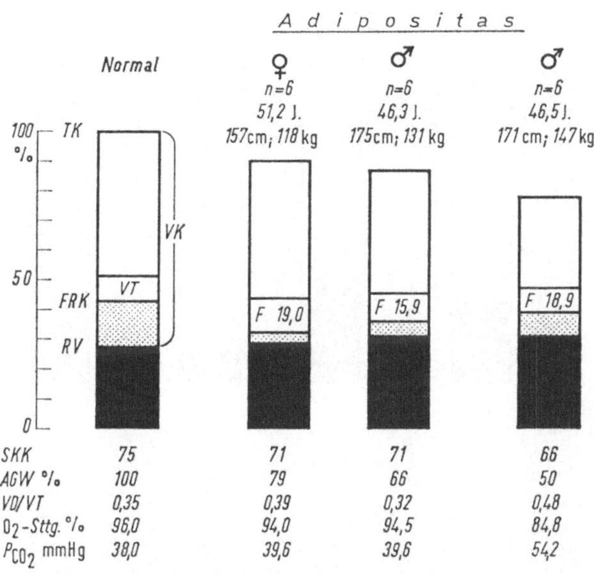


Abb. 55. Adipositas permagna. Lungenvolumina, Sekundenkapazität, Atemgrenzwert, Totraumquotient, $O_2$-Sttg. und $P_{CO_2}$ bei je 6 übergewichtigen Frauen und Männern und bei 6 Männern mit einem Pickwick-Syndrom (Tab. 46)

## 5. Hyperthyreose und Hypothyreose

Bei der *Hyperthyreose* ist das Herzzeitvolumen durch Erhöhung der Pulsfrequenz vergrößert. Im Mittel entspricht die Zunahme des Herzzeitvolumens dem gesteigerten Grundumsatz. In der Tab. 47 sind nur Fälle ohne Herzinsuffizienz zusammengefaßt. Im Einzelfall besteht jedoch keine Korrelation zwischen Grundumsatzerhöhung und Vergrößerung des Herzzeitvolumens. Oft ist dieses insbesondere bei leichteren Fällen inadäquat gesteigert, so daß sich eine verkleinerte arterio-venöse $O_2$-Differenz ergibt. Viele Patienten mit einer Hyperthyreose klagen über Anstrengungsdyspnoe, die sich mit den pathologischen hämodynamischen Verhältnissen nicht erklären läßt. Die Lungenfunktionsprüfung zeigt im Mittel eine leichte Abnahme der Total- und Vitalkapazität sowie des Atemgrenzwertes. Die Sekundenkapazität liegt im unteren Normbereich. Das Residualvolumen ist leicht vergrößert. Da die Lungendehnbarkeit und Strömungswiderstände praktisch normal sind, ist anzunehmen, daß die Muskelschwäche für die Abnahme der Lungenvolumina und Atemreserven verantwortlich ist. Für diese Interpretation spricht, daß der direkt gemessene Atemgrenzwert meist kleiner ist als der aus Vitalkapazität und Sekundenkapazität indirekt berechnete Wert. Die arteriellen Blutgase sind in der Regel normal. Gelegentlich besteht bereits in Ruhe eine leichte Hypoxämie, die bei Arbeit etwas häufiger wird. Die Diffusionskapazität ist in Ruhe normal, sie nimmt aber bei Arbeit weniger zu als beim Herz- und Lungengesunden. Dieser Befund läßt sich bei einem abnorm hohen Herzzeitvolumen mit einer ungenügenden Kontaktzeit zwischen Erythrocyten und Alveolargasen erklären.

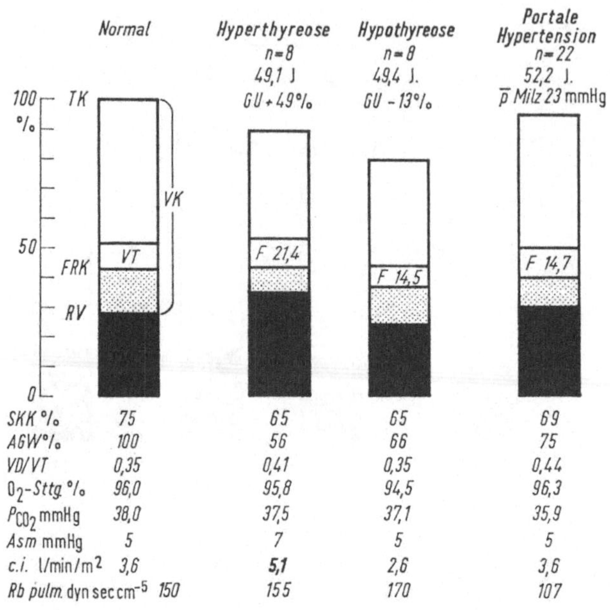


| | Normal | Hyperthyreose | Hypothyreose | Portale Hypertension |
|---|---|---|---|---|
| $SKK$ % | 75 | 65 | 65 | 69 |
| $AGW$ % | 100 | 56 | 66 | 75 |
| $VD/VT$ | 0,35 | 0,41 | 0,35 | 0,44 |
| $O_2$-Sttg. % | 96,0 | 95,8 | 94,5 | 96,3 |
| $P_{CO_2}$ mmHg | 38,0 | 37,5 | 37,1 | 35,9 |
| $Asm$ mmHg | 5 | 7 | 5 | 5 |
| $c.i.$ l/min/m² | 3,6 | 5,1 | 2,6 | 3,6 |
| $Rb$ pulm. dyn sec cm$^{-5}$ | 150 | 155 | 170 | 107 |

Abb. 56. Hyper- und Hypothyreose sowie portale Hypertension bei Lebercirrhose. Lungenvolumina, Sekundenkapazität, Atemgrenzwert, Totraumquotient, $O_2$-Sttg. und $P_{CO_2}$, Druck im linken Vorhof, Herzindex und Lungengefäßwiderstand (Tab. 47)

Bei der *Hypothyreose* ist das Herzzeitvolumen im Mittel gegenüber der Norm mehr reduziert als es der Verminderung des Grundumsatzes entsprechen würde. Damit ergibt sich im Gegensatz zur Hyperthyreose eine vergrößerte arterio-venöse $O_2$-Differenz und ein leicht erhöhter peripherer Gefäßwiderstand. Die Lungenfunktion zeigt im Mittel leicht eingeschränkte Werte für die Total- und Vitalkapazität. Die Ventilation ist entsprechend der verminderten $O_2$-Aufnahme eingeschränkt. Mit dem verminderten Ventilationsvolumen ergibt sich bei ungefähr gleicher mittlerer Lungenfüllung eine verschlechterte Luftdurchmischung, was den relativ häufigen Befund einer leichten arteriellen Hypoxämie erklärt. Die pulmonale Anpassung an leichte Arbeit ist gut (Abb. 56 Tab. 47) [34, 36].

## 6. Portale Hypertension. Coma hepaticum, akute Leberdystrophie

Eine schwere Widerstandserhöhung im Pfortaderkreislauf führt meist zu einer verminderten Leberdurchblutung und zu einer vergrößerten Druckdifferenz zwischen Milz, bzw. V. porta und V. hepatica. Ein mehr oder weniger großer Teil des Blutes aus dem Splanchnicusgebiet fließt über Kollateralen in die Hohlvene. Das Herzzeitvolumen ist gelegentlich vergrößert, im Mittel aber normal, wenn man Fälle mit nur kurze Zeit zurückliegenden Ösophagusvaricenblutungen nicht berücksichtigt. Die oft vertretene Auffassung, daß die Lebercirrhose hämodynamisch ein Beispiel für einen "high output failure" darstellt, trifft für die Mehrzahl der Fälle nicht zu.

Die Gefäßwiderstände des Körpers- und Lungenkreislaufes liegen im unteren Normbereich. Die Lungenfunktion zeigt keine typischen Änderungen. Die Lungenvolumina sind praktisch normal, die Atemreserven oft etwas eingeschränkt. Auch die arteriellen Blutgase sind meistens normal. Gelegentlich findet man eine leichte arterielle Hypoxämie, deren Ursache nicht ganz klar ist. Die Vermutung einer venösen Zumischung durch porto-pulmonale Anastomosen oder kleine intrapulmonale Aneurysmen ließ sich durch entsprechende Untersuchungen nicht bestätigen, insbesondere besteht keine Korrelation zwischen der Schwere der portalen Hypertension und dem Auftreten einer arteriellen Hypoxämie. Zum mindesten für einen Teil der Fälle kann die Hypoxämie mit einer schlechten Luftdurchmischung bei Bronchialobstruktion erklärt werden, was selbstverständlich auch für Patienten mit einer eingeschränkten Zwerchfellbeweglichkeit wegen Ascites gilt. Derartige, durch Ascites komplizierte Fälle, sind in der Abb. 56 u. Tab. 47 nicht berücksichtigt. Ein besonderes, ätiologisch noch unklares Syndrom ist die Kombination einer schweren pulmonalen Hypertonie infolge Obstruktion der kleinen Lungengefäße mit portaler Hypertension wegen Lebercirrhose. In diesen Fällen ist das Herzzeitvolumen vermindert, und die Patienten klagen über eine Anstrengungsdyspnoe, die zusammen mit den Zeichen einer Rechtshypertrophie im EKG beim Vorliegen einer Cirrhose den Verdacht auf diese auch schon bei Jugendlichen beschriebene Kombination nahelegt.

Das *Präcoma* und das *Coma hepaticum* führen zu einer Hyperventilation, deren Genese nicht geklärt ist. Die Hypothese, daß es sich um einen zentralen Reiz durch den erhöhten Ammoniakspiegel im Blut handelt, konnte nicht bestätigt werden. Die Ansprechbarkeit der Atemzentren auf $CO_2$ ist im Bereich des normalen $P_{CO_2}$ erhöht, was möglicherweise auf eine intracelluläre Acidose zurückzuführen ist. Im arteriellen Blut findet man regelmäßig die Befunde einer respiratorischen Alkalose. Das Standardbicarbonat ist oft normal, im Mittel nur leicht vermindert. Da die Serumelektrolyte meist keine starken Abweichungen von der Norm zeigen, ergibt sich im Ionogramm kein vergrößerter Säurerest, obwohl die Harnstoffkonzentration gelegentlich erhöht ist. Erst terminal entwickelt sich eine metabolische Acidose [5, 6, 19, 35, 37].

*Arterielle Blutgase bei Coma hepaticum* (11 Männer, 57,6 $\pm$ 8,3 J.)

| | |
|---|---|
| Hb g-% | 11,3 $\pm$ 3,2 |
| $O_2$-Sttg., % | 95,0 $\pm$ 3,0 |
| pH | 7,43 $\pm$ 0,07 |
| $P_{CO_2}$ mmHg | *24,9* $\pm$ *5,5* |
| $CO_2$ mmol/l | 17,0 $\pm$ 4,0 |
| St. bic. mval/l | 20,1 $\pm$ 3,7 |

Auch bei Intoxikationen mit akuter Leberdystrophie, z. B. bei der Knollenblätterpilzvergiftung, kommt es zu einer ganz ausgesprochenen alveolären Hyper-

8*

ventilation, die nur z. T. als Kompensation einer metabolischen Acidose inter-
pretiert werden kann. Bei dieser Pilzvergiftung läßt sich oft ein zweiphasiger
Verlauf beobachten. Zu Beginn stehen Exsiccose und Hypovolämie als Folge des
Erbrechens und der Durchfälle im Vordergrund. Zu diesem Zeitpunkt besteht
auch eine mehr oder weniger ausgesprochene Milchsäureacidose wie im folgenden
Beispiel. Trotz Behebung des Schockzustandes und der Acidose mit sehr großen
Flüssigkeitsmengen und Natriumbicarbonatzufuhr geriet die Patientin nach an-
fänglicher Besserung am 5. Krankheitstag in ein Coma, während dem eine massive
Hyperventilation ohne schwere metabolische Acidose nachweisbar war. Diese
Hyperventilation persistierte während Wochen auch nach definitiver Besserung
des Zustandes. Mit der Restitution der Leberfunktionen normalisierten sich auch
die Blutgase. Für diese Fälle ist auch zu berücksichtigen, daß die Regeneration
des Lebergewebes viele Monate benötigt und bei der Bildung von Hepatomen
eine Tendenz zu Lungenembolien besteht, so daß sich eine pulmonale Hypertonie
entwickeln kann.

*Beispiel: Knollenblätterpilzvergiftung.* Elsa G., 29 J.

|  | 1. Tag<br>Schock | 2. Tag | 5. Tag<br>Coma | 16. Tag<br>Zustand gebessert |
|---|---|---|---|---|
| Hb g-% | 10,1 | 10,9 | 11,2 | 7,4 |
| $O_2$-Sttg., % | 92,0 | 87,0 | 95,0 | 93,0 |
| pH | 7,20 | 7,53 | 7,50 | 7,50 |
| $P_{CO_2}$ mmHg | *22,3* | *30,0* | *17,5* | *24,0* |
| $CO_2$ mmol/l | 11,0 | 25,2 | 13,7 | 19,0 |
| St. bic. mval/l | 13,7 | 26,8 | 18,5 | 21,5 |
| Lactat mval/l | 10,5 |  |  |  |

## 7. Metabolische Acidose und Alkalose

### a) Säure-Basen-Gleichgewicht und Atmung

Die Kohlensäure ist nur eine „schwache", wenig dissozierte Säure und wird
im Blut und in der interstitiellen Flüssigkeit quantitativ zur Hauptsache chemisch
gebunden, wird aber als gasförmiges $CO_2$ mit der Atmung in großen Mengen
ausgeschieden. Die Abgabe in gebundener Form mit Urin und Stuhl kann quantitativ im Vergleich zur Ausscheidung durch die Lungen vernachlässigt werden.
Der $CO_2$-Transport im Blut und die $CO_2$-Abgabe mit der Atmung sind eng mit
Regulation des pH verbunden, wie es die Formel von HASSELBALCH-HENDERSON
zeigt.

$$pH = pk_1' + \log \frac{(HCO_3^-)}{(H_2CO_3)}$$

(siehe auch Kap. I, C, 3).

Eine Abnahme des Zählers bei unverändertem Nenner führt zu einer Verschiebung des pH zur sauren Seite, eine Vergrößerung des Zählers zur Zunahme
des pH-Wertes. Wieviel $CO_2$ chemisch gebunden wird, ist zur Hauptsache vom
Mengenverhältnis zwischen Natrium und Chloriden und vom Vorhandensein von
zusätzlichen sauren Valenzen, z. B. organischen Säuren, bzw. einer Vermehrung

von anorganischen Säuren, z. B. Phosphat- oder Sulfat-Anionen abhängig. Ein Salzsäure-Verlust, z. B. durch Erbrechen, hat schließlich eine Alkalose, ein relativer Chloridüberschuß oder eine Ansammlung von organischen Säuren eine Acidose zur Folge, die hinsichtlich pH über eine Anpassung des Nenners, also mit der Atmung, mehr oder weniger kompensiert werden kann. Primäre Änderungen des Zählers im Sinne einer Zunahme der Bindekapazität für $CO_2$ werden in der Regel als metabolische Alkalose, die Abnahme als metabolische Acidose bezeichnet. Primäre Änderungen des Nenners, entsprechen einer respiratorischen Alkalose, bzw. Acidose. Bei jeder metabolischen Acidose und Alkalose wird die Atmung kompensatorisch verändert, sofern nicht zusätzlich die Atemregulation gegensinnig beeinflussende Faktoren die Kompensation verhindern. Die oft massive Hyperventilation bei einer Acidose, die Kussmaulsche Atmung, ist ein klinisch auffälliges Symptom, während die Hypoventilation bei einer metabolischen Alkalose ohne entsprechende Untersuchungen meistens übersehen wird. Klinisch bedeutsam ist, daß bei allen metabolischen und respiratorischen Acidosen die Tendenz zu einer Kaliumerhöhung im Serum, bei Alkalose hingegen die Neigung zur Hypokaliämie besteht. Die Begriffe Acidose und Alkalose beziehen sich in der Regel auf das Blut. Im chronischen Zustand können die Blutwerte sinngemäß als repräsentativ für den ganzen Organismus angesehen werden. Bei einer sich rasch entwickelnden, bzw. unter der Therapie abnehmenden diabetischen oder urämischen Acidose ergibt sich eine Phasenverschiebung zwischen Blut und Interstitium, die man durch simultane Messungen im Liquor cerebrospinalis nachweisen kann. Die Nieren beeinflussen mit der Ausscheidung von Säuren, Salzen und Wasser den Zähler der Formel und das zirkulierende Plasmavolumen. Damit können sich sekundäre Änderungen in den Elektrolytkonzentrationen und in der Relation zwischen Natrium und Chloriden ergeben. Da Glucose und Harnstoff auch osmotisch wirksam sind, werden im folgenden nicht nur pH, $P_{CO_2}$ und Standardbicarbonat, sondern auch die wichtigsten Elektrolyte sowie die Osmolarität berücksichtigt.

## b) Coma diabeticum

In der Regel ist ein absoluter Insulinmangel die Hauptursache der diabetischen Ketoacidose, deren Dekompensation zum Coma diabeticum führt. Insulin fördert die Glucoseverbrennung im Organismus und die Glucoseaufnahme des Fettgewebes. Die bei der Lipolyse entstehenden Fettsäuren werden bei Glucosemangel nur ungenügend wieder verestert und gelangen vermehrt in das Blut und in die Leber, wo sie bei einem Überangebot zu Ketokörpern, Acetessigsäure und $\beta$-Oxybuttersäure oxydiert werden, als solche in das Blut gelangen und schließlich, wenn die Kapazität des Abbaues im peripheren Gewebe überschritten wird, den ganzen Organismus überschwemmen. Diese Ketokörper werden entsprechend dem pH des Urins zum Teil als freie Säure, z. T. als Natrium- und Kaliumsalz ausgeschieden. Die Hyperglykämie verursacht eine Hyperosmolarität des Blutes und damit eine Wasserverschiebung aus den Zellen in das Blut. Da die Fähigkeit der Nieren, Glucose zu resorbieren und den Urin zu konzentrieren, beschränkt ist, ergibt sich mit der Polyurie im Präcoma eine hypertone Dehydrierung, sofern das Wasserdefizit nicht durch vermehrtes Trinken ausgeglichen wird. Mit einem kreislaufbedingten Nierenversagen kommt es schließlich zu einer

Anhäufung von Endprodukten des cellulären Stoffwechsels, z. B. Harnstoff, der ebenfalls die Osmolarität erhöht. Die neurologischen Symptome, z. B. die Bewußtlosigkeit, sind nicht eng mit der Schwere der Acidose und Ketose korreliert, möglicherweise spielt die Exsiccose der Hirnzellen als Folge der Hyperosmolarität eine größere Rolle. 1961 wurde das hyperosmolare, nicht acidotische Coma diabeticum beschrieben, das für diese Interpretation sprechen würde. Es muß aber betont werden, daß bei jedem Coma diabeticum eine Hyperosmolarität vorliegt. Da entsprechend den verschiedenen Faktoren, die zur Hyperglykämie, zur Ketoacidose und zur sekundären Niereninsuffizienz führen, keine Korrelation zwischen Hyperglykämie und Acidose erwartet werden kann, ist es eigentlich naheliegend, daß es zwischen dem vorwiegend ketoacidotischen Coma diabeticum und der vorwiegend hyperosmolaren Form fließende Übergänge gibt. Da die Natriumkonzentration im Blut und im Interstitium vor allem von der Wasser- und Salzaufnahme während der polyurischen Phase des Präcoma beeinflußt wird, kann bei beiden Comaformen sowohl eine Hyper- als auch eine Hyponatriämie vorliegen. Bei gleicher Glucose- und Harnstoffkonzentration sowie Anhäufung von Ketokörpern ist die Acidose im Blut bei gegebener Ventilation um so ausgesprochener, je kleiner die Konzentrationsdifferenz zwischen Natrium und Chloriden ist. Umgekehrt kann sich bei z. B. wegen Erbrechen oder Anwendung von Salidiuretica hypochlorämischen Patienten ein hyperosmolares Coma diabeticum mit normalem pH und Standardbicarbonat entwickeln, auch wenn eine beträchtliche Vermehrung der organischen Säuren besteht. In der Tab. 48 sind als vorwiegend hyperosmolare Fälle, die Patienten mit einer Molalität von über 400 mosmol/kg $H_2O$ berücksichtigt. Im Mittel zeigen die vorwiegend acidotischen Fälle eine leichte Hyponatriämie. Das pH ist massiv zur sauren Seite verschoben, und der $P_{CO_2}$ ist stark erniedrigt. Die Elektrolytkonzentrationen im Liquor sind normal, doch ist die Acidose hier weniger stark als im Blut. Während der Therapie mit Insulin und Infusion von je $^1/_3$ physiologischer Kochsalz- und Natriumbicarbonatlösung sowie Wasser ergibt sich im arteriellen Blut nach 6 Std fast eine Normalisierung, während die Acidose im Liquor noch deutlich nachweisbar ist. Die Persistenz einer deutlichen Hyperventilation, trotz gebesserter Acidose im Blut, kann mit der Phasenverschiebung der pH-Normalisierung im Liquor als Hinweis für entsprechende Verhältnisse im Interstitium erklärt werden. 20—24 Std nach Therapiebeginn haben sich die Werte im Blut und Liquor praktisch normalisiert.

*Beispiel: Hyperosmolares, nicht acidotisches Coma diabeticum*

| Adolf M. 52 J. | vor | nach Behandlung, 5. Tag |
|---|---|---|
| Hb g % | *19,0* | 14,4 |
| pH | *7,48* | 7,40 |
| $P_{CO_2}$ mmHg | 42,5 | 44,0 |
| St. bic mval/l | *30,0* | 25,5 |
| Glucose mg-% | *1040* | 160 |
| Urea mg-% | *174* | 31 |
| Molalität mosmol/kg $H_2O$ | *445* | 343 |

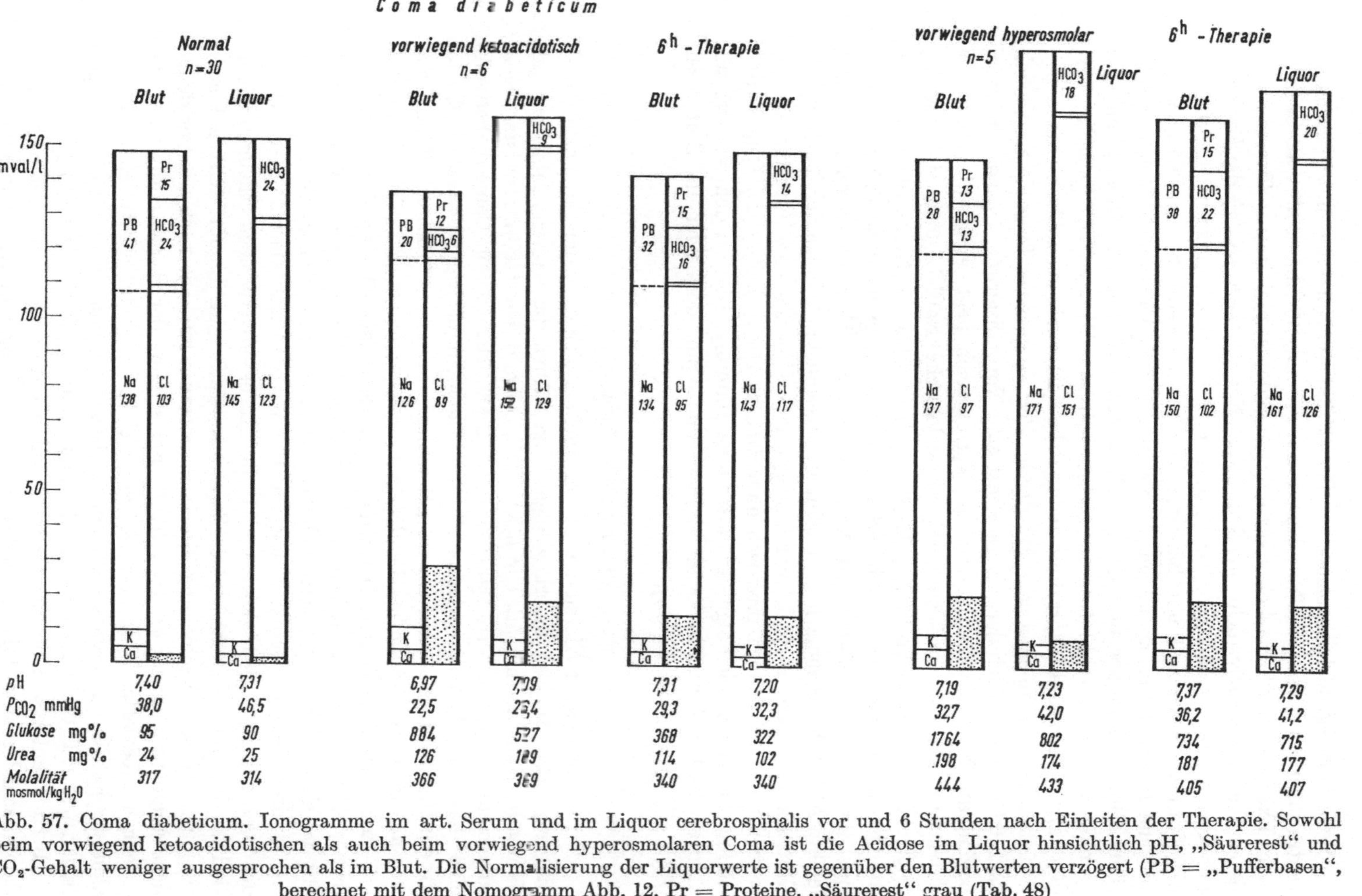


Abb. 57. Coma diabeticum. Ionogramme im art. Serum und im Liquor cerebrospinalis vor und 6 Stunden nach Einleiten der Therapie. Sowohl beim vorwiegend ketoacidotischen als auch beim vorwiegend hyperosmolaren Coma ist die Acidose im Liquor hinsichtlich pH, „Säurerest" und $CO_2$-Gehalt weniger ausgesprochen als im Blut. Die Normalisierung der Liquorwerte ist gegenüber den Blutwerten verzögert (PB = „Pufferbasen", berechnet mit dem Nomogramm Abb. 12. Pr = Proteine. „Säurerest" grau (Tab. 48)

Beim vorwiegend hyperosmolaren Koma sind die Natrium- und Chloridkonzentrationen im Plasma im Mittel praktisch normal, im Liquor aber als Zeichen einer Exsiccose deutlich erhöht. Die höheren Glucose- und Harnstoffwerte korrelieren aber quantitativ nicht mit dem hohen Natriumwert, so daß die Exsiccose nur einen Teilfaktor darstellt. Die Acidose im Blut und im Liquor ist hinsichtlich pH, Standardbicarbonat und Säurerest weniger ausgesprochen als bei den vorwiegend ketoacidotischen Fällen. Dafür ist die $P_{CO_2}$-Differenz zwischen arteriellem Blut und Liquor mit 9,3 mm Hg vergrößert, was als Hinweis auf eine verminderte Hirndurchblutung bei fortgeschrittener Hypovolämie gewertet werden kann. Die erhöhte Mortalität dieser Fälle dürfte mit der schlechteren Kreislaufsituation zusammenhängen. Mit der im Prinzip gleichen Therapie ergibt sich nach 6 Std hinsichtlich der Blutgase fast eine Normalisierung. Da vor Therapiebeginn die Natriumkonzentration im Normbereich liegt, steigt diese mit der natriumreichen Infusionslösung ($^1/_3$ physiologische NaCl-Lösung, $^1/_3$ physiologische Na-Bicarbonat-Lösung $= 14$ g/l, $^1/_3$ $H_2O$) über die Norm an, womit das Standardbicarbonat bei unverändertem Säurerest normalisiert wird, was als Beispiel für die Wirkungsweise der Natriumbicarbonat-Therapie gelten kann. Der leichte Abfall der Osmolarität im Blut ist ausschließlich Folge der Senkung der Glucosekonzentration. Im Liquor hingegen sind Glucose- und Harnstoffkonzentration nach 6 Std noch praktisch unverändert. Die Abnahme der Osmolarität ist hier hauptsächlich Folge der Natriumverdünnung. Wie bei dem vorwiegend ketoacitotischen Coma hinkt die Acidose im Liquor derjenigen im Blut nach (Abb. 57, Tab. 48) [4, 13, 32].

### c) Urämische Acidose

Bei einem akuten Nierenversagen entwickeln sich das Coma uraemicum und die urämische Acidose innert weniger Tage. Auch die während Monaten und Jahren langsam zunehmende chronische Urämie kann sich interkurrent zum Coma uraemicum verschlechtern. Dabei ergibt sich ähnlich wie beim Coma diabeticum eine Phasenverschiebung zwischen Blut und Liquor cerebrospinalis, was die Werte für die Harnstoffkonzentration, das pH und den „Säurerest" betrifft. Bei diesem sich aus dem Ionogramm ergebenden Säurerest handelt es sich z. T. um Sulfate, z. T. um organische Säuren. Auch die wegen der hohen Harnstoffkonzentration immer erhöhte Osmolarität kann zwischen Blut und Liquor erheblich differieren. Mit der Hämodialyse ist hinsichtlich Acidose, Harnstoffkonzentration und Osmolarität eine schnelle Korrektur möglich. Damit ergibt sich aber ein Nachhinken der Veränderungen im Liquor, wo z. B. die Harnstoffwerte noch erheblich höher sind als im Blut. Der Abfall der Salzkonzentration im Liquor weist auf eine erhebliche Wasserverschiebung in den Liquorraum hin. Die nach wie vor deutliche Acidose im Liquor erklärt z. T. die Fortsetzung der Hyperventilation trotz erheblich gebesserter Blutwerte. Bei der viel protrahierter wirkenden Peritonealdialyse ist diese Phasenverschiebung zwischen Blut und Interstitium viel geringer, was z. T. die bessere Verträglichkeit erklärt (Abb. 58, Tab. 49).

Bei der akuten und chronischen Glomerulonephritis kann es über einen diffusen Capillarschaden zu rezidivierenden interstitiellen Lungenblutungen und zur Lungenhämosiderose kommen. Die massive akute interstitielle Lungenblutung führt ähnlich wie ein interstitielles Ödem zu einer Hypoxämie, zu einer Hyperventilation

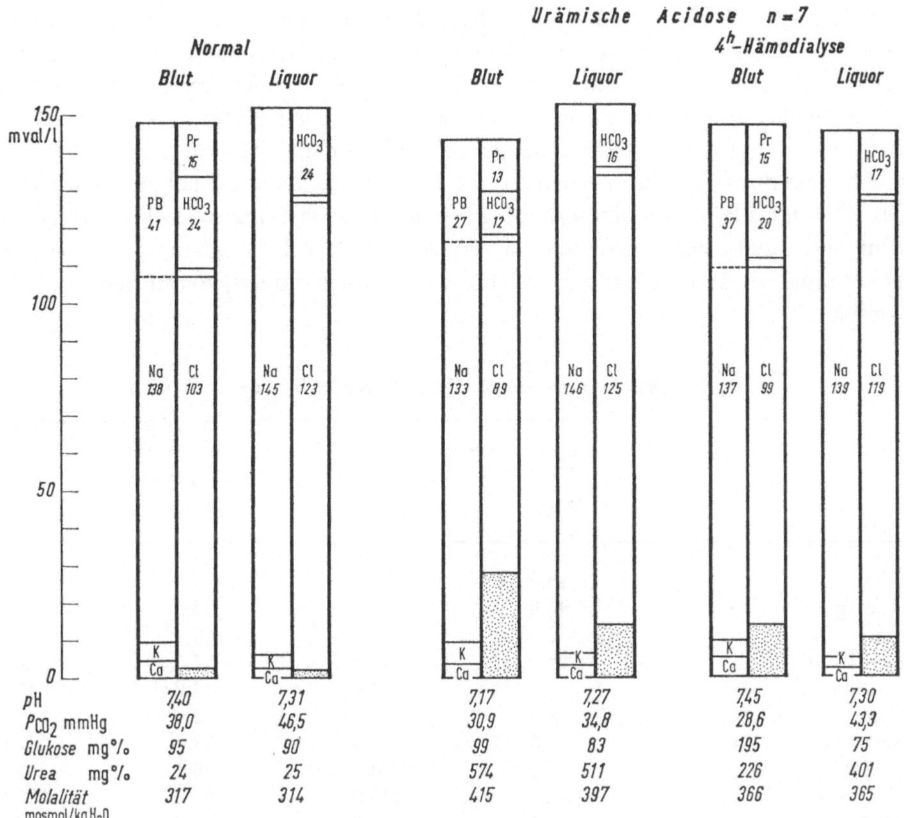

Abb. 58. Urämische Acidose. Ionogramme im art. Serum und im Liquor cerebrospinalis vor und nach 4 Stunden Hämodialyse. Wie bei der diabetischen Acidose besteht zwischen Blut und Liquor eine Phasenverschiebung. Zudem entsteht während der Dialyse ein größerer Harnstoffgradient zwischen Liquor und Blut (Tab. 49)

und zu einer Einschränkung der Lungenvolumina. Die chronische Form, das Goodpasture-Syndrom unterscheidet sich hinsichtlich Lunge nicht von einer Lungenhämosiderose bei normalen Nieren. Die Lungenfunktion ist meist nicht sicher eingeschränkt, gelegentlich läßt sich wie bei anderen interstitiellen Lungenprozessen eine deutliche Abnahme der Dehnbarkeit nachweisen (Tab. 50) [29, 33].

### d) Milchsäureacidose

Während körperlicher Arbeit entsteht normalerweise nur eine leichte Milchsäureacidose, die sich aber bei einem ungenügenden Herzzeitvolumen oder auch bei arterieller Hypoxämie verstärkt. Ohne körperliche Arbeit können schwere Durchblutungsstörungen der Leber zu einer schweren Milchsäureacidose mit Bewußtseinstrübung führen. Der Entstehungsmechanismus ist noch nicht vollständig geklärt. Im Tierversuch entwickelt sich nach Unterbrechung der A. hepatica nur dann eine schwere Milchsäureacidose, wenn die Tiere gleichzeitig passiv hyperventiliert werden. Beim vorliegenden Beispiel kann vermutet werden, daß die vorbestehende Herzinsuffizienz mit Mangeldurchblutung der Muskulatur und vermehrter Produktion von Milchsäure, die dann nach Blockieren der Leberdurchblutung akkumulierte, eine ätiologische Bedeutung hatte. Wegen der vorbestehenden Herzinsuffizienz mit kleinem Herzzeitvolumen bestand wahrscheinlich auch eine leichte chronische Hyperventilation. Die Differenz zwischen „Säurerest" im Ionogramm und Milchsäure weist darauf hin, daß die schwere Acidose nicht allein durch Milchsäure bedingt ist. Entsprechend der schnellen Entwicklung des Zustandes läßt sich eine erhebliche Phasenverschiebung zwischen arteriellem Blut und Liquor cerebrospinalis nachweisen. Auch bei malignen Prozessen kann es terminal zu einer schweren Milchsäureacidose kommen, deren Genese sicher komplex ist.

*Beispiele: Milchsäureacidosen.* Hans F., 83 J.; Wendelin F., 49 J.

| | H. F.: Embolische Verschlüsse der A. hepatica u. A. mesent. sup. | | W. F.: Chron. lymphatische Leukämie | |
| --- | --- | --- | --- | --- |
| | Blut | Liquor | Blut | Liquor |
| Hb g-% | 16,6 | — | 9,2 | — |
| $O_2$-Sttg., % | 96,0 | — | 73,0 | — |
| pH | 7,08 | 7,19 | 6,96 | 7,36 |
| $P_{CO_2}$ mmHg | 24,0 | 42,5 | 17,0 | 23,5 |
| $CO_2$ mmol/l | 7,7 | 16,4 | 4,2 | 13,2 |
| St. bic. mval/l | 8,8 | — | 6,8 | — |
| Na mval/l | 144,0 | 156,0 | 138,0 | 153,0 |
| K mval/l | 4,9 | 3,4 | 6,1 | 3,3 |
| Cl mval/l | 98,0 | 135,0 | 96,0 | 130,0 |
| Ca mg-% | 10,4 | 5,6 | 8,8 | 4,9 |
| Phosphate mg-% | — | — | 17,0 | 1,3 |
| „Säurerest" mval/l | 36,0 | 12,5 | 33,0 | 15,5 |
| davon | | | | |
| Lactat mval/l | 18,8 | 9,6 | 15,5 | 7,2 |
| Glucose mg-% | 70 | 94 | 130 | 84 |
| Urea mg-% | 74 | 70 | 80 | 64 |
| Molalität mosmol/kg $H_2O$ | 347 | 349 | 338 | 337 |

Bei den akuten Leukämien spielt wahrscheinlich die erheblich gesteigerte Milchsäureproduktion in den pathologischen weißen Blutzellen eine wesentliche Rolle (Abb. 59). Man könnte sich vorstellen, daß terminal wegen der Hypoxämie und einer schwer gestörten Leberfunktion diese Milchsäuremengen nicht mehr abgebaut werden können [10].

### e) Salzsäurevergiftung und Hypochlorämie

Nach Trinken von konzentrierter Salzsäure entsteht eine metabolische Acidose mit Hyperchlorämie, indem Chlorionen durch die zerstörten Schleimhäute in das Blut gelangen. Mit der peroralen Gabe von Ammoniumchlorid oder der intravenösen Infusion von Salzsäure ergeben sich hinsichtlich Blutgasen und Elektrolytkonzentrationen dieselben Veränderungen.

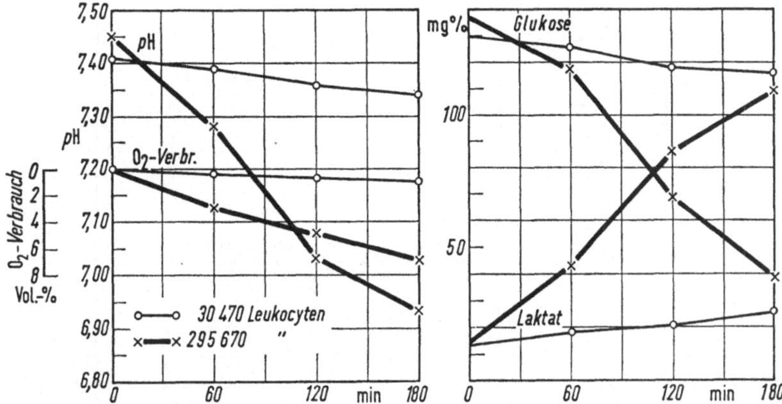


Abb. 59. Gesteigerte Milchsäureproduktion im Blut bei Leukämie. Anstieg der Lactat- sowie Abnahme der Glucosekonzentration, Verminderung des $O_2$-Gehaltes und Abfall des pH im arteriellen Blut bei 37° C in vitro ohne Luftkontakt. Mittelwerte von je 3 Patienten mit über 100000 und weniger als 100000 Leukocyten (1 lymphatische, 5 myeloische Leukämien). Die Ausgangswerte sind für beide Gruppen annähernd gleich. Bei hohen Leukocytenzahlen kommt es schon nach 60—120 min zu einer schweren Milchsäureacidose. Die bei dieser Gruppe größere Abnahme des $O_2$-Gehaltes weist auch auf einen gesteigerten aeroben Stoffwechsel hin

Beim Mißbrauch von Abführmitteln und nach wiederholtem Erbrechen oder beim Absaugen von sauren Magensaft kommt es zu einer ausgesprochenen Hypochlorämie mit annähernd normalen Natriumwerten. Diese Patienten sind hinsichtlich Bewußtsein und Kreislauf nicht schwer beeinträchtigt, sie zeigen aber eine mehr oder weniger deutliche alveoläre Hypoventilation zur Kompensation der metabolischen Alkalose. Mit der adäquaten Zufuhr von Natrium- und Kaliumchlorid — bei sehr schweren Fällen hat sich auch die intravenöse Gabe von verdünnter Salzsäure bewährt — normalisiert sich mit den Serumelektrolyten innert Stunden auch die Ventilation, während das pH einige Tage länger zur alkalischen Seite verschoben bleiben kann. Besteht gleichzeitig eine Dehydrierung, so fällt die Hypochlorämie trotz schwerer metabolischer Alkalose weniger auf. Dehydration und Harnstofferhöhung wegen einer hypovolämiebedingten Oligurie führten beim Patienten W. Sch. zu einer Hyperosmolarität [12].

*Beispiele: Salzsäurevergiftung.* Maria L., 40 J.; Hildegard W., 50 J.

|  | M. L. | H. W. |
|---|---|---|
| Hb g-% | 13,3 | 14,3 |
| $O_2$-Sttg., % | 97,0 | 82,0 |
| pH | 7,32 | 6,81 |
| $P_{CO_2}$ mmHg | 23,0 | 35,5 |
| $CO_2$ mmol/l | 12,3 | 6,7 |
| St. bic. mval/l | 15,0 | 6,5 |
| Na mval/l | 138,0 | 139,0 |
| K mval/l | 5,8 | 7,2 |
| Cl mval/l | 112,0 | 124,0 |
| Ca mg-% | 9,5 | 10,0 |
| „Säurerest" mval/l | 8,3 | 9,0 |
| Urea mg-% | 39 | 54 |
| Molalität mosmol/kg $H_2O$ | 336 | 344 |

*Beispiel: Hypochlorämien.* Maya v. M., 22 J., Willi Sch., 40 J.

| | *M. v. M:* | | *W. Sch.:* | |
| | Brechdurchfall Anorexia mentalis | 24 Std später nach NaCl- und KCL-Infusion | Ulcus duodeni 3 l Magensaft abgesogen | 72 Std später nach Infusion von 765 mval Cl in Form von verdünnter Salzsäure sowie 13 l Flüssigkeit |
|---|---|---|---|---|
| Hb g-% | 8,6 | 7,4 | 15,8 | 13,5 |
| $O_2$-Sttg., % | 92,0 | 97,0 | 90,5 | 96,0 |
| pH | 7,49 | 7,49 | 7,60 | 7,38 |
| $P_{CO_2}$ mmHg | 68,0 | 32,0 | 49,0 | 37,0 |
| $CO_2$ mmol/l | 52,7 | 24,8 | 48,5 | 22,4 |
| St. bic. mval/l | *42,0* | 25,5 | *43,0* | 22,0 |
| Na mval/l | 130,0 | 139,0 | 159,0 | 149,0 |
| K mval/l | 2,0 | 3,1 | 4,1 | 4,1 |
| Cl mval/l | *48,0* | 92,0 | *85,0* | 113,0 |
| Ca mg-% | 8,9 | 9,2 | 12,5 | 9,5 |
| Phosphate mg-% | — | — | 2,5 | 5,6 |
| „Säurerest" mval/l | 18,0 | 13,0 | 17,0 | 6,5 |
| Urea mg-% | 40 | 24 | 234 | 102 |
| Molalität mosmol/kg $H_2O$ | 312 | 323 | 406 | 360 |

### f) Hypo- und Hyperelektrolytämie, Paraproteinämie

Bei schweren Störungen des Wasserhaushaltes, z. B. bei Mangelernährung, Salzverlusten und bei schlecht kontrollierter Infusionstherapie kann es zu einer hypotonen Hydration oder zu einer hypertonen Dehydration mit erheblichen Änderungen der Kochsalzkonzentration im Serum und des osmotischen Druckes kommen. Handelt es sich um einen reinen Mangel bzw. Überschuß an Kochsalz, so entstehen keine auffälligen Störungen des Säure-Basen-Gleichgewichtes. Ist der Chloridverlust größer als der des Natriums, so entwickelt sich sekundär eine metabolische Alkalose mit Tendenz zur Hypoventilation. Ist die Hyperosmolarität mit einer erheblichen Hypovolämie kombiniert, so lassen sich als Indiz für ein ungenügendes Herzzeitvolumen eine Hyperventilation ohne metabolische Acidose, eine vergrößerte $P_{CO_2}$-Differenz zwischen arteriellem Blut und Liquor cerebro-spinalis und ein Harnstoffanstieg nachweisen.

*Beispiele: Hypo- und Hyperelektrolytämien.* Werner M., 42 J.; Hans H., 35 J.

| | *W. M.:* Lebercirrhose Mangelernährung Lungenödem | | *Hans H.:* Status nach operiertem Hirnaneurysma | |
| --- | --- | --- | --- | --- |
| | Blut | Liquor | Blut | Liquor |
| Eiweiß g-% | 4,8 | — | — | — |
| Hb g-% | 9,5 | — | 12,1 | — |
| $O_2$-Sttg., % | 83,5 | — | — | — |
| pH | 7,38 | 7,21 | 7,47 | 7,30 |
| $P_{CO_2}$ mmHg | 29,1 | 45,5 | 23,5 | 38,0 |
| $CO_2$ mmol/l | 17,8 | 18,5 | 17,4 | 18,7 |
| St. bic. mval/l | 19,0 | — | 21,5 | — |
| Na mval/l | 109,0 | 113,0 | 171,0 | 184,0 |
| K mval/l | 3,1 | 2,3 | 4,0 | 3,6 |
| Cl mval/l | 71,0 | 90,0 | 127,0 | 164,5 |
| Ca mg-% | 7,2 | 3,6 | 11,0 | 5,5 |
| Phosphate mg-% | 2,3 | 0,9 | 3,5 | 2,2 |
| „Säurerest" mval/l | 11,0 | 10,0 | 17,0 | 7,0 |
| Glucose mg-% | 146 | 192 | 100 | 90 |
| Urea mg-% | 46 | 38 | 75 | 60 |
| Molalität mosmol/kg $H_2O$ | 262 | 256 | 403 | 401 |

Bei *Paraproteinämien,* z. B. wegen Plasmocytom besteht gelegentlich eine leichte Hyponatriämie, indem ein Teil der Paraproteine als Folge einer Verschiebung des isoelektrischen Punktes Kationeneigenschaften haben. Bei folgendem Beispiel läßt sich berechnen, daß die Paraproteine ca. 8—10 mval Natrium ersetzen. Das arterielle Blut zeigt hinsichtlich pH. $P_{CO_2}$ und Standardbicarbonat keine auffälligen Befunde [11].

### g) Über- und Unterfunktion der Nebennieren

Bei der Überfunktion der Nebennierenrinden, z. B. beim M. Cushing aber auch beim Conn-Syndrom, besteht eine Tendenz zu einer leichten Erhöhung des Natriums und zu einer Erniedrigung der Chloride und des Kaliums im Serum. Auf

*Beispiel: Paraproteinämie.* Hedwig H., 58 J.

| | Paraproteinämie bei Plasmocytom | | Nach 8 Wochen Therapie mit Melphalan® | |
| --- | --- | --- | --- | --- |
| | Blut | Liquor | Blut | Liquor |
| Eiweiß g-% | *15,6* | 0,033 | 8,2 | — |
| Albumin g-% | 3,7 | — | 3,6 | — |
| $\alpha$-Globulin g-% | 1,7 | — | 1,1 | — |
| $\beta$-Globulin g-% | 1,4 | — | 0,8 | — |
| $\gamma$-Globulin g-% | 8,8 | — | 2,7 | — |
| Hb g-% | 7,0 | — | 8,1 | — |
| $O_2$-Sttg., % | 91,5 | — | 94,5 | — |
| pH | 7,41 | 7,34 | 7,42 | 7,36 |
| $P_{CO_2}$ mmHg | 46,5 | 50,3 | 44,5 | 49,0 |
| $CO_2$ mmol/l | 30,3 | 27,4 | 29,5 | 28,7 |
| St. bic. mval/l | 27,5 | — | 27,0 | — |
| Na mval/l | *133,0* | 153,0 | 145,0 | 149,0 |
| K mval/l | 4,0 | 3,2 | 4,8 | 3,0 |
| Cl mval/l | 99,0 | 125,0 | 102,0 | 128,0 |
| Ca mg-% | 9,7 | 5,6 | 9,7 | 4,6 |
| Phosphate mg-% | 4,0 | 1,7 | 3,6 | 1,7 |
| „Säurerest" mval/l | 5,0 | 8,0 | 11,0 | 2,0 |
| Urea mg-% | 47 | 46 | 42 | 40 |
| Molalität mosmol/kg $H_2O$ | 337 | 334 | 340 | 325 |

diese Weise ergibt sich eine leichte Erhöhung der Pufferkapazität des Blutes und gelegentlich eine ausgesprochene Alkalose mit Hypokaliämie. Bei diesen Fällen wird die Atmung meist etwas reduziert und die Alkalose durch $CO_2$-Retention teilweise kompensiert. Beim M. Addison verhalten sich die Elektrolytveränderungen gegensinnig, d. h. es besteht die Tendenz zu einer leichten metabolischen Acidose mit kompensatorischer Steigerung der Ventilation. Die Beispiele demonstrieren die Richtung allfälliger Veränderungen, zeigen aber auch, daß es sich in der Regel nur um diskrete Verschiebungen handelt.

*Beispiele: Über- und Unterfunktion der Nebenniere*

| | M. Cushing Mittelwerte $n = 5$ (4 Männer) | Conn-Syndrom Emma W. | M. Addison Mittelwerte $n = 4$ Männer |
| --- | --- | --- | --- |
| Alter | 51,0 ± 16,5 | 53 | 54,3 ± 4,3 |
| Hb g-% | 12,2 ± 1,5 | 14,7 | 12,5 ± 3,5 |
| $O_2$-Sttg., % | 94,7 ± 3,6 | 89,0 | 96,5 ± 1,8 |
| pH | 7,45 ± 0,06 | 7,43 | 7,37 ± 0,04 |
| $P_{CO_2}$ mmHg | 43,4 ± 7,3 | *48,5* | 36,0 ± 6,5 |
| $CO_2$ mmol/l | 31,1 ± 5,1 | 32,8 | 21,6 ± 2,1 |
| St. bic. mval/l | *29,2* ± 3,8 | *30,5* | 21,5 ± 1,5 |
| Na mval/l | 145,2 ± 4,1 | 140,0 | 135,7 ± 4,5 |
| K mval/l | 3,3 ± 0,7 | 2,6 | 4,9 ± 0,8 |
| Cl mval/l | 98,4 ± 3,8 | 90,0 | 96,6 ± 8,5 |
| Ca mg-% | 9,1 ± 0,5 | 10,4 | 9,5 ± 0,3 |
| Phosphate mg-% | 2,9 ± 0,3 | 2,9 | 2,5 ± 0,3 |

## 8. Pharmakologische Beeinflussung der Atmung

### a) Direkte Stimulierung und Sedierung der Spontanatmung

Die meisten Analeptica haben bei intravenöser Verabreichung eine mäßige und kurzfristige Steigerung der Atmung zur Folge. Umgekehrt führen praktisch alle Sedierungsmittel nicht nur das Morphin und seine Derivate sondern schon die an sich harmlosen Barbiturate zu einer leichten, meist etwas länger dauernden Einschränkung der Ventilation. Der quantitave Effekt der Stimulierung und Sedierung der Atmung ist bei therapeutischer Dosierung und vorbestehender, normaler Ventilation von untergeordneter Bedeutung. Größere praktische Bedeutung hat die medikamentöse Stimulierung und Sedierung der Spontanatmung bei vorbestehender chronischer Hypoventilation bei Patienten mit einem obstruktiven Emphysem sowie bei der akuten Globalinsuffizienz im sehr schweren Asthmaanfall. Das Micoren®, ein Gemisch zweier Alkyliminofettsäuren, gehört zu den am stärksten wirksamen Atemstimulantien, das auch bei einem durch Sedativa oder Narcotica induzierten Atemstillstand wirkt. Da die Wirkung nur 10—15 min anhält, ist für die Dauertherapie nur die Tropfinfusion sinnvoll. Alle Sedativa, auch die weit verbreiteten Psychopharmaca, haben bei vorbestehender Globalinsuffizienz immer eine deutliche, zusätzliche Reduktion der Ventilation zur Folge. Tab. 51 bringt als Übersicht die Änderungen der arteriellen Blutgase, der Pulsfrequenz und des arteriellen Mitteldruckes bei Patienten mit chronischer Globalinsuffizienz nach intravenöser Gabe von Micoren®, Pentothal® und Valium®. Bemerkenswert ist, daß bei der Stimulierung die leichte Besserung der $O_2$-Sttg. zur Hauptsache auf die Verschiebung des pH zur alkalischen Seite zurückzuführen ist, der art. $P_{O_2}$ bleibt im Mittel konstant. Bei der Sedierung nimmt die Hypoxämie viel stärker zu als es dem Anstieg des art. $P_{CO_2}$ entsprechen würde. Bei einigen Patienten sank die art. $O_2$-Sttg. während der ersten 20 min auf 60—65 % ab. Die Zunahme der Hypoxämie unter der Sedierung ist zur Hauptsache Folge einer weiteren Verschlechterung der Luftverteilung bei Abflachung der Atmung. Praktisch wichtig ist, daß der Sedierungseffekt auch noch nach 60 min nachweisbar ist und somit länger dauert als der stimulierende Effekt einer einmaligen Gabe eines Analepticums.

Salicylate führen ebenfalls zu einer leichten Ventilationssteigerung, die auf eine direkte Stimulierung der Atemzentren zurückzuführen ist. Bei der Salicylsäureintoxikation kommt es zu einer ausgesprochenen Hyperventilation [14, 21, 22, 23, 27].

### b) Indirekte Stimulierung und Sedierung der Spontanatmung

Alle Medikamente, die wie z. B. Natriumbicarbonat, Kalium- und Ammoniumchlorid, Tham® direkt oder wie die Diuretica über die Elektrolytausscheidung mit dem Urin das Säure-Basen-Gleichgewicht beeinflussen, haben auch einen indirekten Effekt auf die Atmung, die bei einer metabolischen Acidose kompensatorisch gesteigert und bei einer Alkalose reduziert wird.

Praktisch wichtig ist die kompensatorische Hypoventilation und $CO_2$-Retention zur Kompensation einer metabolischen Alkalose mit Hypochlorämie bei forcierter Anwendung von Salidiuretica. Diese kompensatorische alveoläre Hypoventilation ist bei vorbestehender normaler Ventilation oder bei vorbestehender Hyperventilation, wie man sie in der Regel bei Patienten mit einer Herzinsuffizienz feststellen kann, ohne größere Bedeutung. Liegt hingegen eine chronische Globalinsuffizienz vor, so können Salidiuretica zu einer gefährlichen zusätzlichen Verschlechterung der Atmung führen. Die Anwendung von Salidiuretica bei dekompensiertem Cor pulmonale wegen obstruktivem Emphysem oder schweren Thoraxdeformitäten erfordert eine genaue Überwachung der Blutgase und Elektrolyte. Da Carbo-anhydrase-Inhibitoren die Atmung über eine Senkung des Standardbicarbonates indirekt stimulieren, ist die Anwendung dieser Substanzen bei Patienten mit einer Globalinsuffizienz trotz ihres geringeren diuretischen Effektes sinnvoll.

Die Hormone des Hypophysen-Hinterlappens, Lysin-Vasopressin, Arginin-Octapressin haben in therapeutischen Dosen keinen Effekt auf die Atmung. Bei Überdosierung beobachtet man eine Ventilationssteigerung, wobei es sich aber möglicherweise um eine Folge der subjektiv sehr unangenehmen Sensationen, wie Hitzegefühl im Schädel, handelt. Angiotensin, Arterenol und Adrenalin wie auch Thyroxin haben zwar ausgesprochene Kreislaufwirkungen, beeinflussen aber die Spontanatmung nicht im Sinne einer Ventilationssteigerung oder -reduktion. Beim Vorliegen einer Hypoventilation wegen schweren Bronchialspasmen wird die Ventilation unter Adrenalin, Arterenol und auch Cortison mit der Bronchospasmolyse besser. Beta-Receptoren-Blocker können Bronchialspasmen auslösen bzw. verstärken.

## D. Respiratorische Notfallsituationen

### 1. Verlegung der Luftwege, Atemlähmung, Myasthenie und Porphyrie

Jede chronische Lungenerkrankung kann sich akut zu einer respiratorischen Notfallsituation verschlechtern, die ohne erfolgreiche Therapie zum terminalen Stadium wird. Die Unterscheidung der gestörten Lungenatmung in ungenügende und ungleichmäßige Ventilation, vermehrte venöse Zumischung und erhöhte Diffusionswiderstände läßt sich auch für bedrohliche Situationen bei primär normalen Lungen- und Kreislaufverhältnisse anwenden.

Die Verlegung des Larynx oder der Trachea durch Fremdkörper oder Tumoren und der beidseitige Ausfall des Zwerchfells führt zu einer akuten Globalinsuffizienz. Als Ursache zentraler Atemlähmungen stehen nach Einführung der wirksamen Poliomyelitis-Schutzimpfung, die Schädeltraumata, die Intoxikationen und die aszendierende Polyradikulitis (M. GUILLAIN-BARRÉ) an erster Stelle. Der Ausfall der Interkostalmuskulatur hat keine bedrohliche Hypoventilation zur Folge. Andererseits können die Myasthenia gravis und die Polyneuritis bei einer Porphyrie krisenhaft wegen der Kontraktionsschwäche der gesamten Muskulatur zur Asphyxie führen. Mit der künstlichen Beatmung läßt sich der bedrohliche Zustand meist schlagartig beheben.

### 2. Thoraxverletzungen, Pneumothorax

Auch schwere Thoraxverletzungen mit multiplen Rippenfrakturen führen allein ohne zusätzliche Komplikationen nur ausnahmsweise zu einer respiratorischen Notfallsituation, was auch für den einseitigen Pneumothorax und Hämatothorax gilt. Bei doppelseitigen Serienfrakturen, z. B. Eindrücke des Thorax durch das Steuerrad (steer-in-chest) kommt es oft zu einer schweren respiratorischen

Insuffizienz infolge paradoxer Bewegungen des Thorax, so daß eine künstliche Beatmung notwendig wird. Der Spannungspneumothorax ist nicht nur wegen der Behinderung der Ventilation sondern auch wegen der Verdrängung des Mediastinums mit Beeinträchtigung des venösen Rückflusses gefährlich. Der doppelseitige Pneumothorax kann eine bedrohliche Ventilationsbehinderung zur Folge haben, so daß die Saugdrainage mit Überdruckbeatmung kombiniert werden muß.

## 3. Fettembolie, Defibrinierungssyndrom

Bei jeder größeren Knochenverletzung und Quetschung des subcutanen Fettgewebes und auch der Leber können Fett-Tröpfchen in die Blutbahn und in die Lungen sowie in den peripheren Kreislauf gelangen. Es dürfte sich vorwiegend um ein quantitatives Problem handeln, ob die Fettembolie symptomarm verläuft. Möglicherweise bilden sich auch Fett-Tröpfchen im Blut selbst, doch sind die Bedingungen heute noch nicht näher abgeklärt. Zweifellos spielt der Kreislaufzustand für die Entwicklung des Krankheitsbildes eine erhebliche Rolle. Führt der Unfall auch zu einer Hypovolämie, so wird die Fettembolie schlechter toleriert. Die massive Fettembolie hat mit der Obstruktion der Lungencapillaren nicht nur ein akutes Cor pulmonale, sondern mit der Entwicklung eines interstitiellen Lungenödems einen zusätzlichen, die Hypovolämie verstärkenden Plasmaverlust zur Folge. Der hypovolämische Schock kann sowohl primäre Bedingung für die Entwicklung einer schweren Fettembolie als auch deren Folge sein.

Bei der schweren Fettembolie mit und ohne Hirnbeteiligung läßt sich immer eine alveoläre Hyperventilation nachweisen. Das interstitielle Lungenödem vermindert die Lungendehnbarkeit und erhöht die Diffusionswiderstände, so daß eine Hypoxämie entsteht. Diese bedrohliche Situation kann oft nur durch eine Beatmung mit konstantem, d. h. auch während der Exspiration wirksamen Überdruck und mit einem $O_2$-reichen Gasgemisch gebessert werden.

*Beispiele: Fettembolie bei multiplen Frakturen.* Joseph K., 24 J.; Robert B., 24 J.

|  | J. K.: Überdruck-Beatmung mit 70% $O_2$ | R. B.: Überdruck-Beatmung mit 70% $O_2$ |
|---|---|---|
| $O_2$-Sttg., % | *93,0* | *88,0* |
| pH | *7,44* | *7,45* |
| $P_{CO_2}$mmHg | *41,5* | *37,0* |
| Lungencompliance ml/cm $H_2O$ | *45* | *40* |

Die intravasale Gerinnung (Defibrinierungssyndrom) beim septischen Abort oder bei der vorzeitigen Placentalösung ohne Infektion kann mit der Verstopfung der Lungencapillaren ähnlich wie die Fettembolie zu einem akuten Cor pulmonale führen. Meistens zeigen die Patienten hinsichtlich Atmung eine leichte bis mittelschwere Hypoxämie und eine Hyperventilation, geraten aber nur ausnahmsweise in eine respiratorische Notfallsituation. Die Hypoxämie ist zur Hauptsache auf eine vermehrte venöse Zumischung zurückzuführen.

*Beispiel: Intravasale Gerinnung bei septischem Abort, Anurie.* Angelica Ch., 22 J.

|  | 1. Tag | 2. Tag | 4. Tag | 6. Tag |
|---|---|---|---|---|
| Hb g-% | 7,3 | 7,1 | 9,6 | 7,9 |
| $O_2$-Sttg., % | 83,0[a] | 87,5 | 92,5 | 94,0 |
| pH | 7,37 | 7,41 | 7,34 | 7,42 |
| $P_{CO_2}$ mmHg | 29,0 | 26,5 | 34,5 | 31,0 |
| St. bic. mval/l | 18,3 | 19,0 | 19,5 | 21,5 |
| Harnstoff mg-% | 86 | 130 | 227 | 273 |

[a] Mit $O_2$-Zusatz.

## 1. Pneumonie, toxisches Lungenödem, interstitielle Pneumonie

Die Bronchopneumonie ist meist Ursache einer terminalen respiratorischen und zirkulatorischen Insuffizienz beim obstruktiven Lungenemphysem (Kap. II. A 4, c). Bei primär normalen oder nur wenig geschädigten Lungen führen die lokalisierte lobäre Pneumonie und Bronchopneumonie nicht zu einer respiratorischen Notfallsituation, sondern lediglich zu einer leichten Hypoxämie wegen einer vermehrten venösen Zumischung und einer fieberbedingten Rechtsverschiebung der $O_2$-Dissoziationskurve.

Im Gegensatz zu diesen regionären Infiltrationen erschweren die diffusen interstitiellen Pneumonien, z. B. bei der Grippe, das interstitielle Lungenödem nach Inhalationsschäden, z. B. Nitrose- und Jauchegase sowie Hyperoxie und auch die diffuse Fettembolie der Lungen den Gasaustausch, so daß eine bedrohliche Hypoxämie entstehen kann. Die Ursache dieser Hypoxämie ist komplex, indem es sich um die Kombination erhöhter Diffusionswiderstände mit einer vermehrten venösen Zumischung aus nicht mehr ventilierten, mit Transsudat gefüllten Alveolen und einer regionären Mangelbelüftung wegen mit Sekret gefüllten Bronchien handelt. Der bedrohliche Zustand kann sich sowohl bei Inhalationsschäden als auch bei der Grippepneumonie und bei der diffusen Fettembolie innert Stunden entwickeln und zu einer Hypoxämie-bedingten Bewußtlosigkeit sowie zu einem Schock führen. Der hypovolämische Schock mit extremer Verminderung der Lungendurchblutung verschlechtert seinerseits die respiratorische Situation, indem die Restitution des Lungenparenchyms verzögert oder sogar definitiv verhindert wird. Bei allen diesen Patienten sind frühzeitige Intubation sowie die Beatmung mit einem konstanten Überdruck und einem $O_2$-reichen Gasgemisch und der rechtzeitige Plasmaersatz als lebensrettende Maßnahme indiziert. Die sehr hohen Diffusionswiderstände erfordern zur Behebung der Hypoxämie höhere $O_2$-Konzentrationen als die ventilatorischen Notfallsituationen. Pathophysiologisch sehr interessant ist, daß bei diffusen Parenchymschädigungen dank der Beatmung mit einem konstanten Überdruck bei gleicher $O_2$-Konzentration in der Inspirationsluft und bei gleichem Ventilationsvolumen gelegentlich eine erheblich höhere art. $O_2$-Sättigung erreicht wird als mit der üblichen intermittierenden Überdruckbeatmung.

Dieser günstige Effekt der Beatmung mit einem konstanten Überdruck auf die art. $O_2$-Sättigung ist zur Hauptsache auf 2 Faktoren zurückzuführen:

1. Abnahme der Diffusionswiderstände wegen Verkürzung des Diffusionsweges infolge Abschwellung des Parenchyms.

2. Reduktion der venösen Zumischung infolge Ventilation von Alveolen, die ohne konstantem Überdruck nicht oder nur ungenügend belüftet werden.

Diese dank der Überdruckbeatmung mögliche Reduktion der $O_2$-Konzentration ist wegen der das Lungenparenchym schädigenden Eigenschaften hoher $O_2$-Konzentrationen gerade bei interstitiellen Prozessen erwünscht. Röntgenologisch zeigte sich während der wochenlangen Beatmung im Gegensatz zum toxischen und infektiösen interstitiellen Lungenödem keine wesentliche Restitution. Die Patientin verstarb schließlich in der 5. Krankheitswoche an einem Herzstillstand. Dieser Verlauf spricht für eine ausgedehnte pericapilläre Nekrotisierung des Lungenparenchyms, wie man sie bei der sog. Schocklunge mit intravasaler Blutgerinnung beobachtet. Die Prognose dieser Schocklunge ist auch bei Behebung des Schockzustandes und ausreichender Arterialisation des Blutes mit künstlicher Beatmung sehr schlecht [8].

Das hämodynamisch bedingte Lungenödem bei kardialer Linksinsuffizienz verschlechtert die Spontanatmung nur ausnahmsweise derart, daß eine künstliche Beatmung notwendig wird. In der Regel genügen eine mäßige Anreicherung der Inspirationsluft mit $O_2$ und die Ausschwemmung, um eine gefährliche Hypoxämie zu vermeiden.

*Beispiel: Interstitielle Pneumonie bei Grippe.* Iris G., 33 J.

| | Permanente Überdruckbeatmung (Druck während der Exspiration 10 cm $H_2O$) | | | | Intermittierende Überdruckbeatmung |
|---|---|---|---|---|---|
| $O_2\%$ | 60 | 65 | 70 | 80 | 80 |
| $P_{IO_2}$ mmHg | 408 | 440 | 475 | 546 | 541 |
| $P_{aO_2}$ mmHg | 48 | 54 | 57 | 58 | 38 |
| $P_{aCO_2}$ mmHg | 73 | 71 | 70 | 70 | 79 |
| pH | 7,33 | 7,34 | 7,35 | 7,35 | 7,30 |
| $O_2$-Sttg., % | 77,0 | 82,5 | 84,0 | 84,5 | 62,5 |
| Pulsfrequenz | | | | 130 | 144 |
| Schlagvolumen | | | | 62 | 60 |
| c.i. l/min/m² | | | | 5,5 | 5,9 |
| p̄atrd mmHg | | | | 8 | 6 |
| p̄a.pulm mmHg | | | | 38 | 36 |
| p̄a.fem mmHg | | | | 124 | 121 |
| Rb pulm dyn sec cm⁻⁵ | | | | 300 | 260 |

## 5. Künstliche Beatmung

Unter assistierter Beatmung versteht man die apparative Unterstützung einer ungenügenden Spontanatmung bei erhaltener Atemregulation und bei vollem Bewußtsein der Patienten. Die assistierte Beatmung kann mit Atemmaske oder -mundstück durchgeführt werden. Es handelt sich dabei immer nur um eine Beatmung während Stunden. Bei der künstlichen Beatmung wird hingegen die Arbeit der Atemmuskulatur vollständig von einem Respirator und die Atemregulation, d. h. die Volumendosierung wie auch das Freihalten der Luftwege werden von Arzt und Pflegepersonal übernommen. Die künstliche Beatmung ist nur mittels Intubation oder Trachealkanüle möglich, sie ist aber zeitlich nicht limitiert.

Es lassen sich 2 Indikationen für die künstliche Beatmung unterscheiden:

1. Ungenügende Ventilation,
2. Sehr schwere Hypoxämie bei stark erhöhten Diffusionswiderständen.

Ventilatorische Notfallsituationen mit Hypoxämie und Hyperkapnie entstehen bei sehr schweren Obstruktionen sowie beim Ausfall der Atemregulation oder der Atemmuskulatur. Die zunehmende Obstruktion der Luftwege bei ungenügender Hustenkraft ist ein wesentlicher Faktor für die ungenügende Ventilation. Bedrohliche Hypoxämiezustände ohne Hyperkapnie findet man bei der ausgedehnten Fettembolie und beim toxischen Lungenödem sowie bei der interstitiellen Pneumonie und bei schweren doppelseitigen Viruspneumonien. In den fortgeschrittenen Stadien des obstruktiven Lungenemphysems führt eine interkurrente Bronchopneumonie nicht nur zu einer Verschlechterung der Ventilation, sondern oft auch zu einer inadäquaten Zunahme der Hypoxämie, so daß sich die Indikation für die künstliche Beatmung bei diesen Patienten sowohl mit der Hyperkapnie als auch mit der Hypoxämie ergibt.

Die Anreicherung der Inspirationsluft mit $O_2$ (Nasensonde, $O_2$-Zelt) ermöglicht insbesondere bei den schweren Hypoxämiezuständen einen Zeitgewinn, der gelegentlich die Einleitung einer künstlichen Beatmung überflüssig macht. Besteht jedoch eine Hypoventilation, so verstärken sich die Hyperkapnie und die respiratorische Acidose. Die $O_2$-Therapie bedarf deshalb genauer Kontrolle der arteriellen Blutgase und ist personalmäßig nicht weniger aufwendig als die künstliche Beatmung.

Die Indikation zur künstlichen Beatmung wird am zuverlässigsten von den arteriellen Blutgasen abgeleitet. Eine art. $O_2$-Sttg. unter 70% oder ein art. $P_{CO_2}$ über 60 mmHg stellen eine dringende Indikation dar. Bei Patienten mit einem obstruktiven Emphysem mit chronischer Globalinsuffizienz verschieben sich die Limiten auf eine $O_2$-Sttg. unter 60% und ein $P_{CO_2}$ über 70 mmHg. Die Toleranz der Patienten in einer respiratorischen Notsituation ist gegenüber allen Eingriffen reduziert, was auch für die Tracheotomie gilt. Die künstliche Beatmung soll deshalb mit einer Intubation eingeleitet werden. Die Tracheotomie erfolgt — sofern noch nötig — erst 24—48 Std später in einem hinsichtlich Atmung gebesserten Zustand. Die Indikation für eine frühzeitige Tracheotomie leitet sich hingegen nicht von den arteriellen Blutgasen, sondern von der mutmaßlichen Entwicklung der Lungenfunktion, z. B. in der postoperativen Phase bei Patienten mit stark eingeschränkten Atemreserven ab. Die frühzeitige Tracheotomie soll in diesen Fällen die Entwicklung einer bedrohlichen Hypoventilation durch Sekretverhaltung verhindern.

Die Volumendosierung und die Zusammensetzung des Atemgemisches aus $O_2$ und Luft richtet sich nach den arteriellen Blutgasen, die bei Patienten mit primär normaler Lungenfunktion durch die künstliche Beatmung normalisiert werden sollen. Bei vorbestehender chronischer respiratorischer Acidose mit erhöhtem Standardbicarbonat ist eine protrahierte Verbesserung der Blutgase vorzuziehen und eine vollständige Normalisierung hinsichtlich $P_{CO_2}$ oft gar nicht möglich. Die Dosierung der Ventilation nach Geschlecht, Alter, Größe und Gewicht ist nur approximativ und genügt insbesondere nicht bei schwer pathologischen Lungen sowie bei Fieber und Hypothermie.

Vom atemphysiologischen Standpunkt aus sind Geräte mit einem relativ langsamen inspiratorischen Druckaufbau und mit einer endinspiratorischen Flußpause vorzuziehen, weil sie bei einem Nebeneinander verschiedener Zeitkonstanten einen besseren Blähungsausgleich gewährleisten. Für die kurzfristige Beatmung während Stunden genügt die einfache Beatmung mit einem intermittierend positiven Druck für die Inspiration (IPPB). Für die Langzeitbeatmung während Wochen und Monaten ziehen wir die Wechseldruckbeatmung (IPNPB) mit einem Sog während der Exspiration vor, weil damit der intrathorakale Druck im Mittel praktisch 0 beträgt und der venöse Rückfluß zum Herzen nicht behindert wird.

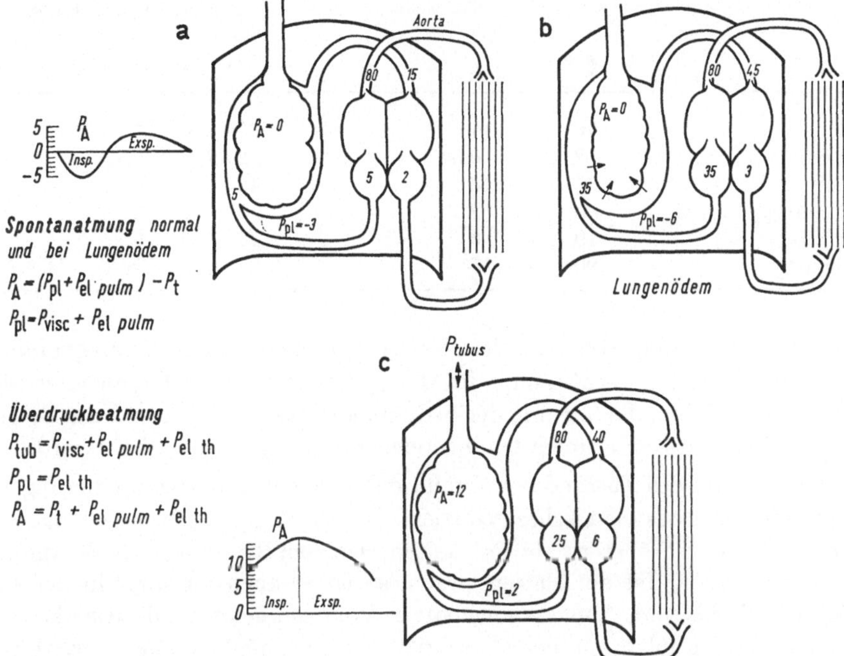


Abb. 60. Künstliche Beatmung. Schematische Darstellung der intrathorakalen Druckverhältnisse und der Blutdruckwerte. *a* normale Spontanatmung, *b* Lungenödem und interstitielle Pneumonie, *c* Beatmung mit einem konstantem Überdruck. Bei Spontanatmung entspricht der Alveolardruck ($P_A$) den bronchialen Strömungswiderständen und ergibt sich mit der Summe aus dem Pleuradruck ($P_{pl}$) und dem elastischen Lungendruck ($P_{elpulm}$), vermindert um den Druck entsprechend den Gewebedeformationswiderständen ($P_t$). Der Alveolardruck ist während der Inspiration negativ, während der Exspiration positiv und beträgt im Mittel O. Der Pleuradruck entspricht der Summe der gesamten Strömungswiderstände ($P_{visc}$) und dem elastischen Lungendruck und ist bei normaler Spontanatmung immer negativ. Beim Lungenödem und bei der interstitiellen Pneumonie wird der Pleuradruck wegen der verminderten Lungendehnbarkeit stärker negativ, was den venösen Rückfluß fördert und das intrathorakale Blutvolumen vergrößert. Der Lungencapillardruck ist nur beim hämodynamisch bedingten Lungenödem erhöht. Bei Überdruckbeatmung bleiben Alveolardruck und Pleuradruck dauernd positiv. Das Lungengewebe wird komprimiert, der venöse Rückfluß wird etwas behindert

Beim toxischen Lungenödem und bei der interstitiellen Pneumonie erreicht man mit der sog. Überdruckbeatmung (PPPB) mit einem auch während der Exspiration wirksamen Überdruck am Tubus in der Größenordnung von 10 cm

$H_2O$ nicht nur eine bessere Arterialisation des Blutes, sondern auch eine schnellere Abnahme des interstitiellen Flüssigkeitsvolumens, indem das Lungenparenchym zwischen dem erhöhten intrathorakalen und dem dauernd positiven Alveolardruck komprimiert wird. Der erhöhte intrathorakale Druck behindert etwas den venösen Rückfluß und der Venendruck steigt leicht an (Abb. 60).

*Hämodynamische Untersuchung während Überdruckbeatmung mit 60% $O_2$ bei Patienten mit Mitralstenose. $n = 11$, 3 Männer, mittleres Alter 42,5 $\pm$ 12,7 J.*

|  | Spontanatmung Luft | | leichte Narkose Beatmung mit Überdruck während In- und Exspiration; intrathorakaler Druck 2—4 mmHg | |
| --- | --- | --- | --- | --- |
| Fr. | 76 $\pm$ | 11 | 78 $\pm$ | 17 |
| c.i. l/min/m² | 2,60 $\pm$ | 0,54 | 2,00 $\pm$ | 0,42 |
| Vstr ml | 57 $\pm$ | 16 | 42 $\pm$ | 18 |
| p̄atrd mmHg | 3 $+$ | 2 | 6 $\pm$ | 2 |
| p̄cp mmHg | 19 $\pm$ | 6 | 15 $\pm$ | 6 |
| p̄aor mmHg | 90 $\pm$ | 15 | 91 $\pm$ | 13 |

Wegen der leichten Abnahme des Herzzeitvolumens und des Schlagvolumens während der Überdruckbeatmung wird die $O_2$-Versorgung des Organismus nicht verschlechtert, da der Bedarf mit der Sedierung etwas reduziert und die $O_2$-Sttg. des arteriellen Blutes mit einem $O_2$-angereicherten Gasgemisch erhöht wird.

Bei Besserung des Zustandes während der Beatmung werden Sedierung und $O_2$-Konzentration des Gemisches reduziert. In der Regel ergeben sich dann für die Patienten keine größeren Schwierigkeiten, sich dem Rhythmus des Beatmungsgerätes anzupassen. Ist der Patient wach, so ist er auch meistens in der Lage anzugeben, ob das vom Apparat angebotene Volumen genügt. Die Rückkehr zur Spontanatmung erfolgt am besten schrittweise mit täglich länger werdenden Perioden eigener Atmung. Die Bestimmung des Zeitpunktes für die Entfernung der Trachealkanüle ist nur bei Patienten mit einem obstruktiven Lungenemphysem oft nicht leicht, weil man immer mit einem neuen bronchopneumonischen Schub rechnen muß.

Bei den in der Übersicht angegebenen häufigsten Komplikationen während der künstlichen Beatmung müssen die Kanülenzwischenfälle als spezifisch bezeichnet werden, während sich die Mehrzahl der anderen Komplikationen mit der Gesamtsituation erklärt. Ob eine während Wochen und Monaten korrekt durchgeführte künstliche Beatmung wegen den gegenüber der Norm veränderten respiratorischen Druckverhältnissen mit einem während In- und Exspiration positiven Alveolardruck zu bleibenden Lungenschäden führt, ist nicht geklärt. Die wochenlange Beatmung mit einer sehr hohen $O_2$-Konzentration kann eine Schädigung der Bronchialschleimhäute und des Lungenparenchyms zur Folge haben. Anderseits sind in mehreren Zentren, wie auch im Universitätsspital Zürich, Patienten mit einer irreversiblen Atemlähmung bekannt, die während Jahren ohne röntgenologisch nachgewiesene Lungenveränderungen mit und ohne zusätzlichen $O_2$ beatmet werden. Diese Erfahrung läßt sich dahingehend interpretieren, daß die Beatmung als solche nicht zwangsläufig zu schweren Veränderungen des Lungengewebes führen muß. Als praktische Konsequenz ergibt sich, daß man im konkreten Fall eine künstliche Beatmung lieber etwas länger als unbedingt notwendig durchführt und sie nicht wegen des vermeintlichen Risikos einer Lungenschädigung zu früh abbricht [3, 4, 5, 6, 7, 9, 10].

*Häufigkeit der klinisch erfaßten Komplikationen in Abhängigkeit zur Beatmungsdauer, Medizinische Universitätsklinik Zürich (1958—1966)*

| | 1—6 Tage | 1—3 Wochen | länger als 3 Wochen |
| --- | --- | --- | --- |
| | 109 Patienten | 69 Patienten | 40 Patienten |
| Decubitus, Ulcerationen, Blutungen, Abscesse im Bereich der Trachealkanüle | 3 | 3 | 8 |
| Schwere Tracheal-Bronchialinfektionen | 9 | 10 | 17 |
| Bronchopneumonien[a] | 30 | 17 | 6 |
| Lungenabscesse | — | 2 | 3 |
| Atelektasen | 23 | 16 | 7 |
| Pleuraexsudate, -ergüsse | 6 | 4 | 1 |
| Lungenembolien | 2 | 3 | 4 |
| Herz-, Kreislaufversagen[b] | 4 | 7 | 13 |
| Magen-, Darmblutungen | 4 | 3 | 2 |
| Cystitis, Pyelitis | — | 3 | 7 |

[a] Bei Cor pulmonale wegen obstruktivem Emphysem oft vorbestehend und Ursache der akuten Verschlechterung.

[b] Rhythmusstörungen, Blutdruckabfall, Herzstillstände.

## 6. Hypothermie, hyperbare $O_2$-Therapie

Die künstliche Hypothermie ermöglicht es den $O_2$-Verbrauch des Gewebes zu reduzieren, was insbesondere bei einem ungenügenden Herzzeitvolumen von praktischer Bedeutung ist. Mit der massiven Unterkühlung während einer Narkose wird die für das Gehirn geltende Zeitlimite eines Kreislaufunterbruches um einige Minuten verlängert, was die Durchführung einiger Herzoperationen ohne Anwendung der Herz-Lungen-Maschine ermöglicht. Mit sinkender Temperatur nehmen die Gaslöslichkeiten in Blut und Gewebe zu, womit die $O_2$-Reserve im Gewebe und die Transportkapazität im Blut etwas vergrößert werden.

*Zusätzliche Lösung von $O_2$ im arteriellen Blut bei Hypothermie und bei hyperbarer $O_2$-Therapie*

| | Luftatmung bei | 100% $O_2$ 37° C | 2 ata | 100% $O_2$ 25° C | 2 ata |
| --- | --- | --- | --- | --- | --- |
| $P_{O_2}$ mmHg | 90 | 650 | 1400 | 650 | 1400 |
| ml $O_2$ in 100 ml Vollblut gelöst (1 ata = 735 mmHg) | 0,28 | 2,00 | 4,3 | 2,35 | 5,0 |

Die erhöhte Affinität des Hb zum $O_2$, d. h. die Linksverschiebung der $O_2$-Dissoziationskurve setzt für dieselbe $O_2$-Abgabe vom Hb einen etwas tieferen mittleren $P_{O_2}$ im Gewebe als bei normalen Temperaturen voraus. Wegen der größeren Löslichkeit entspricht der tiefere, mittlere $P_{O_2}$ im Gewebe aber nicht einem geringen $O_2$-Gehalt. Mit der Hypothermie wird auf diese Weise nicht nur der $O_2$-Verbrauch des Gewebes reduziert, es wird auch die Hypoxie trotz Kreislaufverlangsamung vermieden.

Bei tiefen Körpertemperaturen ist das arterielle Angebot an gelöstem $O_2$ bei Luftatmung zu gering, um die verminderte $O_2$-Abgabe vom Hb zu kompensieren, so daß das Gewebe schließlich trotz hoher $O_2$-Sättigung des arteriellen Blutes erstickt.

Mit der hyperbaren $O_2$-Therapie ist es möglich, die $O_2$-Transportkapazität des Blutes beträchtlich zu erhöhen. Bei Atmung von 2 ata $O_2$ werden in 100 ml arteriellem Blut 4,3 ml $O_2$ gelöst, was der normalen arterio-venösen $O_2$-Differenz entspricht. Die Indikation für eine hyperbare $O_2$-Therapie ergibt sich dementsprechend bei Zuständen mit extremer Kreislaufverlangsamung, z. B. beim kardiogenen Schock und auch nach Herzoperationen, sowie bei Ausfall des Hb, z. B. bei der CO-Vergiftung und schließlich bei Anaerobier-Infektionen, z. B. Gasbrand. Wegen der Gefahr der Sauerstoffintoxikation (Kap. II, B 2) sind aber der Anwendung der hyperbaren $O_2$-Therapie zeitlich Grenzen von einigen Stunden pro Tag gesetzt. Überzeugende Resultate wurden bisher nur bei der CO-Vergiftung und beim Gasbrand, nicht aber beim Tetanus und auch nicht bei Herzpatienten berichtet [1, 2].

## E. Lungenfunktion und Operabilität

Jeder postoperative Zustand führt mit der unvermeidlichen Anwendung von Schmerz- und Beruhigungsmitteln zu einer Dämpfung der Spontanatmung. Diese Beeinträchtigung ist von praktisch untergeordneter Bedeutung, falls präoperativ keine schwere Störung der Lungenfunktion besteht. Bei den respiratorischen Grenzfällen treten schwere postoperative Störungen gehäuft auf, und die Letalität ist erhöht.

*Postoperative Letalität bei intrathorakalen Eingriffen, Chirurgische Universitätsklinik A Zürich, (1958—1966)*

|  | Exitus/Patientenzahl | | |
|---|---|---|---|
|  | total | relativ gute Lungenfunktion | „schlechte" Lungenfunktion |
| a) Bronchiektasen, Cystenlunge, bullöses Emphysem | 5/82 | 2/69 | 3/13 |
| b) Lungentuberkulose | 17/370 | 8/312 | 9/58 |
| c) Lungentumoren | 56/353 | 42/301 | 14/52 |
| Zusammen | 78/805 | 52/682 | 26/123 |

Die Analyse der einzelnen Kriterien einer schlechten Lungenfunktion wie Sekundenkapazität, Atemgrenzwert, Residualvolumen und arterielle Blutgase zeigt, daß der Feststellung des obstruktiven Emphysems und der Messung der Atemreserven die größte Bedeutung zukommt.

*Bedeutung der einzelnen Kriterien einer schlechten Lungenfunktion für die Häufung postoperativer respiratorischer Störungen und für die Letalität* (Exitus/Störungen/Gesamtpatientenzahl)

| | | | | | |
|---|---|---|---|---|---|
| a) Bronchiektasen, Lungencysten, | SKK (%VK) | <55 .. 3/9/12 <br> >55 .. 0/1/1 | Res.-Vol. (%TK) | >50 2/4/5 <br> <50 1/6/8 | |
| Emphysemblasen <br> n = 13   42,2 J. | SKK abs. (l) | <1 ... 3/6/6 <br> >1 ... 0/4/7 | art. Hypoxämie <br> art. Blut normal | 1/4/4 <br> 2/6/9 | |
| ± 17,9 <br> 3/10/13 | AGW (l/min) | <40 .. 3/7/9 <br> >40 .. 0/3/4 | | | |
| b) Lungentuberkulose <br> n = 58   42,4 J. | SKK (%VK) | <55 .. 6/21/48 <br> >55 .. 3/7/10 | Res.-Vol. (%TK) | >50 1/9/14 <br> <50 8/19/44 | |
| ± 9,6 <br> 9/28/58 | SKK abs. (l) | <1 ... 4/15/24 <br> >1 ... 5/13/34 | art. Hypoxämie ..... 3/11/18 <br> art. Blut normal .... 6/17/40 | | |
| | AGW (l/min) | <40 .. 5/18/28 <br> >40 .. 4/10/30 | | | |
| c) Lungentumoren, meist Bronchialcarcinom | SKK (%VK) | <55 .. 9/13/40 <br> >55 .. 5/6/12 | Res.-Vol. (%TK) | >50 11/14/19 <br> <50 3/5/33 | |
| n = 52   58,8 J. | SKK abs. (l) | <1 ... 4/4/9 <br> >1 ... 10/15/43 | art. Hypoxämie ..... 3/5/16 <br> art. Blut normal .... 11/14/36 | | |
| ± 6,0 <br> 14/19/52 | AGW (l/min) | <40 .. 5/6/13 <br> >40 .. 9/13/39 | | | |
| Alle 3 Gruppen zusammen | SKK (%VK) | <55 .. 18/43/100 <br> >55 .. 8/14/23 | Res.-Vol. (%TK) | >50 14/27/38 <br> <50 12/30/85 | |
| n = 123   49,3 J. <br> ± 12,4 | SKK abs. (l) | <1 ... 11/25/39 <br> >1 ... 15/32/84 | art. Hypoxämie ..... 7/20/38 <br> art. Blut normal .... 19/37/85 | | |
| 26/57/123 | AGW (l/min) | <40 .. 13/31/50 <br> >40 .. 13/26/73 | | | |

Patienten mit einer bereits in Ruhe manifesten Globalinsuffizienz sind nur mit einem stark erhöhten Risiko operabel. Leichte Hypoxämien haben hingegen keine größere prognostische Bedeutung.

Von diesen Erfahrungen ausgehend, können folgende Grenzwerte angegeben werden: Das Residualvolumen soll kleiner als 50% der Totalkapazität sein. Die absolute Sekundenkapazität soll mindestens 1,2 l/sec, der Atemgrenzwert mindestens 45 l/min betragen. Diese Kriterien gelten nicht nur für thoraxchirurgische Operationen, sondern für alle Eingriffe. Müssen größere Teile von noch funktionstüchtigem Lungengewebe, wie z. B. bei der Pneumonektomie wegen Bronchialcarcinom, entfernt werden, wobei es sich zudem oft um Patienten im 6. und 7. Lebensjahrzehnt handelt, so verschieben sich die Grenzen auf eine Sekundenkapazität von 2,0 l/sec und einen Atemgrenzwert von 75 l/min. Im Zweifelsfalle wird man diese Bestimmungen immer wiederholen und durch zusätzliche Untersuchungen, z. B. einen Arbeitsversuch mit Bestimmung der arteriellen Blutgase, ergänzen [1].

# F. Lungenfunktion und Invalidität

Eine gegenüber der Norm eingeschränkte Lungenfunktion ist in der Regel gleichbedeutend mit einer reduzierten pulmonalen Anpassung an körperliche Arbeit. Die Schätzung der Invalidität bei einer entsprechend der Lungenerkrankung definitiven Einschränkung der Lungenfunktion betrifft sinngemäß nur die körperliche Arbeitsfähigkeit. Entsprechend der physiologischen Streuung der Normalwerte ist eine Schätzung in kleineren Fraktionen als 20% wenig sinnvoll, zeigen hingegen frühere Untersuchungen, daß der Explorand Funktionswerte über der Norm hatte, so sind auch geringere Abweichungen als 20% von den Normalwerten bedeutungsvoll. Theoretisch lassen sich 3 Gesichtspunkte unterscheiden:

1. Einschränkung der Atemreserven,
2. Unvollständige Arterialisation des Blutes in den Lungen,
3. Erhöhte Atemwiderstände, die für eine gegebene Ventilation eine pathologisch große Atemarbeit erfordern.

Die einfache Spirometrie mit Messung der Vitalkapazität und Sekundenkapazität sowie des Atemgrenzwertes, bzw. dessen indirekte Berechnung, ermöglicht bei allen obstruktiven und restriktiven Lungenerkrankungen eine praktisch brauchbare Messung der Atemreserven und damit eine Schätzung der pulmonalen Einschränkung. Da aber bei diesen Messungen die Mitarbeit der Patienten von großer Bedeutung ist, müssen diese Bestimmungen mehrmals durchgeführt werden, wobei jeweils das beste Resultat verwertet wird.

Der Nachweis einer sicheren Globalinsuffizienz oder einer Diffusionsstörung in Ruhe, was meist auch gleichbedeutend mit der Feststellung eines Cor pulmonale ist, berechtigt zur Annahme einer vollen Invalidität. Bei diffusen Lungenfibrosen ohne wesentliche Restriktion können Vitalkapazität und Sekundenkapazität sowie der Atemgrenzwert und das arterielle Blut in Ruhe annähernd normal sein, während die Lungendehnbarkeit deutlich reduziert ist, was subjektiv als Anstrengungsdyspnoe empfunden wird. Bei diesen im Vergleich zu den obstruktiven Erkrankungen eher seltenen Fällen hat die zusätzliche Messung der Compliance entscheidende Bedeutung für die Beurteilung der Invalidität.

Die Durchführung eines Arbeitsversuches mit arterieller Blutgasanalyse und Kontrolle der Pulsfrequenz ergänzt und verfeinert die Untersuchung in Ruhe. Die Fahrradergometrie hat sich als zuverlässige und reproduzierbare Ergebnisse liefernde Methode erwiesen. Individuelle Geschicklichkeit und störende, den Gaswechsel beeinflussende Nebenbewegungen sind auf ein Minimum beschränkt, was für die Arbeit im Sitzen und Liegen gilt. Die individuellen Unterschiede der $O_2$-Aufnahme für eine bestimmte Belastung sind mit einem zuverlässig geeichten Fahrradergometer kleiner als bei den anderen Ergometriemethoden. Die Standardisierung der Belastung gelingt am besten mit der Pulsfrequenz. Bei einer Belastung mit einer Pulsfrequenz von 170/min werden ca. 80% der maximalen $O_2$-Aufnahme erreicht. Diese Arbeitskapazität bei einer Pulsfrequenz von 170/min ist in erster Linie eine Funktion der $O_2$-Transportkapazität des Kreislaufes, bei gegebener Hämoglobinkonzentration somit eine Funktion des Herzschlagvolumens. Abb. 61 zeigt, daß diese Arbeitskapazität bei Gesunden und Herzkranken gut mit dem Herzschlagvolumen korreliert. Beim Herz- und Lungengesunden ist das

Herzschlagvolumen in erster Linie von Geschlecht, Alter und Körpergröße abhängig. Ähnlich wie bei der Vitalkapazität kann der Sollwert der Arbeitskapazität von diesen individuellen, durch Krankheiten nicht beeinflußbaren Größen abgeleitet werden (Abb. 64). Eine Pulsfrequenz von 170/min wird allerdings von älteren Probanden, von digitalisierten Patienten und auch von Kranken mit stark

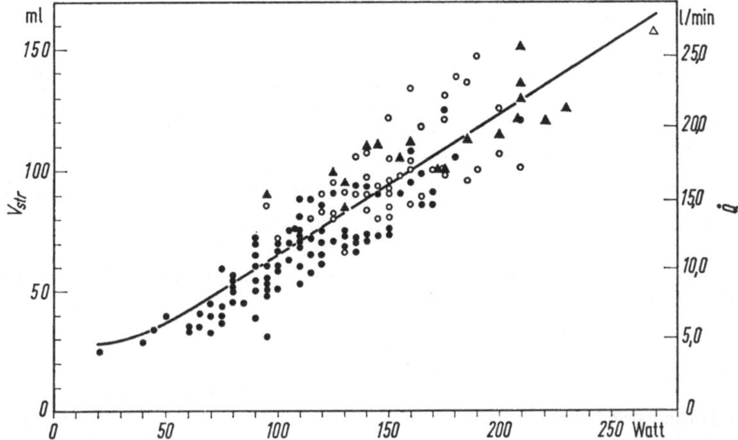

Abb. 61. Arbeitskapazität bei einer Pulsfrequenz von 170/min und dem während Arbeit bestimmten Herzschlagvolumen. ○ = 45 Normalfälle, ▲ = 18 Normalfälle von Holmgren, △ = 1 Leistungssportler im Intervalltraining, ● = 85 Patienten mit Herzfehlern, vor allem Pulmonal- und Mitralstenosen und Vorhofsseptumdefekte. Die Werte gelten für eine normale Hämoglobinkonzentration bei Arbeit. Arbeitskapazität in Watt $\pm$ 20% = (Schlagvol. · Hbg%)/10

eingeschränkten Atemreserven oft nicht erreicht. Der Arbeitsversuch sollte mit mindestens 2 Belastungsstufen von 5–6 min Dauer durchgeführt werden, wobei die 1. Stufe mit leichter Arbeit für den Patienten und den Arzt orientierende Bedeutung hat. Nach einer Pause von 5 min folgt die 2. Stufe mit dem Ziel, Pulsfrequenz und arterielle Blutgase in einem relativen steady state in der Nähe der oberen Anpassungsgrenze zu bestimmen.

Gelegentlich ist, insbesondere bei obstruktiven Erkrankungen, die Anpassung an Arbeit besser als man es nach den eingeschränkten Atemreserven und der bereits in Ruhe bestehenden Hypoxämie erwarten würde, was vor allem für das leichte obstruktive Emphysem mit einer Verteilungsstörung, die sich bei Arbeit bessert, gilt (Abb. 35, Tab. 27). Umgekehrt kommt es bei diffusen Lungenfibrosen manchmal zu Insuffizienzzeichen mit Hypoxämie bei Belastungsstufen, deren Bewältigung man nach Vitalkapazität und Atemgrenzwert erwartet hätte (Abb. 38, Tab. 30). Patienten mit einem Cor pulmonale wegen multipler Lungengefäßobstruktion müssen ebenfalls als vollinvalid für körperliche Arbeiten betrachtet werden. Da in diesen Fällen Lungenvolumina und Atemreserven oft nur leicht von der Norm abweichen, ist für die Beurteilung der Invalidität die Kenntnis der hämodynamischen Situation ausschlaggebend. Beim Arbeitsversuch zeigen diese Patienten schon bei leichter Belastung einen inadäquaten Pulsfrequenzanstieg und eine deutliche Hyperventilation, was als Hinweis auf pathologische hämodynamische Verhältnisse nicht übersehen werden sollte [1, 3, 4, 5, 6].

# IV. Tabellen



Die Werte ohne Literaturhinweise wurden im kardio-pulmonalen Laboratorium der Medizinischen Universitätsklinik Zürich bestimmt.

*Abkürzungen;*

TK      = Totalkapazität in % des Sollwertes

VK      = Vitalkapazität in % der gemessenen Totalkapazität

FRK    = Funktionelle Residualkapazität in % der gemessenen Totalkapazität

VT      = Atemvolumen in % der gemessenen Totalkapazität

F       = Atemfrequenz pro Minute

SKK   = Sekundenkapazität in % der gemessenen Vitalkapazität

AGW  = Atemgrenzwert in % des Sollwertes

Compl. = Dynamische Compliance gemessen mit einem Atemvolumen von $1000 \pm 200$ ml

Visc.   = In- und exspiratorischer viscöser Strömungswiderstand gemessen mit einer Stromstärke von $1000 \pm 200$ ml/sec in der Mitte der In- und Exspiration

Spez.V. = Spezifische Ventilation = Atemminutenvolumen (BTPS)/$O_2$-Aufnahme (STPD)

VD/VT  = Totraumquotient = funktioneller Totraum/Atemvolumen

St. bic. = Standardbicarbonat

Hb      = Hämoglobin in g-%, angegeben ist immer das aktive Hb ($O_2$-Kap. Vol.-%/1,34)

Fr.     = Pulsfrequenz pro Minute

c.i.     = Herzindex = Herzzeitvolumen/Körperoberfläche

Vstr.   = Herzschlagvolumen

Rbpulm = Lungengefäßwiderstand = $\overline{p}$apulm — $\overline{p}$cp · 80/HZV

HZV   = Herzzeitvolumen in l/min

$\overline{p}$atrd   = Mitteldruck im rechten Vorhof

$\overline{p}$cp     = Mitteldruck in den Lungencapillaren

$\overline{p}$atrs   = Mitteldruck im linken Vorhof, entsprechende Meßwerte sind in den Tabellen meist unter $\overline{p}$cp eingetragen

$\overline{p}$aor    = Mitteldruck in der Aorta oder einer peripheren Arterie

$\overline{p}$apulm = Mitteldruck in der A. pulmonalis

$\overline{x}$       = arithmetischer Mittelwert

$\pm$      = Standardabweichung

Hypoxämie $=$ art. $O_2$-Sttg. $<95\%$

Hyperkapnie $=$ art. $P_{CO_2} >45$ mmHg

Obstruktion $=$ Sekundenkapazität $<65\%$

VHF $=$ Vorhofflimmern

# A. Normalwerte (Tabellen 1—11)

Tabelle 1. *Lungenvolumina, Atemreserven, Sekundenkapazität, Lungen- und Thoraxdehnbarkeit, viscöse Atemwiderstände*

*a) Lungenvolumina (BTPS)* [2, 6, 7, 9]

*Vitalkapazität (VK)* Sollwerte entsprechend Nomogramm Abb. 62

*Residualvolumen (RV)*
Männer RV in % der Totalkapazität $= 15,07 + 0,255 \cdot$ Alter (J.)
Frauen RV in % der Totalkapazität $= 21,05 + 0,159 \cdot$ Alter (J.)

*Totalkapazität (TK)*
Der Sollwert für die Totalkapazität ergibt sich aus der Summe des Sollwerte für Vitalkapazität und Residualvolumen.

*Funktionelle Residualkapazität (FRK)*
FRK $=$ TK $\cdot$ 0,43

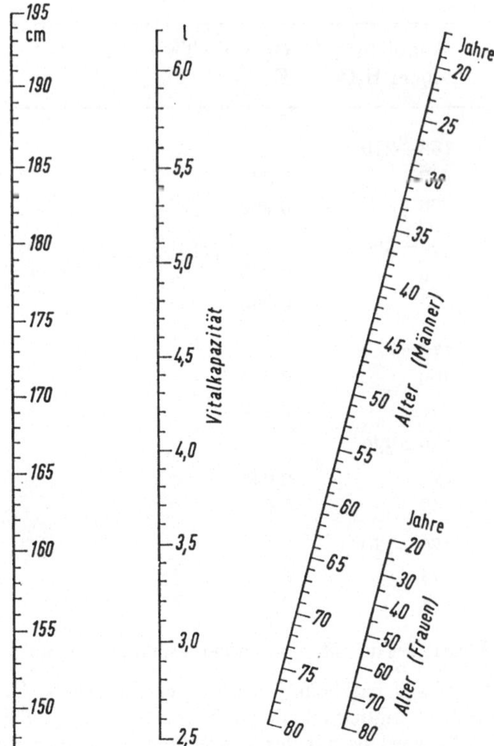


Abb. 62. Nomogramm für die Bestimmung der Soll-Vitalkapazität für Männer und Frauen nach Körpergröße und Alter (6, 7, 9)

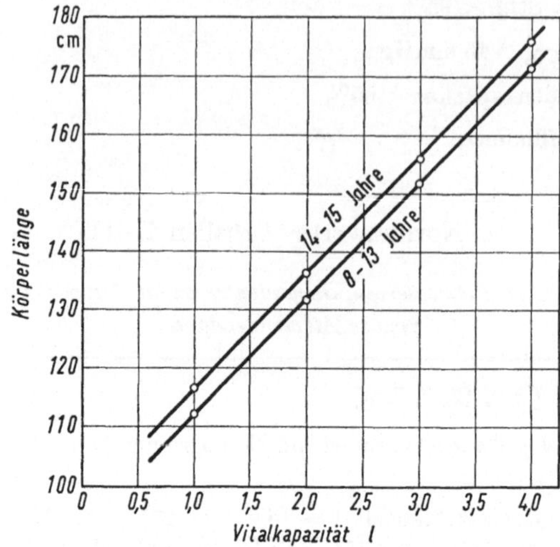


Abb. 63. Nomogramm für die Bestimmung der Soll-Vitalkapazität für Kinder aus der Körpergröße, 2 Altersgruppen

*b) Dynamische Lungencompliance ($C_L$)*

(Bestimmung in halbsitzender Stellung bei Spontanatmung mit Atemvolumina von 800—1200 ml)

|  | Alter (Jahre) | Compliance ml/cm $H_2O$ | $C_L = F \cdot TK$ F |
|---|---|---|---|
| *Männer* | 25—40 | 154—270 |  |
| n = 15 | $\overline{X}$ 33,4 | 217 | 0,034 |
|  | ± 4,2 | 36 | 0,006 |
|  | 41—60 | 162—250 |  |
| n = 24 | $\overline{X}$ 51,9 | 210 | 0,035 |
|  | ± 5,9 | 33 | 0,005 |
|  | über 60 | 145—275 |  |
| n = 17 | $\overline{X}$ 64,8 | 206 | 0,035 |
|  | ± 4,2 | 38 | 0,009 |
| *Frauen* | 21—36 | 130—230 |  |
| n = 12 | $\overline{X}$ 28,6 | 172 | 0,038 |
|  | ± 6,1 | 42 | 0,006 |
|  | 44—57 | 120—230 |  |
| n = 7 | $\overline{X}$ 49,4 | 174 | 0,039 |
|  | ± 4,3 | 46 | 0,009 |

(Die Totalkapazität betrug bei den Männern 5000—8000 ml, bei den Frauen 4000—5200 ml)

*Die Thoraxcompliance ($C_{TH}$)* hat beim Erwachsenen die gleiche Größenordnung wie die Lungencompliance. Beim Säugling ist die Thoraxcompliance größer als die Lungencompliance, im höheren Alter wird sie mit der Versteifung des Thorax kleiner als die Lungencompliance.

*c) Viscöser Lungenwiderstand* ($R_{\text{visc}}$), aufgeteilt in Gewebewiderstand ($R_t$) und Strömungswiderstand ($R_a$) [3].

| | Mittl. Alter (Jahre) | $R_{\text{visc}}$ cm $H_2O$/l/sec | $R_t$ cm $H_2O$/l/sec | $R_a$ cm $H_2O$/l/sec |
|---|---|---|---|---|
| *Kinder* | | | | |
| n = 5 | 10 | $\times$ 3,57 | 1,31 | 2,26 |
| | | $\pm$ 0,98 | 0,37 | 0,73 |
| *Männer* | | | | |
| n = 12 | 32 | $\times$ 1,25 | 0,29 | 0,96 |
| | | $\pm$ 0,28 | 0,12 | 0,27 |
| *Frauen* | | | | |
| n = 7 | 27 | $\times$ 1,96 | 0,50 | 1,46 |
| | | $\pm$ 0,45 | 0,15 | 0,47 |

Diese Widerstandsmessungen wurden bei einer Stromstärke von 0,64—0,65 l/sec durchgeführt.

*d) Sekundenkapazität (SKK)*

(*Tiffeneau*-Test, Timed Vital Capacity)
Die Sekundenkapazität beträgt normalerweise 70—80% der Ist-Vitalkapazität. Eine sichere Einschränkung kann bei einem Wert von weniger als 65% angenommen werden.

*Atemgrenzwert (AGW)* (3)
Der Sollwert des Atemgrenzwertes ergibt sich aus der Soll-Vitalkapazität:

$$\text{AGW} = \text{Soll VK in } 1 \cdot 30$$

Dieser Sollwert gilt für Atemfrequenzen von 40—50/min.

*Pneumometerwert* nach HADORN
Der Sollwert für die maximale exspiratorische Stromstärke ($\dot{V}_{E\,\text{max}}$) berechnet sich wie folgt:

$$\text{Soll } \dot{V}_{E\,\text{max}} = \text{Soll VK in } 1 \cdot 1,14 \text{ sec}^{-1} + 2,24 \text{ l/sec}$$

**Tabelle 2. *Capilläres Blutvolumen und Diffusionskapazität***

*Diffusion*
*CO-Methoden* (Single breath) [5]

*a) Capilläres Blutvolumen* (n = 51, Männer und Frauen über 18 J.)

$$Q_c = 63,5 \cdot \text{OF} - (29,2-0,44 \text{ Alter}) \text{ ml}$$
$$D_{MCO} = 49,2 \cdot \text{OF} + (5,4 -0,67 \text{ Alter}) \text{ ml/min/mmHg}$$

*b) Diffusionskapazität* (91 Männer und Frauen über 18 J.)

Männer $\quad D_{LCO} = 12,19 \cdot \text{OF} - (0,272 \cdot \text{Alter}) + 18,12$ ml/min/mmHg
Frauen $\quad D_{LCO} = 7,67 \cdot \text{OF} - (0,225 \cdot \text{Alter}) + 18,14$ ml/min/mmHg
Knaben unter 18 J. $D_{LCO} = 18,4 \cdot \text{OF} - 2,4$ ml/min/mmHg
Mädchen unter 18 J. $D_{LCO} = 19,2 \cdot \text{OF} - 5,8$ ml/min/mmHg
(Streuung $\pm 30\%$)

Änderungen der CO-Diffusionskapazität bei tiefer Inspiration und bei Arbeit.
Ruhe, mittlere Lungenfüllung $D_{LCO} = 27,3 \pm 0,8$ ml/min/mmHg
Ruhe, tiefe Inspiration $\quad D_{LCO} = 34,4 \pm 0,5$ ml/min/mmHg
Arbeit, mittlere Lungenfüllung $D_{LCO} = 38,3 \pm 9,1$ ml/min/mmHg

*c) $O_2$-Methoden*

Ruhe                     $D_{LO_2} = 21,9 \pm 2,9$ ml/min/mmHg
Arbeit                   $D_{LO_2} = 50 - 70$  ml/min/mmHg

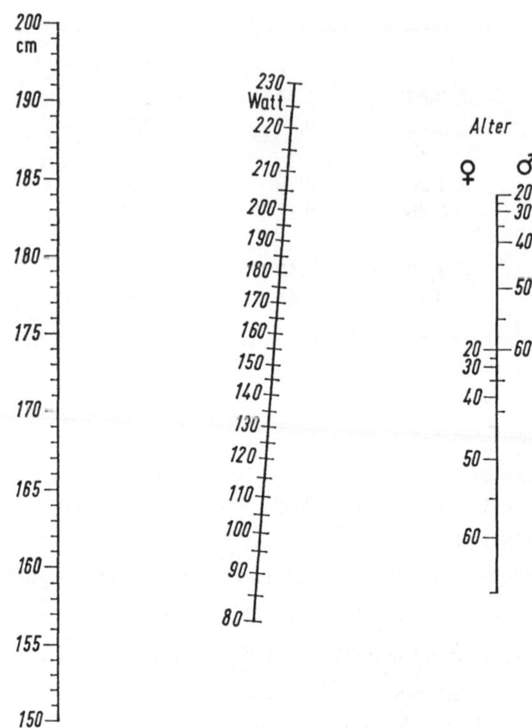

Abb. 64. Nomogramm für die Bestimmung des Sollwertes der Arbeitskapazität für Männer und Frauen nach Körpergröße und Alter

Tabelle 3. *Spezifische Ventilation und Totraumquotient in Ruhe und bei der Arbeit*

|  | Ruhe | leichte Arbeit | mittelschwere Arbeit | schwere Arbeit |
|---|---|---|---|---|
| n | 70 | 25 | 20 | 12 |
| Spez. Vent. ml/ml | $28,0 \pm 3,0$ | $29,0 \pm 4,0$ | $30,0 \pm 3,5$ | $33,0 \pm 4,5$ |
| VD/VT | $0,35 \pm 0,04$ | $0,21 \pm 0,04$ | $0,20 \pm 0,05$ | $0,18 \pm 0,04$ |

Tabelle 4. *Arterielle Blutgase und Elektrolyte im arteriellen Serum in Ruhe und bei körperlicher Arbeit*

| | Ruhe liegend | Arbeit sitzend auf dem Fahrradergometer | | |
| --- | --- | --- | --- | --- |
| | | $\dot{V}_{O_2}$ ml/min | | |
| | | 800—1500 | 1600—2200 | 2800—3400 |
| n | 235 | 160 | 65 | 15 |
| $O_2$-Sttg. % | 96,5 $\pm$ 1,5 | 96,5 $\pm$ 1,5 | 95,5 $\pm$ 1,5 | 95,5 $\pm$ 1,5 |
| $P_{O_2}$ mmHg | 90 $\pm$ 9 | 95 $\pm$ 8 | 92 $\pm$ 7 | 96 $\pm$ 6 |
| pH | 7,40 $\pm$ 0,02 | 7,35 $\pm$ 0,04 | 7,33 $\pm$ 0,04 | 7,24 $\pm$ 0,05 |
| $P_{CO_2}$ mmHg | 38,0 $\pm$ 2,0 | 36,0 $\pm$ 3,0 | 35,0 $\pm$ 3,0 | 31,0 $\pm$ 5,0 |
| $CO_2$ mmol/l | 24,0 $\pm$ 1,7 | 20,1 $\pm$ 2,2 | 19,0 $\pm$ 2,4 | 13,7 $\pm$ 3,8 |
| Stand.-bic. mval/l | 23,0 $\pm$ 2,0 | 20,0 $\pm$ 2,0 | 19,0 $\pm$ 2,5 | 14,6 $\pm$ 3,5 |
| Na mval/l[a] | 138,0 $\pm$ 2,9 | | 139,0 $\pm$ 2,5 | |
| K mval/l | 4,5 $\pm$ 0,4 | | 4,8 $\pm$ 0,4 | |
| Cl mval/l | 103,5 $\pm$ 2,6 | | 103,5 $\pm$ 2,1 | |
| Lactat mval/l[b] | 0,8 $\pm$ 0,3 | | 3,1 $\pm$ 1,5 | |
| Ca mg-% | 9,5 $\pm$ 1,2 | | 9,8 $\pm$ 1,2 | |
| anorg. Phosphate mg-% | 3,1 $\pm$ 0,7 | | 3,6 $\pm$ 0,6 | |
| Gesamteiweiß g-% | 6,9 $\pm$ 0,3 | | 7,5 $\pm$ 0,5 | |

[a] Die Elektrolyte wurden nur bei 30 Versuchspersonen in Ruhe liegend und bei leichter bis mittelschwerer Arbeit sitzend bestimmt. [b] 1 mg % Lactat = 0,111 mval/l.

Die Werte für Ruhe und leichte Arbeit gelten für Männer und Frauen. Die Werte bei mittelschwerer Arbeit ($\dot{V}_{O_2} > 1500$ ml/min) und bei schwerer Arbeit ($\dot{V}_{O_2} > 2700$ ml/min) stammen von Männern im Alter von 22—36 J.

Tabelle 5. *Gase und Elektrolyte im Liquor cerebrospinalis*

| n | 12 Erwachsene, 10 Männer |
| --- | --- |
| pH | 7,31 $\pm$ 0,02 |
| $P_{CO_2}$ mmHg | 46,5 $\pm$ 4,0 |
| $CO_2$ mmol/l | 23,5 $\pm$ 1,6 |
| Na mval/l | 145,0 $\pm$ 3,4 |
| K mval/l | 3,6 $\pm$ 0,3 |
| Cl mval/l | 123,00 $\pm$ 3,2 |
| Ca mg-% | 5,0 $\pm$ 1,4 |
| anorg. Phosphate mg-% | 3,0 $\pm$ 1,2 |
| Molalität[a] mosmol/kg $H_2O$ | 314 $\pm$ 10 |
| Druck mmHg | 13 $\pm$ 3 |

Diese Werte gelten für den im Liegen gewonnenen lumbalen Liquor. Der pH-Wert im cysternalen Liquor liegt im Mittel um 0,02 höher, der $P_{CO_2}$ um 1—2 mmHg tiefer.

[a] Molalität z. T. gemessen, z. T. mit Berücksichtigung der Glucose- und Harnstoffkonzentration berechnet.

**Tabelle 6.** *Arterielle Blutgase während der Gravidität und Gase sowie Elektrolyte im Fruchtwasser*

*a) Arterielle Blutgase während der Gravidität im 5.—9. Monat*

| | Ruhe liegend |
|---|---|
| n | 20 |
| mittleres Alter J. | 26,2 $\pm$ 5,3 |
| Hb g-% | 11,1 $\pm$ 1,6 |
| $O_2$-Sttg. % | 97,9 $\pm$ 1,5 |
| pH | 7,44 $\pm$ 0,03 |
| $P_{CO_2}$ mmHg | 31,4 $\pm$ 3,5 |
| $CO_2$ mmol/l | 21,8 $\pm$ 1,5 |
| Stand. bic. mval/l | 23,3 $\pm$ 1,5 |

*b) Fruchtwasserwerte bei Spontanatmung der Mütter entnommen*

| | 3. Monat | 9. Monat |
|---|---|---|
| n | 20 | 20 |
| pH | 7,10 $\pm$ 0,09 | 6,98 $\pm$ 0,06 |
| $P_{CO_2}$ mmHg | 55,0 $\pm$ 11,0 | 57,0 $\pm$ 6,0 |
| $CO_2$ mmol/l | 18,5 $\pm$ 4,5 | 14,9 $\pm$ 0,9 |
| Na mval/l | 137,1 $\pm$ 3,1 | 127,3 $\pm$ 6,1 |
| K mval/l | 4,2 $\pm$ 0,4 | 4,5 $\pm$ 0,6 |
| Cl mval/l | 109,1 $\pm$ 3,7 | 103,6 $\pm$ 5,3 |

*c) Arterielle Blutgase und Fruchtwasserwerte vor und während willkürlicher Hyperventilation der Mutter. Gravidität im 8—9. Monat, n = 10*

| | arterielles Blut | | | Fruchtwasser | | |
|---|---|---|---|---|---|---|
| | pH | $P_{CO_2}$ mmHg | $CO_2$ mmol/l | pH | $P_{CO_2}$ mmHg | $CO_2$ mmol/l |
| vor $\overline{X}$ | 7,41 | 32,2 | 20,6 | 7,06 | 53,4 | 16,2 |
| $\pm$ | 0,05 | 5,5 | 1,8 | 0,06 | 4,5 | 1,9 |
| 12 $\pm$ 5 min Hyperventilation | | | | | | |
| $\overline{X}$ | 7,53 | 20,9 | 17,9 | 7,07 | 47,6 | 15,2 |
| $\pm$ | 0,05 | 3,4 | 1,4 | 0,07 | 6,5 | 1,6 |

**Tabelle 7.** *Zirkulierendes Blut- und Plasmavolumen* (Bestimmung mit $Cr^{51}$)

| | n | | Alter | Gewicht kg | Blutvol. ml/kg | Erythroc.-vol. ml/kg | Plasmavol. ml/kg | Hkt % unkor. |
|---|---|---|---|---|---|---|---|---|
| Frauen | 8 | $\overline{X}$ | 31,60 | 57,84 | 61,85 | 22,11 | 39,71 | 39,75 |
| | | $\pm$ | 7,30 | 8,50 | 5,58 | 2,60 | 4,22 | 3,36 |
| Männer | 22 | $\overline{X}$ | 27,82 | 74,89 | 67,25 | 27,34 | 39,92 | 45,14 |
| | | $\pm$ | 7,02 | 10,00 | 4,60 | 3,82 | 5,05 | 2,62 |

Tabelle 8. *Blutgase in der A. pulmonalis*[a]

| | Ruhe liegend |
|---|---|
| n | 27, 15 Männer |
| mittleres Alter J. | 24,3 $\pm$ 4,5 |
| $O_2$-Sttg., % | 76,7 $\pm$ 5,3 |
| $P_{O_2}$ mmHg | 43 $\pm$ 5,0 |
| pH | 7,35 $\pm$ 0,01 |
| $P_{CO_2}$ mmHg | 43,5 $\pm$ 3,1 |
| $CO_2$ mmol/l | 24,6 $\pm$ 1,4 |

[a] Herzsondierung ohne pharmakologische Sedierung der Exploranden.

Tabelle 9. *Arterio-venöse $O_2$-Differenz und Herzindex in Ruhe liegend, Alters- und Geschlechtsabhängigkeit*[a]

a) Altersgruppe

| Altersgruppe | Männer | | | | Frauen | | | |
|---|---|---|---|---|---|---|---|---|
| | n | Alter J. | a-v D. ml $O_2$/l | c.i. l/min/m² | n | Alter J. | a-v D. ml $O_2$/l | c.i. l/min/m² |
| 14—20 | 21 | $\overline{\times}$ 17,5 | 37,7 | 3,97 | 11 | 18,7 | 34,7 | 3,76 |
| | | $\pm$ 2,1 | 4,8 | 0,43 | | 1,7 | 4,9 | 0,43 |
| 21—30 | 23 | $\overline{\times}$ 24,9 | 39,9 | 3,72 | 18 | 24,9 | 38,8 | 3,51 |
| | | $\pm$ 2,7 | 5,8 | 0,47 | | 2,4 | 5,5 | 0,62 |
| 31—40 | 15 | $\overline{\times}$ 34,4 | 40,9 | 3,42 | 14 | 36,0 | 37,3 | 3,50 |
| | | $\pm$ 2,9 | 6,8 | 0,58 | | 2,1 | 5,8 | 0,56 |
| 41—50 | 13 | $\overline{\times}$ 45,3 | 40,9 | 3,46 | 11 | 45,0 | 39,8 | 3,18 |
| | | $\pm$ 2,6 | 5,8 | 0,65 | | 2,7 | 5,1 | 0,31 |
| 51—60 | 16 | $\overline{\times}$ 56,4 | 39,6 | 3,31 | 7[b] | 55,3 | 39,9 | 3,24 |
| | | $\pm$ 3,2 | 7,1 | 0,69 | | 6,7 | 6,1 | 0,62 |
| 61—70 | 9 | $\overline{\times}$ 63,9 | 37,0 | 3,29 | | | | |
| | | $\pm$ 4,4 | 3,4 | 0,43 | | | | |

| | Ruhe sitzend[a] | | |
|---|---|---|---|
| n | Alter J. | a-v D. ml $O_2$/l | c.i. l/min/m² |
| 20 | $\overline{\times}$ 23,8 | 52,5 | 3,05 |
| (15 ♂) | $\pm$ 4,1 | 3,1 | 0,64 |

[a] Herzsondierung ohne pharmakologische Sedierung der Exploranden.
[b] 51—70 J.

b) *Ventilations/Perfusionsverhältnis*

| | Ruhe liegend | schwere Arbeit sitzend |
|---|---|---|
| $\dot{V}_A/\dot{Q}$ | 0,8 | 3,5—4,5 |

Tabelle 10. *Morphometrische Daten einer normalen Erwachsenenlunge* [8]

Die Zahlen gelten für eine Blähung der Lunge mit 75% der Totalkapazität

| | |
|---|---|
| Gasvolumen | 4800 ml |
| Gasvolumen der Austauschzone | 3150 ml |
| Zahl der Alveolen | $300 \cdot 10^6$ |
| Zahl der Capillarnetze | $200—300 \cdot 10^6$ |
| Zahl der Ductus alv. | $13—14 \cdot 16^6$, Durchmesser 150—600 $\mu$ |
| Alveolen-Radius | $1,4 \cdot 10^{-2}$ cm |
| Alveolen-Volumen | $1,05 \cdot 10^{-5}$ ml |
| Alveolen-Oberfläche | $27 \cdot 10^{-4}$ cm² |
| Alveolaroberfläche | 81 m² |
| Capillaroberfläche | 70 m² |
| Capilläres Blutvolumen | 140 ml |
| Blutvolumen/Alveole | $4,7 \cdot 10^{-7}$ ml |
| Capillaroberfläche/Alveole | $23,4 \cdot 10^{-4}$ cm² |

Jede Alveole ist in Kontakt mit 1800—2000 Halbcapillarsegmenten. Die Austauschmembran, bestehend aus einem Lipoproteinfilm, Alveolarepithel, Interstitium mit 2 Basalmembranen und Capillarendothel ist nur z. T. regelmäßig. Die mittlere Dicke beträgt 1,3 $\mu$, der größte Teil der Alveolaroberfläche hat eine Dicke von 0,5 $\mu$.

Tabelle 11. *Leistungssportler. Lungenvolumina sowie arterielle Blutgase und Blutvolumen in Ruhe und bei schwerer Arbeit (Vorsaison)*

| | | Alter | Gr cm | Gw kg | TK ml | TK % S | VK % TK | FRK % TK | VT % TK | F | SKK % VK | AGW % S | Spez. V. ml/ml | VD/VT |
|---|---|---|---|---|---|---|---|---|---|---|---|---|---|---|
| n = 14 Männer | $\overline{X}$ | 25,1 | 184,4 | 81,8 | 7904 | 112 | 81 | 35 | 10 | 10,9 | 81 | 116 | 27,9 | 0,35 |
| (12 Ruderer) | ± | 3,1 | 5,6 | 8,0 | 872 | 8 | 5 | 4 | 1 | 1,8 | 7 | 7 | 3,8 | 0,07 |

| Sollwert Arbeitskapazität 204 ± 10 Watt | | | O₂-Sttg. % | $P_{CO_2}$ mmHg | pH | St. bic. mval/l | Lactat mval/l | Hb g-% | Ew g-% | Blutvol. ml/kg | Plasmavol. ml/kg | Puls | $\overline{p}$abrach mmHg |
|---|---|---|---|---|---|---|---|---|---|---|---|---|---|
| | Ruhe | $\overline{X}$ | 96,2 | 41,3 | 7,38 | 23,6 | 1,15 | 14,6 | 7,1 | 76,9 | 46,2 | 59 | 92 |
| | | ± | 0,6 | 2,6 | 0,02 | 0,6 | 0,35 | 0,6 | 0,6 | 7,1 | 4,7 | 7 | 6 |
| | | | | | | | | + | +g-% — | — ml | | | |
| 234 Watt | | $\overline{X}$ | 95,3 | 40,5 | 7,35 | 21,6 | 3,12 | 1,2 | 0,7 | 417 | 406 | 154 | 117 |
| ± 22 Watt | | ± | 1,4 | 3,8 | 0,04 | 1,7 | 1,64 | 0,5 | 0,3 | 150 | 142 | 10 | 12 |

(Alle Blutentnahmen in Ruhe und bei Arbeit im Sitzen. Zunahme der Hämoglobin- und Eiweißkonzentration in g-%, Abnahme des Blut- und Plasmavolumens in ml.)

# B. Allgemeine Pathophysiologie der Atmung (Tabellen 12—22)

**Tabelle 12.** *Hämodynamik und Blutvolumen in Ruhe und bei Arbeit in Meereshöhe und nach 10 Tagen Aufenthalt in 3100 m Höhe* [1]

8 Männer, 25,4 ± 4,0 J., 1,94 ± 0,13 m². Arbeit auf dem Fahrradergometer liegend

| | | | Gewicht kg | $\dot{V}_{O_2}$ ml | Blutvol. ml | Plasmavol. ml | Hkt % | Puls | Vstr ml | c. i. l/min/m² | a-vD ml/l | $\bar{p}$apulm mmHg | $\bar{p}$aor mmHg |
|---|---|---|---|---|---|---|---|---|---|---|---|---|---|
| *Meereshöhe* | | | | | | | | | | | | | |
| PB 760 mmHg | Ruhe | $\overline{x}$ | 78,6 | 260 | *5798* | *3569* | 42,4 | 71 | 92 | 3,36 | 40,1 | 16 | 92 |
| | | ± | 9,6 | 15 | 509 | 380 | 1,8 | 11 | 36 | 0,47 | 4,6 | 3 | 9 |
| $P_{aO_2}$ 88—90 mmHg | 50 Watt | $\overline{x}$ | | 942 | — | — | — | 104 | 113 | 5,96 | 81,9 | — | — |
| pH 7,38 | | ± | | 88 | | | | 15 | 24 | 0,65 | 11,1 | | |
| | 100 Watt | $\overline{x}$ | | 1655 | — | — | — | 132 | 122 | 8.11 | 106,1 | 22 | 109 |
| | | ± | | 93 | | | | 21 | 27 | 0,74 | 10,8 | 9 | 12 |
| *nach 10 Tagen auf 3100 m* | | | | | | | | | | | | | |
| PB 530 mmHg | | $\overline{x}$ | 77,9 | 273 | *5453* | *3171* | *46,1* | 69 | 91 | 3,12 | 45,6 | 15 | 94 |
| | | ± | 9,7 | 37 | 513 | 341 | *1,3* | 11 | 25 | 0,62 | 4,8 | 3 | 7 |
| $P_{aO_2}$ 53—56 | 50 Watt[a] | $\overline{x}$ | | 908 | — | — | — | 99 | *101* | *5,05* | 93,1 | — | — |
| pH 7,43 | | ± | | 66 | | | | 12 | 21 | 0,41 | 9,6 | | |
| | 100 Watt[b] | $\overline{x}$ | | 1603 | — | — | | 134 | *102* | *6,94* | 121,2 | 26 | 120 |
| | | ± | | 128 | | | | 19 | 24 | 0,79 | 11,6 | 5 | 7 |

[a] 6 Probanden.
[b] 7 Probanden.

Tabelle 13. *Leistungssportler. Gewichts- und Blutvolumenabnahme sowie Elektrolyte im arteriellen Serum im Verlaufe von 3 Belastungen auf dem Fahrradergometer*

(14 Leistungssportler, 25 l $\pm$ 3,1 J., 184,4 $\pm$ 5,6 cm, 81,8 $\pm$ 8,0 kg, BV = 76,9 $\pm$ 7,1 ml/kg, PV = 46,2 $\pm$ 4,7 ml/kg)

| | n | — g<br>g | — BV<br>ml | — PV<br>ml | Hkt<br>% | Eiw.<br>g-% | Na<br>mval/l | Cl<br>mval/l | K<br>mval/l | Ca<br>mg-% | Ph<br>mg-% |
|---|---|---|---|---|---|---|---|---|---|---|---|
| Ruhe | 14 | 0 | 0 | 0 | 44,4 | 7,1 | 139,8 | 100,1 | 4,0 | 9,4 | 3,1 |
| | $\pm$ | | | | 2,1 | 0,6 | 2,8 | 3,3 | 0,3 | 0,4 | 0,4 |
| 1. Arbeit (10′) | 14 $\overline{x}$ | 240,0 | 414,6 | 411,2 | 47,5 | 7,9 | 141,2 | 100,4 | 4,8 | 9,9 | 3,9 |
| 234 $\pm$ 21 Watt | $\pm$ | 47,5 | 160,8 | 145,0 | 2,0 | 0,4 | 1,8 | 1,8 | 0,5 | 0,6 | 0,6 |
| Erholung (30′) | 14 $\overline{x}$ | 360,7 | 65,2 | 32,0 | 44,3 | 7,2 | 139,9 | 100,3 | 4,0 | 9,4 | 3,3 |
| | $\pm$ | 60,4 | 48,4 | 35,6 | 2,1 | 0,5 | 2,7 | 2,4 | 0,2 | 0,3 | 0,4 |
| 2. Arbeit (10′) | 14 $\overline{x}$ | 580,0 | 511,0 | 483,4 | 47,7 | 7,9 | 142,0 | 101,1 | 5,0 | 10,1 | 3,8 |
| 234 $\pm$ 21 Watt | $\pm$ | 97,0 | 157,0 | 132,0 | 1,9 | 0,5 | 2,6 | 2,2 | 0,5 | 0,7 | 0,4 |
| Erholung (30′) | 14 $\overline{x}$ | 710,7 | 166,3 | 105,2 | 44,5 | 7,1 | 140,7 | 101,7 | 4,0 | 9,5 | 3,2 |
| | $\pm$ | 106,0 | 78,2 | 69,0 | 2,0 | 0,5 | 1,8 | 2,6 | 0,4 | 0,3 | 0,5 |
| 3. Arbeit (10′) | 13 $\overline{x}$ | 929,2 | 557,0 | 495,6 | 47,6 | 7,9 | 143,3 | 103,0 | 5,2 | 10,2 | 3,7 |
| 236 $\pm$ 20 Watt | $\pm$ | 131,3 | 119,5 | 118,2 | 2,1 | 0,4 | 1,6 | 2,8 | 0,4 | 0,5 | 0,3 |
| Erholung (30′) | 13 $\overline{x}$ | 1069,0 | 223,9 | 129,1 | 44,2 | 7,2 | 141,8 | 102,9 | 4,1 | 9,7 | 3,1 |
| | $\pm$ | 141,0 | 71,1 | 49,4 | 2,0 | 0,5 | 1,7 | 1,9 | 0,2 | 0,3 | 0,4 |

— g = Gewichtsabnahme in Gramm gegenüber dem Ausgangswert, — BV und — PV = Abnahme des Blut- und Plasmavolumens in ml gegenüber dem Ausgangswert im Sitzen, Hkt = Hämatokrit im art. Blut, Eiw = Eiweiß im art. Serum.

Tabelle 14. *Leistungssportler. Blutvolumenabnahme im Vergleich zum Vorwert nach 10 min Arbeit bei normalem und bei erniedrigtem $O_2$-Druck mit und ohne Hyperventilation*

I = normaler insp. $PO_2$, II = Hypoxie, III = Hypoxie und erhebliche Hyperventilation

| | n | $O_2$-Sttg. % | pH | $P_{CO_2}$ mmHg | Stbic mval/l | Lactat mval/l | Na mval/l | K mval/l | Cl mval/l | Ca mg-% | Ph mg-% | BV ml | Hb g-% | Hkt % | Eiw g-% | p̄abrach mmHg | Puls / min |
|---|---|---|---|---|---|---|---|---|---|---|---|---|---|---|---|---|---|
| Ruhe | 14 $\overline{x}$ | 96,2 | 7,38 | 41,3 | 23,6 | 1,13 | 139,7 | 4,0 | 100,4 | 9,4 | 3,1 | 0 | 14,6 | 44,4 | 7,2 | 92,0 | 59 |
| $P_{IO_2}$ = 140 mmHg | ± | 0,6 | 0,02 | 2,6 | 0,6 | 0,39 | 3,29 | 0,29 | 3,40 | 0,43 | 0,37 | | 0,6 | 2,1 | 6,0 | 6,0 | 7 |
| I. 234 ± 22 Watt | 14 $\overline{x}$ | 95,3 | 7,35 | 40,5 | 21,6 | 3,12 | 141,9 | 4,9 | 101,3 | 9,8 | 3,9 | 416,8 | 15,8 | 47,4 | 7,9 | 117,4 | 155 |
| $P_{IO_2}$ = 140 mmHg | ± | 1,4 | 0,04 | 3,8 | 1,7 | 1,64 | 1,80 | 0,46 | 2,18 | 0,61 | 0,49 | 150,2 | 0,5 | 1,9 | 0,5 | 11,8 | 11 |
| II. 233 ± 25 Watt | 10 $\overline{x}$ | 80,8 | 7.37 | 33,1 | 20,3 | 5,22 | 142,0 | 4,9 | 100,7 | 10,3 | 4,0 | 404,2 | 15,9 | 47,6 | 7,9 | 123,8 | 163 |
| $P_{IO_2}$ = 100 mmHg | ± | 5,2 | 0,03 | 2,2 | 1,7 | 1,70 | 2,16 | 0,54 | 2,21 | 0,45 | 0,66 | 115,8 | 0,7 | 1,7 | 0,4 | 10,3 | 12 |
| III. 239 ± 19 Watt | 11 $\overline{x}$ | 85,9 | 7,42 | *26,0* | 19,3 | 6,48 | 142,1 | 5,2 | 101,8 | 10,2 | 3,8 | *484,0* | 16,0 | 47,6 | 7,8 | 115,3 | 166 |
| $P_{IO_2}$ = 100 mmHg | ± | 5,0 | 0,08 | 3,4 | 2,0 | 2,34 | 2,94 | 0,10 | 3,13 | 0,69 | 0,54 | 120,0 | 0,7 | 1,9 | 0,5 | 7,4 | 14 |

1 mg-% Lactat = 0,111 mval/l.

Tabelle 15. *Hyperbarer Sauerstoff. Blutgase im Armvenenblut, Pulsfrequenz bei leichter Arbeit*

a) *Blutgase im Armvenenblut, liegend, ohne Stauung entnommen*
n = 7, 5 Männer, mittleres Alter 21,8 $\pm$ 3,1 J.

| | | $P_{IO_2}$ 140 $\pm$ 10 | 1800 $\pm$ 100 mmHg | |
|---|---|---|---|---|
| | | | 3 min | 10—20 min |
| $O_2$-Sttg., % | $\overline{X}$ | 70,0 | 95,8 | 92,7 |
| | $\pm$ | 12,2 | 1,7 | 4,1 |
| $P_{CO_2}$ mmHg | $\overline{X}$ | 46,1 | 45,6 | 47,0 |
| | $\pm$ | 4,2 | 2,5 | 2,5 |

b) *Pulsfrequenz in Ruhe und während 10 min Arbeit liegend auf dem Fahrradergometer 85 Watt*
n = 22 Männer, mittleres Alter 24,3 $\pm$ 4,1 J.

| | $P_{IO_2}$ | 140 $\pm$ 10 | 370 $\pm$ 20 | | 1100 $\pm$ 100 mmHg | |
|---|---|---|---|---|---|---|
| | Ruhe | Arbeit | Ruhe | Arbeit | Ruhe | Arbeit |
| Pulsfr. | 71 | 122 | 68 | 119 | 65 | 116 |
| | $\pm$ 8 | 24 | 12 | 23 | 5 | 19 |

Tabelle 16. *Akute willkürliche Hyperventilation. Arterielle Blutgase, Elektrolyte, Plasmavolumen, Pulsfrequenz, Blutdruck, Hauttemperatur und Gase im Liquor cerebrospinalis*

a) *Arterielle Blutgase, Elektrolyte, Plasmavolumen, Pulsfrequenz, Blutdruck, Hauttemperatur*
   n = 10, 6 Männer, 29,0 ± 8,2 J.

| | | pH | $P_{CO_2}$ mmHg | $CO_2$ mmol/l | St. bic. mval/l | Lactat mval/l | Na mval/l | K mval/l | Cl mval/l | Ca mg-% | Ph mg-% | Pyruvat mg-% | Hkt % | Ew g-% | Plasmav. ml/kg | Fr | $\bar{p}_{a brach.}$ mmHg | Hauttemp. °C |
|---|---|---|---|---|---|---|---|---|---|---|---|---|---|---|---|---|---|---|
| vor | $\overline{X}$ | 7,40 | 39,4 | 25,0 | 24,2 | 1,05 | 139,2 | 4,1 | 102,4 | 9,5 | 3,2 | 0,27 | 43,5 | 6,8 | 38,3 | 79 | 96 | 29,1 |
| | ± | 0,02 | 3,0 | 2,0 | 2,0 | 0,39 | 2,5 | 0,3 | 3,9 | 0,8 | 0,7 | 0,13 | 4,2 | 0,3 | 4,9 | 15 | 8 | 4,0 |
| 20 min | $\overline{X}$ | 7,63 | 17,8 | 18,0 | 22,9 | 2,06 | 138,7 | 4,1 | 105,2 | 9,8 | 2,1 | 0,33 | 44,0 | 7,1 | 36,1 | 93 | 92 | 26,1 |
| *Hyperv.* | ± | 0,03 | 3,1 | 2,4 | 1,7 | 0,69 | 2,9 | 0,2 | 2,4 | 0,3 | 0,6 | 0,14 | 4,4 | 0,4 | 4,1 | 12 | 7 | 4,0 |
| 20 min | $\overline{X}$ | 7,42 | 34,2 | 22,8 | 23,0 | 1,20 | 139,2 | 3,7 | 104,9 | 9,4 | 2,2 | 0,34 | 43,6 | 6,8 | 37,7 | 78 | 93 | 31,1 |
| *Erhlg.* | ± | 0,05 | 5,1 | 2,5 | 1,9 | 0,31 | 2,1 | 0,1 | 2,6 | 0,4 | 0,6 | 0,15 | 4,5 | 0,5 | 4,4 | 14 | 9 | 4,2 |
| 40 min | $\overline{X}$ | 7,42 | 36,1 | 23,8 | 23,7 | 0,91 | 139,1 | 3,8 | 104,9 | 9,5 | 2,3 | 0,37 | 43,2 | 6,6 | 38,0 | 81 | 93 | 32,5 |
| *Erhlg.* | ± | 0,03 | 3,3 | 1,8 | 1,7 | 0,23 | 3,8 | 0,2 | 2,4 | 0,4 | 0,7 | 0,09 | 4,3 | 0,3 | 4,1 | 17 | 8 | 4,1 |

b) *Blut- und Liquorgase sowie Druckwerte*
   n = 6 Männer, 36,2 ± 6,7 J.

| | | vor | | 15—20 min Hyperventilation | |
|---|---|---|---|---|---|
| | | art. Blut | Liquor | art. Blut | Liquor |
| pH | $\overline{X}$ | 7,40 | 7,32 | 7,59 | 7,45 |
| | ± | 0,03 | 0,03 | 0,05 | 0,06 |
| $P_{CO_2}$ | $\overline{X}$ | 38,5 | 47,5 | 20,1 | 33,0 |
| mmHg | ± | 3,5 | 4,3 | 3,0 | 4,2 |
| $CO_2$ | $\overline{X}$ | 24,3 | 24,5 | 19,7 | 23,1 |
| mmol/l | ± | 1,9 | 1,8 | 2,2 | 1,9 |
| Druck | $\overline{X}$ | 92 | 13 | 89 | 7 |
| mmHg | ± | 9 | 3 | 10 | 3 |

Tabelle 17. *Verteilungsstörung. Alveolo-arterielle $O_2$- und $N_2$-Gradienten in Ruhe und bei Arbeit* (Berechnetes Beispiel)

| $P_{IN_2}$ mmHg 554 | | Ruhe | | | 100 Watt | | |
|---|---|---|---|---|---|---|---|
| | | re | li | re + li | re | li | re + li |
| $\dot{V}_E$ | ml/min | 6500 | 1500 | 8000 | 31000 | 10000 | 41000 |
| $\dot{V}_{CO_2}$ | ml/min | 188 | 17 | 205 | 1040 | 350 | 1390 |
| $\dot{V}_{O_2}$ | ml/min | 206 | 44 | 250 | 1020 | 480 | 1500 |
| RQ | | 0,91 | 0,39 | 0,82 | 1,02 | 0,73 | 0,93 |
| Spez. V. | ml/ml | 31,6 | 34,0 | 32,0 | 30,4 | 20,8 | 27,3 |
| $P_{ACO_2}$ | mmHg | 36,0 | 43,0 | 38,3 | 36,0 | 43,0 | 38,3 |
| $P_{AO_2}$ | mmHg | 107 | 50 | *101* | 110 | 90 | *105* |
| $P_{AN_2}$ | mmHg | 557 | 607 | | 554 | 567 | |
| $P_{O_2}$ endkap. | mmHg | 103 | 49 | | 100 | 82 | |
| $P_{aO_2}$ | mmHg | | | *70* | | | *90* |
| $P_{aN_2}$ | mmHg | | | *573* | | | *558* |
| $O_2$-Sttg., % | | 97,5 | *83,5* | *92,8* | 97,0 | *94,2* | *96,0* |
| $\dot{V}_A$ ml/min | | 4500 | 340 | 4620 | 24930 | 7025 | 31320 |
| VD/VT | | 0,31 | 0,77 | 0,42 | 0,20 | 0,30 | 0,24 |
| $\dot{Q}$ ml/min | | 4000 | 2000 | 6000 | 10000 | 5000 | 15000 |

Voraussetzungen für die Berechnung: $P = 747$, $P_{IO_2} = 146$, $P_{IN_2} = 554$, $P_{\bar{v}O_2} = 40$, $P_{\bar{v}CO_2} = 45$ mmHg. $O_2$-Sttg. $\bar{v} = 73\%$, bei Arbeit $P_{\bar{v}O_2} = 25$, $P_{\bar{v}CO_2} = 55$ mmHg, $O_2$-Sttg. $v = 46,8\%$, $O_2$-Kap. $= 20,0$ Vol.-%.

Tabelle 18. *Hämodynamik bei akuter alveolärer Hypoventilation mit einem Respirator bei Muskelerschlaffung in oberflächlicher Narkose*

| | | $O_2$-Sttg. % | $P_{CO_2}$ mmHg | Fr | c.i. l/min/m² | Vstr ml | Rbpulm dyn sec cm⁻⁵ | $\bar{p}$atrd mmHg | $\bar{p}$cp mmHg | $\bar{p}$abrach mmHg | pH |
|---|---|---|---|---|---|---|---|---|---|---|---|
| 1. Beatmung entsprechend $\dot{V}_{O_2}$ | | | | | | | | | | | |
| $P_{AO_2}$ 95 ± 5 mmHg | x̄ | 96,4 | 42,8 | 83 | 3,20 | 67 | 155 | 3 | 5 | 90 | 7,35 |
| | ± | 1,1 | 4,1 | 12 | 1,10 | 14 | 60 | 1 | 1 | 16 | 0,02 |
| 2. 15 min Hypoventilation mit Luft | | | | | | | | | | | |
| $P_{AO_2}$ 69 ± 14 mmHg | x̄ | 85,0 | 55,0 | 89 | 2,80 | 54 | 330 | 3 | 4 | 103 | 7,28 |
| | ± | 9,0 | 6,8 | 8 | 1,00 | 16 | 155 | 1 | 1 | 6 | 0,03 |
| 3. 15 min Hypoventilation mit 70% $O_2$ | | | | | | | | | | | |
| $P_{AO_2}$ 420 ± 50 mmHg (n = 4) | x̄ | 100 | 53,8 | 90 | 3,3 | 62 | 205 | 3 | 5 | 108 | 7,26 |
| | ± | | 5,0 | 14 | 1,20 | 17 | 70 | 1 | 2 | 10 | 0,03 |

n = 8, 7 Männer, 37,0 ± 7,4 J.

Tabelle 19. *Blut- und Liquorgase sowie Elektrolyte und Liquordruck bei akuter und chronischer Hypoventilation*

*a)* *Akute Hypoventilation mit einem Respirator bei Muskelerschlaffung und oberflächlicher Narkose,* n = 6 Männer, 39,0 ± 15,3 J.

| | | Beatmung entsprechend Gaswechsel mit 40% $O_2$ | | | | Hypoventilation mit 60% $O_2$ | | | |
|---|---|---|---|---|---|---|---|---|---|
| | | pH | $P_{CO_2}$ mmHg | $CO_2$ mmol/l | Druck mmHg | pH | $P_{CO_2}$ mmHg | $CO_2$ mmol/l | Druck mmHg |
| B. | $\overline{X}$ | 7,37 | 42,3 | 25,4 | 84 | *7,26* | *60,7* | 28,8 | 97 |
| | ± | 0,03 | 2,1 | 1,5 | 12 | 0,04 | 8,1 | 3,0 | 13 |
| L. | $\overline{X}$ | 7,31 | 48,1 | 24,0 | 12 | *7,20* | *63,2* | 24,9 | *28* |
| | ± | 0,03 | 2,5 | 1,3 | 3 | 0,04 | 5,7 | 0,7 | 7 |

*b)* *Chronische alveoläre Hypoventilation wegen obstruktiven Lungenemphysem,* n = 6 Männer, 57,6 ± 8,1 J.

| | | $O_2$-Sttg. % | pH | $P_{CO_2}$ mmHg | $CO_2$ mmol/l | Na mval/l | K mval/l | Cl mval/l | Ca mg-% | Druck mmHg |
|---|---|---|---|---|---|---|---|---|---|---|
| B. | $\overline{X}$ | *78,1* | 7,34 | *56,6* | 31,7 | 138,0 | 5,3 | 100,0 | 9,6 | 97 |
| | ± | 10,8 | 0,02 | 4,5 | 2,9 | 4,5 | 0,8 | 4,1 | 1,7 | 12 |
| L. | $\overline{X}$ | — | 7,23 | *68,9* | 29,1 | 140,8 | 3,2 | 115,1 | 4,5 | *17* |
| | ± | | 0,02 | 6,0 | 1,6 | 7,5 | 0,4 | 7,3 | 0,6 | 4 |

B. = art. Blut, L. = lumbaler Liquor cerebrospinalis.

Tabelle 20. *Sauerstoff-Wirkung auf den Lungenkreislauf in Ruhe und bei Arbeit (Einzelbeispiel)*

| Hämodynamik | Alter | Fr. | c.i. l/min/m² | Vstr ml | Rbpulm dyn sec cm⁻⁵ | $\bar{p}$atrd mmHg | $\bar{p}$cp mmHg | $\bar{p}$aor mmHg | $O_2$-Sttg. % | $P_{CO_2}$ mmHg | pH |
|---|---|---|---|---|---|---|---|---|---|---|---|
| R. Karl | 62 | | | | | | | | | | |
| obstr. Emphysem | | | | | | | | | | | |
| Ruhe Luftatmung | | 74 | 3,2 | 74 | 390 | 3 | 6 | 100 | 83,0 | 56,0 | 7,34 |
| Ruhe 60% $O_2$ | | 68 | 3,0 | 76 | 280 | 3 | 5 | 98 | 100 | 66,0 | 7,29 |
| 60 Watt Luftatmung | | 124 | 6,1 | 83 | 325 | 4 | 8 | 110 | 78,0 | 59,0 | 7,31 |
| 60 Watt 60% $O_2$ | | 128 | 6,2 | 82 | 260 | 4 | 9 | 112 | 100 | 75,8 | 7,23 |

Tabelle 21. *Arterielle und venöse Blutgase bei vermindertem Herzzeitvolumen. Schwere Pulmonalstenose, Hypovolämie bei akuter Blutung, chronische Anämie* (Einzelbeispiele)

| | Normal 180 Watt | Pulmonalstenose Ruhe | Pulmonalstenose 75 Watt | Akute Blutung Ruhe | Chron. Anämie Ruhe |
|---|---|---|---|---|---|
| Hb g-% | 15,8 | 15,2 | 15,9 | 15,1 | 5,6 |
| Blutvolumen ml | 5600 | 4900 | 4750 | 2500 | 4700 |
| c.i. l/min/m² | 9,5 | 2,6 | 4,8 | 1,5 | 4,6 |
| Fr | 168 | 88 | 172 | 116 | 88 |
| *art. Blut* | | | | | |
| $O_2$-Sttg., % | 96,0 | 96,5 | 96,0 | 97,5 | 93,5 |
| $P_{CO_2}$ mmHg | 35,0 | 34,0 | 29,0 | 27,0 | 32,0 |
| pH | 7,30 | 7,39 | 7,35 | 7,44 | 7,41 |
| St. bic. mval/l | 18,0 | 22,0 | 18,0 | 21,0 | 21,5 |
| *ven. Mischblut* | | | | | |
| $O_2$-Sttg., % | 28,0 | 72,0 | 30,5 | 50,5 | 58,0 |
| $P_{CO_2}$ mmHg | 69,0 | 46,0 | 64,0 | 48,0 | 41,0 |
| pH | 7,15 | 7,34 | 7,17 | 7,23 | 7,35 |
| a-v D. $O_2$ ml/l | 147,1 | 52,4 | 142,0 | 97,9 | 29,6 |

Tabelle 22. *Lungendehnbarkeit und Strömungswiderstände in Abhängigkeit zum Druck im linken Vorhof*

| | | Alter | p̄atrs mmHg | Compl. ml/cm $H_2O$ | Viscance cm $H_2O$/l/sec Insp. | Viscance Exsp. | $O_2$-Sttg. % | $P_{CO_2}$ mmHg |
|---|---|---|---|---|---|---|---|---|
| *chronische Stauung bei Mitralstenosen* | | | | | | | | |
| 1. leicht | X̄ | 41,3 | *17* | 135 | 3,1 | 4,1 | 96,3 | 36,0 |
| n = 25, 7 Männer | ± | 9,7 | 4 | 51 | 2,6 | 3,4 | 1,3 | 4,5 |
| 2. schwer | | | | | | | | |
| n = 15, 5 Männer | X̄ | 40,0 | *28* | *95* | 4,0 | 5,8 | 95,3 | 36,6 |
| | ± | 8,6 | 2 | 35 | 3,1 | 4,5 | 2,9 | 4,2 |
| 3. akutes Lungenödem | | | | | | | | |
| n = 1 | | 59,0 | *40* | *13* | 6,2 | 7,8 | 93,5 | 25,7 |
| *akute Erhöhung des Druckes im linken Vorhof mit Angiotensin* | | | | | | | | |
| n = 8, 4 Männer[a] | X̄ | 42,8 | *15* | 156 | 3,3 | 5,4 | 96,5 | 37,5 |
| vor Angiotensin | ± | 9,8 | 7 | 49 | 1,5 | 2,5 | 1,8 | 2,9 |
| nach Angiotensin | X̄ | | *29* | 144 | 3,8 | 4,9 | 97,2 | 36,2 |
| | ± | | 6 | 48 | 2,0 | 2,6 | 1,9 | 3,5 |

[a] Zum Teil normal, z. T. leichte Mitralstenosen.

Tabellen

## C. Spezielle Pathophysiologie der Atmung

Tab. 23—34 Lungenkrankheiten   Tab. 35—45 Herz- und Gefäßerkrankungen   Tab. 46—51 Extrathorakale Erkrankungen

Tabelle 23. *Thoraxdeformitäten und Thorakoplastik. Lungenvolumina und arterielle Blutgase. Hämodynamik in Ruhe und bei Arbeit bei Trichterbrust*

| *Lungenfunktion* | | Alter | Hb g-% | TK % S | VK % TK | FRK % TK | VT % TK | F | SKK % VK | AGW % S | Spez. V. ml/ml | VD/VT | $O_2$-Sttg. % | $P_{CO_2}$ mmHg | St.bic. mval/l |
|---|---|---|---|---|---|---|---|---|---|---|---|---|---|---|---|
| *Schwere Trichterbrust* | | | | | | | | | | | | | | | |
| n = 9, 7 Männer | $\overline{x}$ | 23,2 | 14,8 | 93 | 75 | 39 | 10 | 14,6 | 80 | 80 | 34,6 | 0,38 | 97,2 | 39,6 | 23,5 |
| Größe 179 ± 7 cm | ± | 8,2 | 1,7 | 12 | 6 | 5 | 3 | 3,5 | 8 | 18 | 10,0 | 1,10 | 0,9 | 4,0 | 1,8 |
| Distanz Sternum-Wirbelsäule | | | | | | | | | | | lieg. Arb. 110 Watt | | 96,7 | 35,8 | 19,5 |
| 6 ± 3 cm | | | | | | | | | | | ± 24 Watt | | 1,0 | 5,0 | 1,9 |
| | | | | | | | | | | | sitz. Arb. 90 Watt | | 96,7 | 35,3 | 19,2 |
| | | | | | | | | | | | ± 23 Watt | | 0,9 | 5,2 | 1,1 |
| *Schwere Kyphoskoliose* | | | | | | | | | | | | | | | |
| Kinder, Größe 149 ± 7 cm | | | | | | | | | | | | | | | |
| n = 32, 16 Knaben | $\overline{x}$ | 14,0 | 14,1 | 73 | 65 | 48 | 16 | 19,2 | 76 | 64 | 32,5 | 0,39 | 96,0 | 36,0 | 21,8 |
| 7/32 Hypoxämie | ± | 1,5 | 1,6 | 12 | 10 | 10 | 5 | 5,0 | 5 | 14 | 5,8 | 0,04 | 1,5 | 3,2 | 2,2 |
| Erwachsene, Größe 146 ± 8 cm | | | | | | | | | | | | | | | |
| n = 11, 4 Männer | $\overline{x}$ | 50,5 | 12,3 | 55 | 52 | 57 | 15 | 23,3 | 73 | 41 | 35,5 | 0,50 | 88,4 | 45,0 | 24,5 |
| 8/11 Hypoxämie | ± | 12,2 | 4,3 | 23 | 9 | 8 | 3 | 7,0 | 4 | 17 | 10,0 | 0,14 | 12,2 | 9,6 | 2,3 |
| 9/11 Obstruktion | | | | | | | | | | | | | | | |
| 5/11 Cor pulm. | | | | | | | | | | | | | | | |
| *Thorakoplastik* | | | | | | | | | | | | | | | |
| 7—10 Rippen | $\overline{x}$ | 47,2 | 13,8 | 63 | 58 | 53 | 15 | 18,0 | 64 | 40 | 37,0 | 0,47 | 94,8 | 39,6 | 23,2 |
| n = 12, 8 Männer | ± | 6,5 | 1,9 | 12 | 10 | 10 | 4 | 5,1 | 14 | 15 | 5,6 | 0,10 | 3,5 | 8,1 | 1,8 |
| 3/12 Hypoxämie | | | | | | | | | | | | | | | |
| 3/12 Obstruktion | | | | | | | | | | | | | | | |
| 2/12 Cor pulm. | | | | | | | | | | | | | | | |

Tabelle 23. (Fortsetzung)

| Hämodynamik | | Fr. | c.i. l/min/m² | Vstr ml | Rbpulm dyn sec cm⁻⁵ | $\bar{p}$atrd mmHg | $\bar{p}$cp mmHg | $\bar{p}$aor mmHg |
|---|---|---|---|---|---|---|---|---|
| *Schwere Trichterbrust* | | | | | | | | |
| n = 9, 7 Männer | $\overline{X}$ | 75 | 4,1 | 102 | 84 | 2 | 6 | 86 |
| | ± | 8 | 0,7 | 22 | 16 | 1 | 2 | 9 |
| Arbeit 110 Watt liegend | $\overline{X}$ | 146 | 8,5 | 106 | 57 | 3 | 10 | 107 |
| | ± | 16 | 1,3 | 23 | 15 | 1 | 2 | 9 |
| Arbeit 90 Watt, sitzend | $\overline{X}$ | *166* | 6,0 | *67* | 57 | 3 | 12 | 101 |
| | ± | 17 | 0,7 | 8 | 15 | 1 | 2 | 11 |

Tabelle 24. *Lungenfunktion nach schweren Thoraxverletzungen mit Hämato- und Pneumothorax*

| Lungenfunktion | | Alter | Hb g-% | TK % S | VK % TK | FRK % TK | VT % TK | F | SKK % VK | AGW % S | Spez. V. ml/ml | VD/VT | O₂-Sttg. % | P_CO₂ mmHg | St.bic. mval/l |
|---|---|---|---|---|---|---|---|---|---|---|---|---|---|---|---|
| **Untersuchung frühestens 1 Jahr nach dem Unfall** | | | | | | | | | | | | | | | |
| *jüngere Patienten* | | | | | | | | | | | | | | | |
| n = 11 Männer | X̄ | 36,3 | 15,3 | 91 | 74 | 40 | 9 | 17,5 | 68 | 73 | 33,6 | 0,42 | 96,5 | 39,3 | 23,3 |
| 2/11 Hypoxämie | ± | 8,6 | 1,9 | 8 | 8 | 6 | 2 | 5,7 | 6 | 11 | 10,1 | 0,10 | 1,5 | 4,3 | 2,1 |
| 5/11 Obstrukt. | | | | | | | | | | | Arbeit, Watt | | | | |
| | | | | | | | | | | Soll | effekt. | Puls | | | |
| | X̄ | | | | | | | | | 173 | 143 | 143 | 96,0 | 39,8 | 18,5 |
| | ± | | | | | | | | | 23 | 34 | 14 | 1,0 | 3,4 | 2,5 |
| *ältere Patienten* | | | | | | | | | | | | | | | |
| n = 11, 10 Männer | | | | | | | | | | | | | | | |
| | X̄ | 54,6 | 14,8 | 92 | 67 | 48 | 11 | 16,0 | 72 | 73 | 34,0 | 0,43 | 95,5 | 37,7 | 22,8 |
| | ± | 6,3 | 1,7 | 14 | 10 | 6 | 2 | 3,9 | 8 | 9 | 5,8 | 0,12 | 1,4 | 6,9 | 1,8 |
| 4/11 Hypoxämie | | | | | | | | | | | Arbeit, Watt | | | | |
| 1/11 Hyperkapnie | | | | | | | | | | Soll | effekt. | Puls | | | |
| 1/11 Obstruktion | X̄ | | | | | | | | | 144 | 125 | 142 | 96,0 | 34,6 | 19,3 |
| | ± | | | | | | | | | 26 | 16 | 15 | 1,6 | 6,9 | 2,1 |
| *ältere Patienten mit Emphysem* | | | | | | | | | | | | | | | |
| n = 10 Männer | X̄ | 58,3 | 15,3 | 95 | 51 | 58 | 11 | 15,2 | 51 | 41 | 38,0 | 0,48 | 93,9 | 39,4 | 23,5 |
| | ± | 6,6 | 1,8 | 11 | 9 | 8 | 4 | 3,7 | 17 | 11 | 8,1 | 0,08 | 3,1 | 3,8 | 2,2 |
| 5/10 Hypoxämie | | | | | | | | | | | Arbeit, Watt | | | | |
| 7/10 Obstruktion | | | | | | | | | | Soll | effekt. | Puls | | | |
| | X̄ | | | | | | | | | 144 | 103 | 137 | 94,4 | 39,9 | 21,5 |
| | ± | | | | | | | | | 17 | 25 | 16 | 2,6 | 4,7 | 2,6 |

Tabelle 25. *Status asthmaticus. Arterielle Blutgase, Blutvolumen, Blutdruck und Pulsfrequenz vor und nach Besserung des Zustands*

| | | Alter | $O_2$-Sttg. | $P_{CO_2}$ | pH | $CO_2$ | Hkt | Ew. | Blutvol. | Plasmavol. | Blutdruck mmHg syst. | diast. | Pulsfr. |
|---|---|---|---|---|---|---|---|---|---|---|---|---|---|
| | | J. | % | mmHg | | mmol/l | % | g-% | ml/kg | ml/kg | syst. | diast. | |
| **Gruppe 1, mit $CO_2$-Retention** | | | | | | | | | | | | | |
| n = 6, 1 Mann | $\bar{X}$ | 37,5 | 69,5 | 56,2 | 7,25 | 25,6 | 49,7 | 7,3 | 55,1 | 30,4 | 166 | 102 | 126 |
| Dauer des St. asthm. 4,2 ± 1,1 Std | ± | 4,3 | 22,6 | 11,1 | 0,08 | 2,2 | 3,8 | 0,8 | 9,1 | 5,1 | 29 | 15 | 19 |
| gebessert | $\bar{X}$ | | 88,7 | 54,1 | 7,43 | 23,1 | 42,8 | 6,8 | 61,4 | 37,7 | 117 | 58 | 147 |
| | ± | | 2,9 | 2,8 | 0,03 | 1,8 | 4,7 | 0,3 | 10,9 | 6,7 | 27 | 47 | 29 |
| **Gruppe 2, ohne $CO_2$-Retention** | | | | | | | | | | | | | |
| n = 5, 2 Männer | | | | | | | | | | | | | |
| Dauer des St. asthm. | $\bar{X}$ | 28,4 | 90,8 | 37,7 | 7,40 | 24,2 | 48,4 | 7,7 | 57,0 | 31,2 | 144 | 93 | 127 |
| 7,4 ± 6,2 Std | ± | 10,1 | 3,5 | 3,6 | 0,04 | 2,6 | 4,3 | 0,8 | 10,0 | 4,7 | 35 | 25 | 30 |
| gebessert | $\bar{X}$ | | 91,7 | 32,7 | 7,47 | 24,5[a] | 41,2 | 7,0 | 64,2 | 40,1 | 124 | 79 | 130 |
| | ± | | | | | | 3,0 | 0,3 | 12,4 | 6,8 | 27 | 17 | 30 |

[a] 2 Patienten

Tabelle 26. *Obstruktives Lungenemphysem. Typen "Blue Bloater" und "Pink Puffer" (Einzelbeispiele)*

| Lungenfunktion | Alter | Hb | TK | VK | FRK | VT | F | SKK | AGW | Compl. | Visc. cm $H_2O$/l/sec | | Spez.V. | VD/VT | $O_2$Sttg. | $P_{CO_2}$ | St.bic |
|---|---|---|---|---|---|---|---|---|---|---|---|---|---|---|---|---|---|
| | | g-% | %S | %TK | %TK | %TK | | %VK | %S | ml/cm $H_2O$ | In | Ex | ml/ml | | % | mmHg | mval/l |
| **„Typ PP"** | | | | | | | | | | | | | | | | | |
| Bildung von Blasen mit Einschränkung der Oberfläche | | | | | | | | | | | | | | | | | |
| 1. C. Hans | 58 | 16,6 | 100 | 40 | 75 | 10 | 16,4 | 36 | 26 | 190 | 4,9 | 7,2 | 41,6 | 0,58 | 90,5 | 44,5 | 24,5 |
| | | | | | | | | | | | | | | 30 Watt | *80,0* | 34,5 | 21,5 |
| | 61 | 15,9 | 96 | 36 | 75 | 10 | 22,0 | 38 | 23 | 210 | 4,5 | 9,0 | 50,0 | 0,64 | *85,0* | 39,0 | 21,0 |
| | | | | | | | | | | | | | | 60% $O_2$ | 100,0 | 41,5 | 22,0 |
| | | | | | | | | | | | | | | 10 Tage a.ex. | *45,0* | 63,0 | 31,0 |
| 2. H. Adalbert | 51 | 12,1 | 85 | 60 | 54 | 12 | 10,2 | 32 | 27 | 170 | 4,0 | 9,5 | 33,0 | 0,45 | *81,5* | 42,5 | 25,5 |
| | | | | | | | | | | | | | | 80 Watt | *74,5* | 38,0 | 20,0 |
| | | | | | | | | | | | | | | Ruhe 60% $O_2$ | 97,5 | 42,2 | 25,5 |
| 3. R. Hans | 41 | 13,6 | 90 | 51 | 60 | 10 | 15,9 | 47 | 34 | 200 | 8,5 | 13,5 | 39,0 | 0,60 | 92,5 | 46,0 | 23,5 |
| | | | | | | | | | | | | | | 80 Watt | 91,0 | 47,0 | 20,0 |
| nach Entfernung einer großen Emphysemblase | | | | | | | | | | | | | | | | | |
| | 41 | 13,0 | 83 | *68* | 51 | 10 | 16,8 | *61* | *56* | 180 | 6,0 | 9,0 | 41,0 | 0,58 | 94,0 | 46,5 | 25,5 |
| **„Typ BB"** | | | | | | | | | | | | | | 100 Watt | 95,5 | 38,5 | 18,0 |
| D. Angelo | 51 | 18,2 | 103 | 47 | 62 | 7 | 17,6 | 40 | 34 | 150 | 14,0 | 19,0 | 23,5 | 0,55 | *85,0* | *62,0* | *30,0* |
| | | | | | | | | | | | | | | 35 Watt | *83,0* | *65,0* | *28,0* |

| Hämodynamik | Fr. | c.i. l/min/m² | Vstr ml | Rbpulm dyn sec cm⁻⁵ | $\bar{p}$atrd mmHg | $\bar{p}$cp mmHg | $\bar{p}$aor mmHg |
|---|---|---|---|---|---|---|---|
| **„Typ PP"** | | | | | | | |
| 1. C. Hans | 81 | 2,5 | 54 | 580 | 4 | 3 | 135 |
| 60% $O_2$ | 79 | 2,4 | 52 | 560 | 4 | 3 | 140 |
| 2. H. Adalbert | 86 | 3,3 | 68 | 580 | 4 | 4 | 91 |
| 60% $O_2$ | 80 | 2,9 | 65 | 565 | 4 | 5 | 88 |
| **„Typ BB"** | | | | | | | |
| D. Angelo | 60 | 2,6 | 73 | 365 | 6 | 10 | 90 |

Tabelle 27. *Obstruktives Lungenemphysem. Einteilung nach Einschränkung der Sekundenkapazität*

| Lungenfunktion | Alter | Hb<br>g-% | TK<br>%S | VK<br>%TK | FRK<br>%TK | VT<br>%TK | F | SKK<br>%VK | AGW<br>%S | Spez. V.<br>ml/ml | VD/VT | $O_2$-Sttg.<br>% | $P_{CO_2}$<br>mmHg | St. bic<br>mval/l |
|---|---|---|---|---|---|---|---|---|---|---|---|---|---|---|
| *SKK 51—60%* | | | | | | | | | | | | | | |
| n = 15 Männer | $\bar{x}$ 57,8 | 13,8 | 106 | 60 | 53 | 9 | 16,2 | 55 | 60 | 38,2 | 0,49 | 92,3 | 40,4 | 24,2 |
| | $\pm$ 4,2 | 1,4 | 12 | 7 | 9 | 2 | 3,3 | 3 | 12 | 6,7 | 0,07 | 2,8 | 4,5 | 1,9 |
| 4/15 Hypoxämie | | | | | | | | | Arbeit, Watt | | | | | |
| 0/15 $O_2$-Sttg. <86% | | | | | | | | | Soll | effekt. | Puls | | | |
| 1/15 Hyperkapnie | | | | | | | | $\bar{x}$ | 150 | 110 | 131 | 95,5 | 38,1 | 21,8 |
| 1/15 Cor pulm. | | | | | | | | $\pm$ | 17 | 28 | 23 | 2,7 | 6,3 | 2,4 |
| *SKK 41—50%* | | | | | | | | | | | | | | |
| n = 15 Männer | $\bar{x}$ 51,5 | 14,3 | 100 | 53 | 57 | 9 | 17,0 | 45 | 40 | 36,5 | 0,53 | 91,0 | 45,1 | 24,6 |
| 14/15 Hypoxämie | $\pm$ 8,9 | 1,3 | 11 | 7 | 8 | 2 | 3,3 | 3 | 9 | 4,0 | 0,05 | 3,6 | 5,3 | 0,9 |
| 1/15 $O_2$-Sttg. <86% | | | | | | | | | Arbeit, Watt | | | | | |
| 7/15 Hyperkapnie | | | | | | | | | Soll | effekt. | Puls | | | |
| 3/15 Cor pulm. | | | | | | | | $\bar{x}$ | 150 | 112 | 142 | 92,6 | 42,9 | 20,5 |
| | | | | | | | | $\pm$ | 15 | 24 | 15 | 4,1 | 6,8 | 2,3 |
| *SKK 31—40%* | | | | | | | | | | | | | | |
| n = 15 Männer | $\bar{x}$ 54,5 | 15,2 | 101 | 51 | 60 | 9 | 17,4 | 34 | 30 | 38,8 | 0,55 | 90,6 | 47,4 | 25,3 |
| | $\pm$ 6,2 | 2,5 | 11 | 7 | 7 | 2 | 3,5 | 4 | 8 | 4,9 | 0,07 | 3,4 | 6,9 | 2,3 |
| 14/15 Hypoxämie | | | | | | | | | Arbeit, Watt | | | | | |
| 2/15 $O_2$-Sttg. <86% | | | | | | | | | Soll | effekt. | Puls | | | |
| 8/15 Hyperkapnie | | | | | | | | $\bar{x}$ | 150 | 79 | 119 | 89,3 | 49,3 | 22,8 |
| 5/15 Cor pulm. | | | | | | | | $\pm$ | 23 | 28 | 26 | 6,3 | 9,3 | 3,0 |
| *SKK <31%* | | | | | | | | | | | | | | |
| n = 15 Männer | $\bar{x}$ 57,5 | 14,0 | 105 | 47 | 64 | 9 | 16,3 | 26 | 22 | 37,1 | 0,54 | 90,0 | 47,1 | 24,9 |
| | $\pm$ 9,3 | 1,2 | 10 | 8 | 6 | 2 | 4,2 | 4 | 6 | 7,1 | 0,08 | 5,6 | 7,9 | 1,8 |
| 13/15 Hypoxämie | | | | | | | | | Arbeit, Watt | | | | | |
| 3/15 $O_2$-Sttg. <86% | | | | | | | | | Soll | effekt. | Puls | | | |
| 7/15 Hyperkapnie | | | | | | | | $\bar{x}$ | 150 | 60 | 122 | 84,1 | 51,1 | 22,7 |
| 10/15 Cor pulm. | | | | | | | | $\pm$ | 14 | 19 | 11 | 7,5 | 6,7 | 1,3 |

Tabelle 28. *Obstruktives Emphysem mit großen Blasen, sog. bullöses Emphysem*

| Lungenfunktion | | Alter | Hb g-% | TK %S | VK %TK | FRK %TK | VT %TK | F | SKK %VK | AGW %S | Spez.V. ml/ml | VD/VT | $O_2$-Sttg. % | $P_{CO_2}$ mmHg | St. bic mval/l |
|---|---|---|---|---|---|---|---|---|---|---|---|---|---|---|---|
| | $\overline{x}$ | 56,0 | 14,7 | 103 | 49 | 64 | 10 | 15,1 | 29 | 25 | 40,1 | 0,55 | 89,5 | 43,5 | 24,0 |
| | ± | 9,3 | 1,3 | 14 | 7 | 7 | 3 | 6,0 | 10 | 12 | 6,6 | 0,11 | 4,7 | 5,6 | 2,2 |

n = 20 Männer
18/20 Hypoxämie
4/20 $O_2$-Sttg. <86%
5/20 Hyperkapnie
15/20 Cor pulm.

bei Arbeit:
20/20 Hypoxämie
12/20 $O_2$-Sttg. <86%
8/20 Hyperkapnie

|  | Arbeit, Watt Soll effekt. | | Puls | | | |
|---|---|---|---|---|---|---|
| $\overline{x}$ 149 | 60 | 131 | 81,9 | 43,4 | 21,2 |
| ± 17 | 21 | 18 | 7,8 | 6,7 | 2,0 |

Tabelle 29. *Angeborene und erworbene Cystenlunge (Einzelbeispiele)*

| *Lungenfunktion* | Alter | Hb | TK | VK | FRK | VT | F | SKK | AGW | Compl. | Visc. cm $H_2O$/l/sec In | Ex | Spez. V. | VD/VT | $O_2$-Sttg. | $P_{CO_2}$ | St. bic |
|---|---|---|---|---|---|---|---|---|---|---|---|---|---|---|---|---|---|
| | | g-% | %S | %TK | %TK | %TK | | %VK | %S | ml/cm $H_2O$ | | | ml/ml | | % | mmHg | mval/l |
| **a) kongenital** | | | | | | | | | | | | | | | | | |
| kleine Cysten | | | | | | | | | | | | | | | | | |
| Sch. Fridolin | 27 | 17,7 | 90 | 71 | 42 | 13 | 14,4 | 72 | 71 | 110 | 4,1 | 5,1 | 41,6 | 0,45 | 88,5 | 31,1 | 21,0 |
| | | | | | | | | | | | | | | 100 Watt | 86,0 | 37,0 | 19,1 |
| M. Francesco | | | | | | | | | | | | | | | | | |
| 10 Mte. a. ex. | 41 | 18,9 | 54 | 66 | 46 | 27 | 17,4 | 73 | 41 | 55 | 6,0 | 7,0 | 45,9 | 0,63 | 86,5 | 44,0 | 24,0 |
| | | | | | | | | | | | | | | 50 Watt | 61,5 | 48,5 | 21,0 |
| | | | | | | | | | | | | | | 60% $O_2$ 50 Watt | 97,5 | 53,5 | 23,0 |
| große Cysten re u. Bronchiektasen | | | | | | | | | | | | | | | | | |
| M. Piergiorgio | 25 | 14,2 | 73 | 62 | 58 | 11 | 13,2 | 44 | 30 | 174 | 8,4 | 10,1 | 31,7 | 0,50 | 91,0 | 43,0 | 23,5 |
| | | | | | | | | | | | | | | 90 Watt | 87,5 | 47,0 | 17,5 |
| „Cystische Fibrose" bei Pankreasfibrose u. Bronchiektasen | | | | | | | | | | | | | | | | | |
| H. Margot | 22 | 18,0 | 41 | 50 | 73 | 14 | 18,8 | 57 | 19 | 30 | 11,5 | 14,5 | 30,3 | 0,57 | 81,8 | 54,6 | 26,5 |
| 3 Mte. a. ex. | | | | | | | | | | | | | | 50 Watt | 80,0 | 47,1 | 24,5 |
| | | | | | | | | | | | | | | 60% $O_2$ 50 Watt | 98,0 | 44,0 | 24,0 |
| **b) erworbene „Honigwabenlunge" bei Bronchiolitis obliterans** | | | | | | | | | | | | | | | | | |
| L. Jakob | 48 | 14,0 | 63 | 64 | 57 | 18 | 15,0 | 85 | 57 | 60 | 2,1 | 3,5 | 46,8 | 0,46 | 91,6 | 35,0 | 24,0 |
| | | | | | | | | | | | | | | 70 Watt | 84,9 | 36,5 | 21,0 |
| G. Walter | 56 | 13,9 | 69 | 80 | 25 | 17 | 12,2 | 75 | 70 | 200 | 2,2 | 4,5 | 32,1 | 0,42 | 93,2 | 40,0 | 22,0 |
| | | | | | | | | | | | | | | 100 Watt | 88,5 | 46,5 | 21,0 |
| | 59 | 16,3 | 64 | 77 | 30 | 14 | 23,8 | 80 | 67 | 50 | 5,5 | 8,5 | 43,7 | 0,44 | 87,0 | 35,5 | 19,0 |
| | | | | | | | | | | | | | | 60 Watt | 75,5 | 35,5 | 17,5 |
| H. Emil | 72 | 12,0 | 75 | 68 | 45 | 12 | 17,2 | 80 | 83 | 65 | 2,5 | 4,1 | 38,0 | 0,45 | 92,5 | 33,3 | 20,5 |
| | | | | | | | | | | | | | | 75 Watt | 78,0 | 50,0 | 20,0 |

Tabelle 29. (Fortsetzung)

| Hämodynamik | | Fr. | c.i. l/min/m² | Vstr ml | Rbpulm dyn sec cm⁻⁵ | $\bar{\text{p}}$atrd mmHg | $\bar{\text{p}}$cp mmHg | $\bar{\text{p}}$aor mmHg |
|---|---|---|---|---|---|---|---|---|
| *a) kongenital* | | | | | | | | |
| kleine Cysten | | | | | | | | |
| Sch. Fridolin | | 61 | 2,9 | 86 | 152 | 3 | 5 | 84 |
| | 60% O₂ | 67 | 3,1 | 85 | 127 | 3 | 5 | 91 |
| | 100 Watt | 134 | 6,2 | 84 | 163 | 5 | 7 | 108 |
| M. Francesco | | 102 | 2,5 | 45 | 660 | 4 | 9 | 89 |
| | 60% O₂ | 98 | 2,9 | 52 | 470 | 4 | 10 | 92 |
| große Cysten | | | | | | | | |
| M. Piergiorgio | | 90 | 3,0 | 52 | 292 | 2 | 4 | 78 |

Tabelle 30. *Diffuse Lungenfibrosen mit geringer Restriktion. M. Boeck, Sklerodermie mit Lungenbeteiligung, Status nach Nitrosegas-Vergiftung*

| *Lungenfunktion* | Alter | Hb | TK | VK | FRK | VT | F | SKK | AGW | Compl. | Visc. cm $H_2O$/l/sec In | Ex | Spez.V. | VD/VT | $O_2$-Sttg. | $P_{CO_2}$ | St. bic |
|---|---|---|---|---|---|---|---|---|---|---|---|---|---|---|---|---|---|
| | | g-% | %S | %TK | %TK | %TK | | %VK | %S | ml/cm $H_2O$ | In | Ex | ml/ml | | % | mmHg | mval/l |
| *Diffuse Form des M. Boeck* | | | | | | | | | | | | | | | | | |
| n = 17   X̄ | 40,3 | 13,4 | 75 | 70 | 44 | 13 | 17,5 | 67 | 59 | 100 | 5,2 | 6,9 | 40,1 | 0,49 | 94,2 | 38,4 | 23,3 |
| 9 Männer   ± | 13,3 | 2,0 | 16 | 9 | 9 | 3 | 4,9 | 13 | 22 | 39 | 1,9 | 2,5 | 6,5 | 0,14 | 3,8 | 6,3 | 1,7 |
| 7/17 Hypoxämie | | | | | | | | | | | | Arbeit, Watt | | | | | |
| 1/17 Hyperkapnie | | | | | | | | | | | | Soll | effekt. | Puls | | | | |
| 5/17 Obstruktion   X̄ | | | | | | | | | | | | 155 | 95 | 160 | | 90,8 | 37,4 | 19,1 |
| ± | | | | | | | | | | | | 25 | 39 | 17 | | 7,4 | 8,9 | 2,2 |
| *Sklerodermie mit Lungenbeteiligung* | | | | | | | | | | | | | | | | | |
| n = 16   X̄ | 50,1 | 11,7 | 69 | 63 | 52 | 14 | 19,8 | 73 | 58 | 103 | 3,7 | 5,0 | 42,1 | 0,55 | 93,9 | 39,6 | 22,8 |
| 3 Männer   ± | 12,6 | 1,8 | 17 | 12 | 10 | 5 | 6,4 | 8 | 24 | 60 | 1,7 | 1,8 | 7,5 | 0,09 | 3,0 | 9,0 | 1,8 |
| 7/16 Hypoxämie | | | | | | | | | | | | Arbeit, Watt | | | | | |
| 3/16 Hyperkapnie | | | | | | | | | | | | Soll | effekt. | Puls | | | | |
| 1/16 Obstruktion   X̄ | | | | | | | | | | | | 110 | 65 | 146 | | 91,2 | 35,9 | 19,9 |
| ± | | | | | | | | | | | | 16 | 20 | 26 | | 4,5 | 3,9 | 2,0 |
| *Nitrosegasvergiftung 7—8 Monate nach dem Unfall* | | | | | | | | | | | | | | | | | |
| n = 9 Männer X̄ | 44,3 | 15,0 | 109 | 79 | 34 | 9 | 15,6 | 70 | 98 | 204 | 3,4 | 4,5 | 37,1 | 0,47 | 96,0 | 39,8 | 23,0 |
| ± | 11,0 | 1,9 | 15 | 6 | 8 | 2 | 4,3 | 9 | 18 | 58 | 2,3 | 3,8 | 4,9 | 0,05 | 1,5 | 4,3 | 1,4 |
| 2/9 Hypoxämie | | | | | | | | | | | | Arbeit, Watt | | | | | |
| 2/9 Obstruktion | | | | | | | | | | | | Soll | effekt. | Puls | | | | |
| X̄ | | | | | | | | | | | | 170 | 165 | 154 | | 96,9 | 35,0 | 18,7 |
| ± | | | | | | | | | | | | 25 | 40 | 21 | | 1,2 | 2,6 | 2,5 |

Tabelle 31. *Seltene diffuse Lungenfibrosen (Einzelbeispiele)*



| Lungenfunktion | Alter | Hb g-% | TK %S | VK %TK | FRK %TK | VT %TK | F | SKK %VK | AGW %S | Compl. ml/cm H₂O | Visc. cm H₂O/l/sec In | Ex | Spez.V. ml/ml | VD/VT | O₂-Sttg. % | $P_{CO_2}$ mmHg | St. bic mval/l |
|---|---|---|---|---|---|---|---|---|---|---|---|---|---|---|---|---|---|
| *Alveoläre Lungenproteinose* | | | | | | | | | | | | | | | | | |
| M. Alberto | 30 | 16,7 | 76 | 78 | 35 | 11 | 16,4 | 60 | 57 | 125 | 2,8 | 3,9 | 33,0 | 0,40 | 95,5 | 36,0 | 24,0 |
| | | | | | | | | | | | | | | 80 Watt | 94,5 | 36,0 | 23,5 |
| *Thesaurismose mit Lungenfibrose* | | | | | | | | | | | | | | | | | |
| K. Hermann | 48 | 19,9 | 58 | 79 | 27 | 14 | 25,6 | 84 | 64 | 90 | 3,2 | 3,6 | 51,7 | 0,67 | 83,0 | 42,0 | 20,5 |
| | | | | | | | | | | | | | | 50 Watt 47,0 | | 43,0 | 19,5 |
| | | | | | | | | | | | | | 60% O₂ | 50 Watt 99,0 | | 43,0 | 20,0 |
| | 49 | 20,6 | 54 | 79 | 27 | 18 | 29,1 | 87 | 62 | 70 | 3,5 | 5,5 | 57,8 | 0,67 | 70,0 | 37,5 | 19,8 |
| | | | | | | | | | | | | | 60% O₂ | | 97,0 | 38,0 | 20,0 |
| | | | | | | | | | | | | | terminal | | 32,0 | 35,1 | 23,0 |
| | | | | | | | | | | | | | 60% O₂ | | 76,0 | 32,8 | 22,0 |
| *Lungencarcinose* | | | | | | | | | | | | | | | | | |
| K. Walter | 62 | 12,3 | 59 | 75 | 47 | 15 | 23,4 | 77 | 58 | 74 | 3,0 | 5,1 | 43,3 | 0,53 | 96,0 | 35,0 | 24,2 |
| | | | | | | | | | | | | | | 75 Watt 88,5 | | 35,0 | 23,3 |
| | | | | | | | | | | | | | 60% O₂ | 75 Watt 98,5 | | 39,5 | 23,5 |
| *Lungenhämosiderose* | | | | | | | | | | | | | | | | | |
| H. Silvia | 28 | 8,0 | 85 | 64 | 38 | 19 | 12,4 | 79 | 70 | 90 | 3,1 | 5,2 | 49,5 | 0,52 | 93,0 | 31,5 | 21,5 |
| | | | | | | | | | | | | | | 75 Watt 97,0 | | 31,0 | 23,5 |
| *Eosinophiles Granulom* | | | | | | | | | | | | | | | | | |
| T. Desiderio | 25 | 13,7 | 68 | 72 | 54 | 12 | 17,2 | 83 | 62 | 145 | 2,5 | 2,6 | 43,2 | 0,51 | 96,0 | 42,0 | 27,0 |
| | | | | | | | | | | | | | | 105 Watt 90,0 | | 39,0 | 21,0 |
| | | | | | | | | | | | | | 60% O₂ | 90 Watt 99,5 | | 45,0 | 23,5 |
| *Lungenfibrose bei Lupus erythematodes* | | | | | | | | | | | | | | | | | |
| Sch. Edelfriede | 59 | 10,7 | 70 | 49 | 60 | 14 | 17,2 | 73 | 44 | 58 | 4,7 | 5,6 | 46,7 | 0,54 | 94,5 | 38,5 | 22,5 |
| | | | | | | | | | | | | | | 60 Watt 94,5 | | 40,0 | 18,0 |
| *Lungenadenomatose* | | | | | | | | | | | | | | | | | |
| B. Rosa terminal | 60 | 13,5 | 40 | 67 | 50 | 22 | 29,6 | 63 | 29 | 22 | 5,1 | 9,0 | 55,4 | 0,59 | 61,5 | 31,5 | 22,5 |
| | | | | | | | | | | | | | 60% O₂ | | 93,0 | 34,5 | 22,3 |

Tabelle 31. (Fortsetzung)

| Hämodynamik | Fr. | c.i. $l/min/m^2$ | Vstr ml | Rbpulm dyn sec cm$^{-5}$ | $\bar{p}$atrd mmHg | $\bar{p}$cp mmHg | $\bar{p}$aor mmHg |
|---|---|---|---|---|---|---|---|
| *Alveoläre Lungenproteinose* | | | | | | | |
| M. Alberto | 66 | 2,9 | 71 | 250 | 2 | 5 | 90 |
| *Thesaurismose mit Lungenfibrose* | | | | | | | |
| K. Hermann | 102 | 3,4 | 56 | 785 | 8 | 10 | 90 |
| 60% $O_2$ | 97 | 3,1 | 53 | 780 | 8 | 8 | 87 |
| *Lungencarcinose* | | | | | | | |
| K. Walter | 91 | 3,0 | 58 | 290 | 2 | 7 | 100 |

Tabelle 32. *Pneumokoniosen. „Subakute" Silikose, mittelschwere und schwere Silikose, Asbestose*

| Lungenfunktion | Alter | Hb | TK | VK | FRK | VT | F | SKK | AGW | Compl. | Visc. cm $H_2O$/l/sec | | Spez.V. | VD/VT | $O_2$-Sttg. | $P_{CO_2}$ | St. bic |
| | | g-% | %S | %TK | %TK | %TK | | %VK | %S | ml/cm $H_2O$ | In | Ex | ml/ml | | % | mmHg | mval/l |
|---|---|---|---|---|---|---|---|---|---|---|---|---|---|---|---|---|---|
| **1. „Subakute" Silikosen** | | | | | | | | | | | | | | | | | |
| B. Rudolf | 33 | 10,5 | 43 | 39 | 71 | 19 | 31,5 | 88 | 23 | 34 | 2,0 | 2,7 | 63,4 | 0,70 | 77,2 | 37,5 | 26,0 |
| B. Georg | 58 | 14,1 | 46 | 38 | 71 | 15 | 40,0 | 87 | 26 | 16 | 8,0 | 9,5 | 60,9 | 0,69 | 92,1 | 37,5 | 23,0 |
| | | | | | | | | | | | | | Arbeit, | 50 Watt | 83,2 | 32,7 | 21,0 |
| | | | | | | | | | | | | | 60% $O_2$ | 50 Watt | 93,6 | 39,0 | 20,0 |
| **2a. Schwere Silikose Stadium II—III u. III** | | | | | | | | | | | | | | | | | |
| n = 40 Männer $\overline{X}$ | 47,6 | 14,6 | 91 | 62 | 49 | 11 | 16,5 | 59 | 56 | 125 | 4,8 | 7,3 | 35,3 | 0,43 | 95,4 | 39,1 | 23,3 |
| ± | 7,0 | 1,2 | 15 | 10 | 12 | 3 | 4,2 | 14 | 14 | 50 | 2,9 | 5,1 | 7,4 | 0,10 | 2,1 | 3,9 | 1,0 |
| 9/40 Hypoxämie | | | | | | | | | | | | | Arbeit, $\overline{X}$ 90 Watt | | 94,2 | 38,3 | 21,5 |
| 25/40 Obstruktion | | | | | | | | | | | | | ±15 | | 3,5 | 7,2 | 1,5 |
| 5/40 Cor pulm. | | | | | | | | | | | | | | | | | |
| **2b. Schwere Silikosen Stadium II—III u. III** | | | | | | | | | | | | | | | | | |
| n = 14 Männer $\overline{X}$ | 64,4 | 13,7 | 88 | 62 | 51 | 11 | 17,6 | 60 | 57 | | | | 36,8 | 0,45 | 93,9 | 38,8 | 23,3 |
| ± | 3,5 | 1,0 | 13 | 10 | 11 | 2 | 3,4 | 9 | 17 | | | | 5,5 | 0,10 | 2,9 | 4,7 | 1,2 |
| 8/14 Hypoxämie | | | | | | | | | | | | | Arbeit, $\overline{X}$ 79 Watt | | 93,9 | 38,0 | 21,0 |
| 8/14 Obstruktion | | | | | | | | | | | | | ±15 | | 3,3 | 5,4 | 2,0 |
| 2/14 Cor pulm. | | | | | | | | | | | | | | | | | |
| **3. Asbestosen** | | | | | | | | | | | | | | | | | |
| n = 23 Männer $\overline{X}$ | 48,8 | 14,8 | 78 | 67 | 45 | 11 | 18,5 | 71 | 60 | 95 | 4,6 | 7,2 | 39,5 | 0,52 | 93,0 | 41,8 | 23,7 |
| ± | 7,0 | 1,6 | 24 | 7 | 7 | 3 | 3,9 | 8 | 26 | 50 | 1,9 | 3,1 | 5,0 | 0,07 | 2,2 | 4,4 | 1,4 |
| 19/23 Hypoxämie | | | | | | | | | | | | | Arbeit, $\overline{X}$ 122 Watt | | 89,4 | 39,9 | 19,5 |
| 5/23 Obstruktion | | | | | | | | | | | | | ± 48 | | 9,1 | 4,9 | 2,3 |
| 8/23 Cor pulm. | | | | | | | | | | | | | | | | | |

Tabelle 33. *Berylliose und Hartmetall-Lunge (Einzelbeispiele)*

| *Lungenfunktion* | Alter | Hb | TK | VK | FRK | VT | F | SKK | AGW | Compl. | Visc. cm $H_2O$/l/sec | | Spez. V. | VD/VT | $O_2$-Sttg. | $P_{CO_2}$ | St. bic |
|---|---|---|---|---|---|---|---|---|---|---|---|---|---|---|---|---|---|
| | | g-% | %S | %TK | %TK | %TK | | %VK | %S | ml/cm $H_2O$ | In | Ex | ml/ml | | % | mmHg | mval/l |
| *4. Berylliose* | | | | | | | | | | | | | | | | | |
| Robert Sp. | 34 | 15,6 | 47 | 55 | 64 | 22 | 21,1 | 90 | 40 | 40 | 2,5 | 3,5 | 41,5 | 0,47 | 81,0 | 32,5 | 22,5 |
| | | | | | | | | | | | | | | 50 Watt | 27,0 | 28,8 | 19,0 |
| *5. Hartmetall-Lunge* | | | | | | | | | | | | | | | | | |
| Cosimo C. | 37 | 14,1 | 60 | 74 | 31 | 10 | 12,5 | 72 | 57 | 130 | 3,1 | 4,1 | 34,0 | 0,39 | 91,5 | 36,0 | 23,5 |
| | | | | | | | | | | | | | | 75 Watt | 94,0 | 34,5 | 22,0 |
| | 39 | 15,8 | 48 | 74 | 38 | 14 | 30,6 | 80 | 41 | 45 | 3,5 | 5,5 | 54,1 | 0,69 | 96,0 | 42,0 | 23,5 |
| | | | | | | | | | | | | | | 75 Watt | 96,5 | 42,0 | 22,5 |
| | 40 | 15,5 | 37 | 62 | 46 | 20 | 24,8 | 88 | 33 | 45 | 5,4 | 6,5 | 52,9 | 0,65 | 94,5 | 43,0 | 24,5 |
| 1 Jahr Behandlung mit Steroiden | | | | | | | | | | | | | | 80 Watt | 91,0 | 43,0 | 22,0 |

Tabelle 34. *Lungenresektionen. Lobektomie, Pneumonektomie mit und ohne Plastik*

| *Lungenfunktion* | | Alter | Hb g-% | TK %S | VK %TK | FRK %TK | VT %TK | F | SKK %VK | AGW %S | Spez.V. ml/ml | | VD/VT | O$_2$-Sttg. % | P$_{CO_2}$ mmHg | St. bic mval/l |
|---|---|---|---|---|---|---|---|---|---|---|---|---|---|---|---|---|
| *Lobektomie* | | | | | | | | | | | | | | | | |
| wegen Tuberkulose | | | | | | | | | | | | | | | | |
| n = 11, 9 Männer | $\overline{x}$ | 51,9 | 13,0 | 89 | 62 | 49 | 12 | 13,3 | 68 | 65 | 34,5 | | 0,42 | 96,5 | 39,8 | 23,0 |
| | ± | 11,7 | 1,6 | 15 | 10 | 10 | 4 | 3,8 | 5 | 19 | 7,9 | | 0,10 | 1,0 | 1,8 | 1,5 |
| 0/11 Hypoxämie | | | | | | | | | | | Arbeit, Watt | | | | | |
| 3/11 Obstruktion | | | | | | | | | | | Soll | effekt. | | | | |
| | $\overline{x}$ | | | | | | | | | | 145 | 114 | | 95,6 | 42,4 | 21,5 |
| | ± | | | | | | | | | | 25 | 53 | | 2,0 | 4,9 | 2,2 |
| *Pneumonektomie* | | | | | | | | | | | | | | | | |
| wegen Bronchial-Ca | | | | | | | | | | | | | | | | |
| n = 11 Männer | $\overline{x}$ | 53,4 | 12,7 | 63 | 60 | 52 | 14 | 18,0 | 74 | 47 | 33,7 | | 0,42 | 94,7 | 38,7 | 24,4 |
| | ± | 9,1 | 0,9 | 8 | 9 | 11 | 4 | 5,4 | 9 | 10 | 6,0 | | 0,11 | 2,0 | 3,8 | 1,8 |
| 4/11 Hypoxämie | | | | | | | | | | | Arbeit, Watt | | | | | |
| 1/11 Obstruktion | | | | | | | | | | | Soll | effekt. | | | | |
| 1/11 Cor pulm. | $\overline{x}$ | | | | | | | | | | 155 | 73 | | 94,5 | 39,1 | 22,7 |
| | ± | | | | | | | | | | 28 | 20 | | 2,3 | 3,7 | 1,8 |
| *Pneumonektomie und Deckplastik* | | | | | | | | | | | | | | | | |
| wegen Tuberkulose | | | | | | | | | | | | | | | | |
| n = 10, 8 Männer | $\overline{x}$ | 41,8 | 12,9 | 49 | 62 | 55 | 15 | 19,8 | 67 | 34 | 34,7 | | 0,44 | 94,3 | 44,4 | 24,5 |
| | ± | 8,5 | 2,1 | 15 | 8 | 6 | 4 | 5,5 | 9 | 13 | 7,4 | | 0,09 | 2,9 | 5,2 | 2,4 |
| 6/10 Hypoxämie | | | | | | | | | | | Arbeit, Watt | | | | | |
| 3/10 Obstruktion | | | | | | | | | | | Soll | effekt. | | | | |
| 3/10 Cor pulm. | $\overline{x}$ | | | | | | | | | | 150 | 70 | | 93,4 | 39,6 | 22,1 |
| | ± | | | | | | | | | | 30 | 20 | | 1,5 | 2,4 | 1,5 |
| *7-Rippenplastik links und Paraffinplombe rechts* | | | | | | | | | | | | | | | | |
| D. Egon | | 42 | 14,4 | 37 | 65 | 52 | 19 | 17,2 | 60 | 34 | 35,0 | | 0,46 | 94,0 | 44,0 | 23,5 |
| | | | | | | | | | | | | 75 Watt | | 90,5 | 36,5 | 19,0 |

Tabelle 35. *Kongenitale Herzfehler. Isolierte Pulmonalstenose, Tri- und Tetralogie von Fallot, Ventrikelseptumdefekt mit sehr hohem Lungengefäßwiderstand (Eisenmenger-Komplex)*

| *Lungenfunktion* | | Alter | Hb g-% | TK %S | VK %TK | FRK %TK | VT %TK | F | SKK %VK | AGW %S | Spez. V. ml/ml | VD/VT | O$_2$-Sttg. % | $P_{CO_2}$ mmHg | St. bic mval/l |
|---|---|---|---|---|---|---|---|---|---|---|---|---|---|---|---|
| *Isolierte Pulmonalstenose* | | | | | | | | | | | | | | | |
| n = 14, 8 Männer | $\overline{X}$ | 26,6 | 14,5 | 97 | 71 | 44 | 9 | 18,4 | 77 | 83 | 39,1 | 0,38 | 95,7 | 31,4 | 21,1 |
| 3/14 Hypoxämie | ± | 10,6 | 1,8 | 16 | 5 | 7 | 2 | 3,3 | 10 | 16 | 5,0 | 0,10 | 1,0 | 5,5 | 1,3 |
| 1/14 Obstruktion | | | | | | | | | | | Arbeit, $\overline{X}$70 Watt | | 97,5 | 29,0 | 18,0 |
| | | | | | | | | | | | ±15 | | 1,5 | 4,5 | 3,0 |
| *Tri- u. Tetralogie von Fallot* | | | | | | | | | | | | | | | |
| n = 7, 2 Männer | $\overline{X}$ | 25,8 | 19,5 | 96 | 70 | 42 | 10 | 18,1 | 75 | 79 | 41,2 | 0,39 | 84,5 | 32,8 | 21,3 |
| 7/7 Hypoxämie | ± | 8,3 | 1,4 | 18 | 12 | 11 | 2 | 3,9 | 10 | 15 | 7,4 | 0,07 | 5,8 | 5,0 | 1,5 |
| 1/7 Obstruktion | | | | | | | | | | | Arbeit, $\overline{X}$64 Watt | | 68,0 | 37,3 | 17,4 |
| | | | | | | | | | | | ±30 | | 12,3 | 6,5 | 0,9 |
| *Ventrikelseptumdefekt mit sehr hohem Lungengefäßwiderstand* | | | | | | | | | | | | | | | |
| n = 7, 1 Mann | $\overline{X}$ | 21,7 | 16,3 | 93 | 64 | 47 | 11 | 18,8 | 71 | 68 | 41,6 | 0,44 | 79,8 | 32,5 | 20,8 |
| 7/7Hypoxämie | ± | 6,3 | 0,8 | 20 | 8 | 6 | 4 | 4,0 | 9 | 15 | 11,5 | 0,09 | 6,6 | 5,5 | 1,0 |
| 1/7 Obstruktion | | | | | | | | | | | Arbeit, $\overline{X}$52 Watt | | 54,9 | 40,2 | 19,4 |
| | | | | | | | | | | | ± 5 | | 7,1 | 2,7 | 1,7 |

Tabelle 35. (Fortsetzung)

| Hämodynamik | Fr. | c.i. l/min/m² Körper | Vstr ml | Rbpulm dyn sec cm⁻⁵ | $\bar{p}$atrd mm Hg | $\bar{p}$cp mm Hg | $\bar{p}$aor mm Hg | Re-Li shunt % |
|---|---|---|---|---|---|---|---|---|
| *1. Isolierte Pulmonalstenose* | | | | | | | | |
| Systol. Mitteldruckgradient 75 ± 27 mm Hg | | | | | | | | |
| n = 14, 8 Männer | X̄ 72 | 2,51 | 55 | 118 | 5 | 5 | 92 | 0 |
| Körper-OF 1,57 ± 0,14 m² | ± 10 | 0,68 | 15 | 45 | 5 | 3 | 12 | |
| *2. Tri- u. Tetralogie Fallot* | | | | | | | | |
| Systol. Mitteldruckgradient 80 ± 21 mm Hg | | | | | | | | |
| n = 7, 2 Männer | X̄ 69 | 1,97 | 48 | 143 | 6 | 7 | 86 | 33 |
| Körper-OF 1,59 ± 0,20 m² | ± 12 | 0,52 | 15 | 36 | 2 | 2 | 7 | 12 |
| *3. Ventrikelseptumdefekt mit sehr hohem Lungengefäßwiderstand* | | | | | | | | |
| n = 7, 1 Mann | X̄ 83 | 3,23 | 63 | 1780 | 7 | 5 | 88 | 38 |
| Körper-OF 1,58 ± 0,17 m² | ± 20 | 0,67 | 22 | 660 | 3 | 2 | 17 | 12 |

Tabelle 36. *Vorhofseptumdefekt mit normalem und sehr hohem Lungengefäßwiderstand sowie bei älteren Patienten*

| Lungenfunktion | | Alter | Hb g-% | TK %S | VK %.TK | FRK %TK | VT %TK | F | SKK %VK | AGW %S | Spez.V. ml/ml | VD/VT | O₂-Sttg. % | $P_{CO_2}$ mmHg | St. bic mval/l |
|---|---|---|---|---|---|---|---|---|---|---|---|---|---|---|---|
| *Vorhofseptumdefekt ohne Komplikationen* | | | | | | | | | | | | | | | |
| n = 15 Männer | X̄ | 31,4 | 14,2 | 95 | 70 | 43 | 8 | 16,4 | 77 | 80 | 33,6 | 0,38 | 96,8 | 37,9 | 22,8 |
| 1/15 Hypoxämie | ± | 10,7 | 0,6 | 15 | 10 | 6 | 3 | 4,7 | 11 | 24 | 4,6 | 0,10 | 1,1 | 4,0 | 1,2 |
| 1/15 Obstruktion | | | | | | | | | | | | | | | | |
| n = 30 Frauen | X̄ | 31,0 | 12,9 | 97 | 67 | 44 | 10 | 17,1 | 71 | 77 | 32,8 | 0,36 | 96,5 | 34,5 | 21,2 |
| 2/30 Hypoxämie | ± | 10,6 | 0,9 | 11 | 6 | 6 | 3 | 4,5 | 8 | 13 | 5,4 | 0,09 | 1,0 | 4,3 | 1,1 |
| 6/30 Obstruktion | | | | | | | | | | | | | | | | |
| *Gesamt* | | | | | | | | | | | | | | | | |
| n = 45, 15 Männer | X̄ | 31,1 | 13,3 | 96 | 68 | 44 | 9 | 16,8 | 73 | 78 | 33,0 | 0,37 | 96,6 | 35,6 | 22,2 |
| 3/45 Hypoxämie | ± | 9,5 | 1,2 | 12 | 8 | 6 | 3 | 4,5 | 10 | 18 | 5,0 | 0,10 | 1,2 | 4,5 | 1,1 |
| 7/45 Obstruktion | | | | | | | | | | | | | | | | |
| *Vorhofseptumdefekt mit hohem Lungengefäßwiderstand* | | | | | | | | | | | | | | | | |
| n = 13, 3 Männer | X̄ | 32,4 | 15,5 | 88 | 61 | 51 | 12 | 18,8 | 69 | 63 | 47,6 | 0,50 | 90,0 | 33,7 | 21,2 |
| 12/13 Hypoxämie | ± | 11,8 | 1,4 | 15 | 6 | 6 | 3 | 3,8 | 13 | 17 | 9,8 | 0,09 | 4,0 | 3,7 | 1,3 |
| 3/13 Obstruktion | | | | | | | | | | | | | | | | |

Tabelle 36. (Fortsetzung)

| Hämodynamik | | Fr. | c.i.<br>l/min/m²<br>Körper | Vstr<br><br>ml | Rbpulm<br><br>dyn sec cm⁻⁵ | $\bar{p}$atrd<br><br>mmHg | $\bar{p}$cp<br><br>mmHg | $\bar{p}$aor<br><br>mmHg | Li-Re shunt<br><br>% |
|---|---|---|---|---|---|---|---|---|---|
| *Vorhofseptumdefekt ohne Komplikationen* | | | | | | | | | |
| n = 15 Männer | X̄ | 77 | 3,23 | 75 | 83 | 4 | 6 | 90 | 54 |
| 2/15 VHF | ± | 12 | 1,08 | 14 | 52 | 1 | 2 | 12 | 11 |
| n = 30 Frauen | X̄ | 78 | 3,43 | 69 | 99 | 2 | 6 | 92 | 54 |
| | ± | 12 | 0,89 | 9 | 55 | 1 | 2 | 11 | 9 |
| *Gesamt* | | | | | | | | | |
| n = 45, 15 Männer | X̄ | 78 | 3,37 | 72 | 94 | 3 | 6 | 91 | 54 |
| 2/45 VHF | ± | 11 | 0,94 | 10 | 40 | 2 | 2 | 11 | 10 |
| *Vorhofseptumdefekt mit hohem Lungengefäßwiderstand* | | | | | | | | | |
| n = 13, 3 Männer | X̄ | 87 | 2,28 | 42 | 1217 | 5 | 7 | 87 | 20[a] |
| 1/13 VHF | ± | 19 | 0,70 | 10 | 575 | 3 | 3 | 14 | |

$$\left( \text{c.i. Lunge} = \text{c.i. Körper} + \frac{\text{Li-Re \%} \cdot \text{c.i. Körper}}{100 - \text{Li-Re \%}} \right).$$

[a] = gemischter shunt.

Tabelle 36. (Fortsetzung)

| Lungenfunktion | | Alter | Hb g-% | TK %S | VK %TK | FRK %TK | VT %TK | F | SKK %VK | AGW %S | Spez.V. ml/ml | VD/VT | $O_2$-Sttg. % | $P_{CO_2}$ mmHg | St. bic mval/l |
|---|---|---|---|---|---|---|---|---|---|---|---|---|---|---|---|
| *Vorhofseptumdefekt über 45 Jahre alt* | | | | | | | | | | | | | | | |
| n = 9 Männer | $\overline{x}$ | 52,2 | 14,5 | 86 | 59 | 52 | 12 | 17,3 | 62 | 49 | 40,4 | 0,44 | 94,8 | 33,7 | 23,7 |
| 4/9 Hypoxämie | ± | 5,9 | 1,4 | 12 | 10 | 9 | 4 | 5,7 | 14 | 16 | 13,3 | 0,13 | 2,8 | 6,7 | 1,8 |
| 5/9 Obstruktion | | | | | | | | | | | | | | | |
| n = 12 Frauen | $\overline{x}$ | 52,7 | 13,6 | 86 | 59 | 48 | 12 | 18,0 | 66 | 58 | 36,8 | 0,43 | 93,8 | 36,8 | 23,3 |
| 7/12 Hypoxämie | ± | 4,3 | 1,2 | 17 | 13 | 10 | 3 | 4,8 | 10 | 18 | 9,2 | 0,10 | 2,8 | 6,1 | 2,0 |
| 3/12 Obstruktion | | | | | | | | | | | | | | | |
| *Gesamt* | | | | | | | | | | | | | | | |
| n = 21, 9 Männer | $\overline{x}$ | 52,5 | 14,0 | 86 | 59 | 50 | 12 | 17,7 | 64 | 54 | 38,3 | 0,43 | 94,2 | 35,5 | 23,4 |
| | ± | 4,8 | 1,3 | 15 | 12 | 8 | 3 | 5,0 | 15 | 17 | 11,0 | 0,12 | 3,3 | 6,3 | 1,9 |

| Hämodynamik | | Fr. | c.i. l/min/m² Körper | Vstr ml | Rbpulm dyn sec cm⁻⁵ | $\overline{p}$atrd mmHg | $\overline{p}$cp mmHg | $\overline{p}$aor mmHg | Li-Re shunt % |
|---|---|---|---|---|---|---|---|---|---|
| *ASD über 45 Jahre* | | | | | | | | | |
| *Männer* n = 9 | $\overline{x}$ | 78 | 2,41 | 54 | 230 | 5 | 6 | 87 | 53 |
| 3/9 VHF | ± | 14 | 0,64 | 14 | 184 | 3 | 2 | 7 | 18 |
| 2/9 erhöhter Rbpulm | | | | | | | | | |
| 1/9 Rechtsdekompens. | | | | | | | | | |
| *Frauen* n = 12 | $\overline{x}$ | 83 | 2,77 | 56 | 261 | 5 | 8 | 96 | 49 |
| 3/12 VHF | ± | 15 | 0,51 | 12 | 143 | 4 | 3 | 14 | 17 |
| 5/12 erhöhter Rbpulm | | | | | | | | | |
| 1/12 Rechtsdekompens. | | | | | | | | | |
| *total* n = 21 | $\overline{x}$ | 81 | *2,61* | 55 | *247* | 5 | 7 | 92 | *51* |
| | ± | 14 | 0,60 | 13 | 160 | 3 | 3 | 11 | 17 |

Tabelle 37. *Teilweise Transposition der großen Hohlvenen, Pulmonalatresie mit Ventrikelseptumdefekt (Einzelbeispiele)*

| Lungenfunktion | Alter | Hb g-% | TK %S | VK %TK | FRK %TK | VT %TK | F | SKK %VK | AGW %S | Spez.V. ml/ml | VD/VT | $O_2$-Sttg. % | $P_{CO_2}$ mmHg | St. bic mval/l |
|---|---|---|---|---|---|---|---|---|---|---|---|---|---|---|
| *Mündung der V. cava inf. in den linken Vorhof* | | | | | | | | | | | | | | |
| Hans-U. R. | 27 | 23,6 | 98 | 78 | 42 | 15 | 8,6 | 85 | 102 | 32,1 | 0,42 | 83,0 | 38,0 | 20,5 |
| | | | | | | | | | | Arbeit 75 Watt | | 60,0 | 46,8 | 20,0 |
| *Mündung der V. cava sup. dextr. in den linken Vorhof* | | | | | | | | | | | | | | |
| Elsbeth W. | 19 | 19,0 | 114 | 70 | 39 | 11 | 14,0 | 66 | 86 | 37,6 | 0,41 | 92,0 | 35,3 | 21,5 |
| | | | | | | | | | | Arbeit 100 Watt | | 76,3 | 37,7 | 20,0 |
| *Ebsteinanomalie mit großem Vorhofseptumdefekt* | | | | | | | | | | | | | | |
| Claus R. | 30 | 20,4 | 119 | 59 | 51 | 10 | 21,0 | 42 | 48 | 53,0 | 0,51 | 69,5 | 30,0 | 18,8 |
| | | | | | | | | | | Lungenvene | | 97,5 | 19,6 | |
| *Pulmonalatresie mit Ventrikelseptumdefekt* | | | | | | | | | | | | | | |
| Gertrud B. | 25 | 17,4 | 88 | 79 | 30 | 13 | 15,8 | 75 | 85 | 38,5 | 0,44 | 86,0 | 34,5 | 22,5 |
| | | | | | | | | | | Arbeit 75 Watt | | 66,0 | 35,0 | 18,5 |

| Hämodynamik | Fr | c.i. l/min/m² Körper | Vstr ml | Rbpulm dyn sec cm$^{-5}$ | $\overline{\text{patrd}}$ mmHg | $\overline{\text{pcp}}$ mmHg | $\overline{\text{paor}}$ mmHg | Re-Li shunt % |
|---|---|---|---|---|---|---|---|---|
| *Teilweise Transposition der Hohlvenen* | | | | | | | | |
| Hans-U. R. untere Hohlvene-li Vorhof | 86 | 2,5 | 54 | 180 | 1 | 6 | 96 | 44 |
| Elsbeth W. re obere Hohlvene-li Vorhof | 74 | 3,8 | 78 | 100 | 1 | 4 | 82 | 23 |
| *M. Ebstein mit großem Vorhofseptumdefekt* | | | | | | | | |
| Claus R. | 80 | 2,7 | 56 | 360 | 5 | 3 | 104 | 51 |
| *Pulmonalatresie mit Ventrikelseptumdefekt* | | | | | | | | |
| Gertrud B. | 71 | 2,4 | 53 | — | 3 | 4 | 86 | 34 |

Tabelle 38. *Chronisches Cor pulmonale. I. Obstruktives Lungenemphysem, II. Diffuse Lungenfibrosen mit Restriktion,*
*III. Multiple Lungengefäßobstruktion*

| *Lungenfunktion* | Alter | Hb g-% | TK %S | VK %TK | FRK %TK | VT %TK | F | SKK %VK | AGW %S | Compl. ml/cm $H_2O$ | Visc. cm $H_2O$/l/sec In | Ex | Spez.V. ml/ml | VD/VT | $O_2$-Sttg. % | $P_{CO_2}$ mmHg | St. bic mval/l |
|---|---|---|---|---|---|---|---|---|---|---|---|---|---|---|---|---|---|
| *1. Obstr. Lungenemphysem mit Globalinsuffizienz* | | | | | | | | | | | | | | | | | |
| n = 20,    X̄ | 52,4 | 15,9 | 102 | 45 | 63 | 8 | 17,0 | 36 | 29 | 135 | 12,5 | (17,0) | 33,7 | 0,54 | 86,6 | 51,5 | 25,9 |
| 19 Männer   ± | 10,8 | 2,2 | 15 | 7 | 8 | 2 | 4,0 | 7 | 7 | 40 | 3,5 | ( 5,5) | 4,8 | 0,10 | 5,5 | 5,3 | 2,5 |
| 20/20 Hypoxämie, Hyperkapnie und Obstruktion | | | | | | | | | | | | Arbeit, Watt | | | | | |
| 8/20 $O_2$-Sttg. <86% | | | | | | | | | | | Soll | effekt. | Puls | | | | |
|    X̄ | | | | | | | | | | | 148 | 70 | 121 | | 84,3 | 56,1 | 23,6 |
|    ± | | | | | | | | | | | 21 | 25 | 26 | | 7,3 | 6,5 | 2,4 |
| *2. Diffuse Lungenfibrosen mit Restriktion* | | | | | | | | | | | | | | | | | |
| n = 17,    X̄ | 49,3 | 15,2 | 52 | 60 | 52 | 19 | 22,4 | 72 | 39 | 45 | 4,6 | 6,7 | 49,0 | 0,63 | 85,3 | 40,2 | 23,5 |
| 14 Männer   ± | 11,6 | 2,5 | 14 | 11 | 12 | 5 | 6,2 | 12 | 11 | 18 | 2,3 | 3,1 | 10,7 | 0,10 | 10,1 | 4,1 | 1,6 |
| 15/17 Hypoxämie | | | | | | | | | | | | Arbeit, Watt | | | | | |
| 6/17 $O_2$-Sttg. <86% | | | | | | | | | | | Soll | effekt. | Puls | | | | |
| 2/17 leichte Hyperkapnie   X̄ | | | | | | | | | | | 142 | 57 | 143 | | 74,9 | 40,7 | 20,5 |
| 4/17 Obstruktion   ± | | | | | | | | | | | 25 | 18 | 23 | | 14,5 | 5,0 | 2,0 |

| *Hämodynamik* | Fr. | c.i. l/min/m² | Vstr ml | Rbpulm dyn sec cm⁻⁵ | p̄atrd mmHg | p̄cp mmHg | p̄aor mmHg |
|---|---|---|---|---|---|---|---|
| *1. Obstr. Lungenemphysem mit Globalinsuffizienz* | | | | | | | |
| n = 20, 19 Männer   X̄ | 76 | 3,08 | 69 | 412 | 4 | 7 | 95 |
| 0/20 VHF   ± | 11 | 0,71 | 12 | 138 | 3 | 2 | 14 |
| *2. Diffuse Lungenfibrosen mit Restriktion* | | | | | | | |
| n = 17, 14 Männer   X̄ | 88 | 2,96 | 59 | 488 | 3 | 6 | 97 |
| 2/17 VHF   ± | 12 | 0,77 | 20 | 237 | 2 | 4 | 14 |

Tabelle 38. (Fortsetzung)

| Lungenfunktion | Alter | Hb g-% | TK %S | VK %TK | FRK %TK | VT %TK | F | SKK %VK | AGW %S | Compl. ml/cm $H_2O$ | Visc. cm $H_2O$/l/sec In | Ex | Spez.V. ml/ml | VD/VT | $O_2$-Sttg. % | $P_{CO_2}$ mmHg | St. bic mval/l |
|---|---|---|---|---|---|---|---|---|---|---|---|---|---|---|---|---|---|
| 3. Multiple Lungengefäßobstruktion | | | | | | | | | | | | | | | | | |
| n = 10 Männer X̄ | 44,7 | 15,7 | 93 | 69 | 46 | 10 | 17,0 | 69 | 73 | 166 | 2,9 | 4,6 | 39,8 | 0,46 | 91,3 | 34,3 | 23,1 |
| ± | 14,7 | 2,7 | 10 | 8 | 9 | 2 | 4,2 | 5 | 16 | 42 | 1,3 | 2,8 | 5,0 | 0,08 | 4,9 | 4,4 | 3,4 |
| 7/10 Hypoxämie | | | | | | | | | | | | Arbeit, Watt | | | | | |
| 1/10 $O_2$-Sttg. <86% | | | | | | | | | | | | Soll effekt. | | Puls | | | |
| 2/10 Obstrukt. X̄ | | | | | | | | | | | | 160 77 | | | 149 | 88,5 | 31,4 | 18,2 |
| ± | | | | | | | | | | | | 16 31 | | | 25 | 7,5 | 4,6 | 1,5 |
| n = 20 Frauen X̄ | 49,8 | 14,9 | 94 | 68 | 44 | 13 | 15,5 | 70 | 76 | 112 | 4,2 | 5,3 | 39,5 | 0,43 | 90,9 | 32,8 | 22,4 |
| ± | 11,6 | 2,2 | 14 | 7 | 7 | 4 | 4,1 | 7 | 13 | 28 | 2,1 | 2,5 | 7,2 | 0,10 | 4,5 | 3,6 | 2,2 |
| 17/20 Hypoxämie | | | | | | | | | | | | Arbeit, Watt | | | | | |
| 3/20 $O_2$-Sttg. <86% | | | | | | | | | | | | Soll effekt. | | Puls | | | |
| 4/20 Obstruktion X̄ | | | | | | | | | | | | 115 50 | | | 147 | 84,6 | 29,1 | 18,0 |
| ± | | | | | | | | | | | | 25 13 | | | 18 | 8,5 | 6,4 | 1,8 |
| Männer + Frauen X̄ | 48,1 | 15,2 | 94 | 68 | 44 | 12 | 16,0 | 70 | 75 | — | — | — | 39,8 | 0,44 | 91,1 | 33,3 | 22,7 |
| n = 30 ± | 12,7 | 2,3 | 13 | 7 | 8 | 4 | 3,8 | 7 | 14 | | | | 6,5 | 0,09 | 4,6 | 4,1 | 2,4 |

Tabelle 38. (Fortsetzung)

| Hämodynamik | Fr. | c.i.<br>$l/min/m^2$ | Vstr<br>ml | Rbpulm<br>dyn sec $cm^{-5}$ | $\bar{p}atrd$<br>mmHg | $\bar{p}cp$<br>mmHg | $\bar{p}aor$<br>mmHg |
|---|---|---|---|---|---|---|---|
| *3. Multiple Lungengefäßobstruktion* | | | | | | | |
| n = 10 Männer | $\overline{X}$ 77 | 1,95 | 47 | 1141 | 6 | 5 | 96 |
| 1/10 VHF | $\pm$ 8 | 0,60 | 15 | 465 | 3 | 2 | 13 |
| n = 20 Frauen | $\overline{X}$ 78 | 1,78 | 40 | 1387 | 9 | 6 | 97 |
| 0/20 VHF | $\pm$ 13 | 0,35 | 9 | 550 | 5 | 4 | 18 |
| Männer + Frauen n = 30 | $\overline{X}$ 77 | 1,84 | 42 | 1305 | 8 | 6 | 96 |
| | $\pm$ 12 | 0,44 | 12 | 529 | 4 | 3 | 16 |

Tabelle 39. *Mitralstenose. Einteilung nach der Höhe des Lungengefäßwiderstandes*

| Lungenfunktion | Alter | Hb g-% | TK %S | VK %TK | FRK %TK | VT %TK | F | SKK %VK | AGW %S | Spez.V. ml/ml | VD/VT | $O_2$-Sttg. % | $P_{CO_2}$ mmHg | St. bic mval/l |
|---|---|---|---|---|---|---|---|---|---|---|---|---|---|---|
| *A. Normaler Lungengefäßwiderstand* | | | | | | | | | | | | | | |
| n = 131, 38 Männer  $\overline{X}$ | 38,6 | 13,3 | 93 | 64 | 44 | 10 | 15,3 | 72 | 69 | 36,5 | 0,40 | 96,0 | 36,9 | 22,5 |
| 17/131 Hypoxämie  $\pm$ | 9,5 | 1,4 | 15 | 8 | 7 | 3 | 3,5 | 11 | 17 | 9,0 | 0,11 | 2,1 | 4,1 | 1,4 |
| 21/131 Obstruktion | | | | | | | | | | | | | | |
| *B. Leicht erhöhter Lungengefäßwiderstand* | | | | | | | | | | | | | | |
| n = 57, 18 Männer  $\overline{X}$ | 40,0 | 13,4 | 85 | 63 | 48 | 12 | 14,9 | 69 | 61 | 37,5 | 0,44 | 95,8 | 37,6 | 23,1 |
| 12/57 Hypoxämie  $\pm$ | 9,7 | 1,6 | 14 | 8 | 7 | 3 | 3,5 | 11 | 15 | 9,0 | 0,12 | 1,7 | 3,5 | 1,8 |
| 15/57 Obstruktion | | | | | | | | | | | | | | |
| *C. Mittelschwer erhöhter Lungengefäßwiderstand* | | | | | | | | | | | | | | |
| n = 24, 10 Männer  $\overline{X}$ | 38,5 | 13,7 | 78 | 61 | 52 | 14 | 17,4 | 69 | 54 | 41,2 | 0,46 | 95,3 | 36,3 | 22,4 |
| 7/24 Hypoxämie  $\pm$ | 10,0 | 1,2 | 17 | 10 | 8 | 5 | 5,6 | 13 | 18 | 10,0 | 0,12 | 2,5 | 5,4 | 1,7 |
| 7/24 Obstruktion | | | | | | | | | | | | | | |
| *D. Schwer erhöhter Lungengefäßwiderstand* | | | | | | | | | | | | | | |
| n =12, 3 Männer  $\overline{X}$ | 43,3 | 13,6 | 71 | 55 | 55 | 13 | 18,9 | 70 | 47 | 46,7 | 0,50 | 93,5 | 32,7 | 22,5 |
| 7/12 Hypoxämie  $\pm$ | 10,0 | 1,0 | 11 | 11 | 10 | 3 | 4,8 | 11 | 14 | 10,0 | 0,10 | 3,2 | 3,6 | 2,2 |
| 3/12 Obstruktion | | | | | | | | | | | | | | |

Tabelle 39. (Fortsetzung)

| Hämodynamik | Fr. | c.i. l/min/m² | Vstr ml | Rbpulm dyn sec cm⁻⁵ | $\bar{p}$atrd mmHg | $\bar{p}$cp mmHg | $\bar{p}$aor mmHg |
|---|---|---|---|---|---|---|---|
| A. Normaler Lungengefäßwiderstand | | | | | | | |
| n = 131, 38 Männer   ✕ 78 | | 2,91 | 62 | 140 | 3 | 21 | 89 |
| 46/131 VHF   ± 16 | | 0,79 | 10 | 55 | 2 | 6 | 9 |
| B. Leicht erhöhter Lungengefäßwiderstand | | | | | | | |
| n = 57, 18 Männer   ✕ 77 | | 2,33 | 47 | 280 | 4 | 23 | 90 |
| 32/57 VHF   ± 18 | | 0,53 | 9 | 70 | 2 | 6 | 12 |
| C. Mittelschwer erhöhter Lungengefäßwiderstand | | | | | | | |
| n = 24, 10 Männer   ✕ 80 | | 2,18 | 46 | 710 | 5 | 28 | 92 |
| 13/24 VHF   ± 15 | | 0,40 | 8 | 150 | 2 | 8 | 14 |
| D. Schwer erhöhter Lungengefäßwiderstand | | | | | | | |
| n = 12, 3 Männer   ✕ 90 | | 1,46 | 27 | 1390 | 9 | 27 | 93 |
| 6/12 VHF   ± 16 | | 0,30 | 6 | 230 | 3 | 6 | 8 |

Tabelle 40a. *Mitralstenosen, Korrelationen zum Alter bei gleichen hämodynamischen Befunden*

| Lungenfunktion | | Alter | Hb g-% | TK %S | VK %TK | FRK %TK | VT %TK | F | SKK %VK | AGW %S | Spez.V. ml/ml | VD/VT | $O_2$-Sttg. % | $P_{CO_2}$ mmHg | St. bic mval/l |
|---|---|---|---|---|---|---|---|---|---|---|---|---|---|---|---|
| n = 27, 7 Männer | $\overline{x}$ | 28,7 | 13,2 | 94 | 66 | 48 | 11 | 16,7 | 75 | 72 | 37,5 | 0,40 | 95,9 | 34,3 | 22,1 |
| 4/27 Hypoxämie | ± | 4,6 | 1,2 | 15 | 7 | 5 | 2 | 4,0 | 9 | 20 | 8,8 | 0,12 | 1,6 | 4,6 | 1,7 |
| 3/27 Obstruktion | | | | | | | | | | | | | | | |
| n = 25, 8 Männer | $\overline{x}$ | 48,2 | 13,7 | 91 | 61 | 51 | 11 | 18,8 | 72 | 65 | 38,6 | 0,45 | 94,9 | 36,6 | 22,4 |
| 4/25 Hypoxämie | ± | 5,9 | 1,3 | 18 | 8 | 8 | 3 | 5,1 | 9 | 13 | 12,5 | 0,11 | 3,5 | 4,3 | 1,5 |
| 4/25 Obstruktion | | | | | | | | | | | | | | | |

| Hämodynamik | | Fr. | c.i. l/min/m² | Vstr ml | Rbpulm dyn sec cm⁻⁵ | $\overline{p}$atrd mmHg | $\overline{p}$cp mmHg | $\overline{p}$aor mmHg |
|---|---|---|---|---|---|---|---|---|
| n = 27, 7 Männer | $\overline{x}$ | 82 | 2,71 | 58 | 157 | 3 | 24 | 84 |
| 8/27 VHF | ± | 18 | 0,75 | 19 | 53 | 2 | 4 | 7 |
| n = 25, 8 Männer | $\overline{x}$ | 82 | 2,72 | 57 | 163 | 4 | 25 | 94 |
| 14/25 VHF | ± | 18 | 0,95 | 18 | 63 | 2 | 3 | 13 |

Tabelle 40b. *Mitralstenosen, Korrelationen zum Geschlecht bei gleichen hämodynamischen Befunden*

| Lungenfunktion | | Alter | Hb | TK | VK | FRK | VT | F | SKK | AGW | Compl. | Visc. cm $H_2O$/l/sec | | Spez.V. | VD/VT | $O_2$-Sttg. | $P_{CO_2}$ | St. bic |
|---|---|---|---|---|---|---|---|---|---|---|---|---|---|---|---|---|---|---|
| | | | g-% | %S | %TK | %TK | %TK | | %VK | %S | ml/cm $H_2O$ | In | Ex | ml/ml | | % | mmHg | mval/l |
| 12 Männer | $\overline{X}$ | 42,5 | 14,6 | 92 | 62 | 51 | 11 | 15,4 | 67 | 68 | 125 | 3,9 | 5,0 | 37,0 | 0,42 | 96,0 | 37,5 | 22,3 |
| | ± | 10,6 | 1,7 | 14 | 12 | 10 | 2 | 5,2 | 10 | 22 | 48 | 2,8 | 4,0 | 10,1 | 0,10 | 2,5 | 4,8 | 1,8 |
| 3/12 Hypoxämie | | | | | | | | | | | | | | | | | | |
| 5/12 Obstruktion | | | | | | | | | | | | | | | | | | |
| 22 Frauen | $\overline{X}$ | 40,0 | 13,6 | 94 | 65 | 47 | 9 | 18,0 | 66 | 69 | 122 | 3,1 | 4,3 | 36,2 | 0,40 | 95,5 | 36,8 | 21,6 |
| | ± | 9,1 | 1,5 | 14 | 7 | 8 | 2 | 3,8 | 10 | 16 | 46 | 2,5 | 3,5 | 8,0 | 0,09 | 2,2 | 3,9 | 1,6 |
| 5/22 Hypoxämie | | | | | | | | | | | | | | | | | | |
| 8/22 Obstruktion | | | | | | | | | | | | | | | | | | |
| *Mittelschwer erhöhter Lungengefäßwiderstand* | | | | | | | | | | | | | | | | | | |
| n = 10, | $\overline{X}$ | 46,2 | 13,8 | 80 | 62 | 48 | 14 | 16,1 | 65 | 57 | 113 | 2,8 | 4,1 | 44,5 | 0,47 | 94,1 | 34,5 | 21,4 |
| 3 Männer | ± | 11,7 | 1,8 | 11 | 7 | 6 | 3 | 4,8 | 8 | 13 | 54 | 2,0 | 2,5 | 9,5 | 0,11 | 2,5 | 4,8 | 1,7 |
| 3/10 Hypoxämie | | | | | | | | | | | | | | | | | | |
| 3/10 Obstruktion | | | | | | | | | | | | | | | | | | |
| *Vor und 3 Jahre nach erfolgreicher Commissurotomie* | | | | | | | | | | | | | | | | | | |
| *vor Op.* | | | | | | | | | | | | | | | | | | |
| n = 30, | $\overline{X}$ | 40,6 | 13,4 | 88 | 65 | 48 | 11 | 15,7 | 72 | 66 | — | — | — | 36,0 | 0,42 | 95,9 | 36,9 | 23,2 |
| 7 Männer | ± | 9,4 | 1,5 | 17 | 8 | 10 | 3 | 4,7 | 8 | 17 | | | | 8,4 | 0,10 | 1,5 | 4,6 | 1,6 |
| 3/30 Hypoxämie | | | | | | | | | | | | | | | | | | |
| 4/30 Obstruktion | | | | | | | | | | | | | | | | | | |
| *nach Op.* | | | | | | | | | | | | | | | | | | |
| | $\overline{X}$ | 43,4 | 12,7 | 83 | 71 | 40 | 11 | 16,1 | 70 | 71 | — | — | — | 34,6 | 0,41 | 95,9 | 41,6 | 23,8 |
| | ± | 9,9 | 1,4 | 13 | 15 | 6 | 3 | 4,0 | 9 | 15 | | | | 5,8 | 0,09 | 1,5 | 4,7 | 2,2 |
| 3/30 Hypoxämie | | | | | | | | | | | | | | | | | | |
| 6/30 Obstruktion | | | | | | | | | | | | | | | | | | |

Tabelle 40b. (Fortsetzung)

| Hämodynamik | Fr. | c.i. l/min/m² | Vstr ml | Rbpulm dyn sec cm⁻⁵ | $\bar{p}$atrd mmHg | $\bar{p}$cp mmHg | $\bar{p}$aor mmHg | Arbeitskapazität Watt |
|---|---|---|---|---|---|---|---|---|
| 12 Männer | $\overline{\times}$ 82 | 2,54 | 59 | 229 | 4 | 21 | 89 | |
| 4/12 VHF | $\pm$ 16 | 0,58 | 16 | 133 | 2 | 4 | 8 | |
| 22 Frauen | $\overline{\times}$ 86 | 2,65 | 54 | 221 | 3 | 19 | 86 | |
| 8/22 VHF | $\pm$ 18 | 0,60 | 17 | 126 | 2 | 6 | 8 | |
| *Mittelschwer erhöhter Lungengefäßwiderstand* | | | | | | | | |
| n = 10, 3 Männer | $\overline{\times}$ 82 | 2,15 | 43 | 873 | 5 | 25 | 90 | |
| 5/10 VHF | $\pm$ 16 | 0,62 | 14 | 214 | 3 | 9 | 9 | |
| *Vor und 3 Jahre nach erfolgreicher Commissurotomie* | | | | | | | | |
| *vor Op.* | | | | | | | | |
| n = 30, 7 Männer | $\overline{\times}$ 81 | 2,80 | 56 | 189 | 3 | 22 | 91 | 71 |
| 15/30 VHF | $\pm$ 19 | 0,78 | 11 | 100 | 2 | 5 | 10 | 26 |
| *nach Op.* | | | | | | | | |
| | $\overline{\times}$ 78 | 3,20 | 68 | 163 | 4 | 12 | 107 | 101 |
| 15/30 VHF | $\pm$ 16 | 0,65 | 14 | 75 | 2 | 4 | 14 | 36 |

Tabelle 41. *Mitralstenosen, Korrelationen zum Druck im linken Vorhof*

| *Lungenfunktion* | c.i. ($l/min/m^2$) | Rbpulm ($dyn\,sec\,cm^{-5}$) | Asm (mmHg) | Alter | TK %S | VK %TK | FRK %TK | VT %TK | F | SKK %VK | AGW %S | Compl. ($ml/cm\,H_2O$) | Visc. In ($cm\,H_2O/l/sec$) | Visc. Ex | Spez. V. (ml/ml) | VD/VT | $O_2$-Sttg. (%) | $P_{CO_2}$ (mmHg) |
|---|---|---|---|---|---|---|---|---|---|---|---|---|---|---|---|---|---|---|
| n = 25,7 Männer | | | | | | | | | | | | | | | | | | |
| X̄ | 2,60 | 209 | 17 | 41,3 | 96 | 65 | 46 | 10 | 16,9 | 69 | 74 | 135 | 3,1 | 4,1 | 36,4 | 0,40 | 96,3 | 36,0 |
| ± | 0,61 | 120 | 4 | 9,7 | 12 | 9 | 9 | 2 | 4,3 | 10 | 16 | 51 | 2,6 | 3,4 | 8,6 | 0,10 | 1,3 | 4,5 |
| 2/25 Hypoxämie | | | | | | | | | | | | | | | | | | |
| 8/25 Obstruktion | | | | | | | | | | | | | | | | | | |
| n = 16,6 Männer | | | | | | | | | | | | | | | | | | |
| X̄ | 2,60 | 263 | 28 | 40,0 | 83 | 61 | 48 | 11 | 17,2 | 66 | 58 | 95 | 4,0 | 5,8 | 37,0 | 0,42 | 95,3 | 36,6 |
| ± | 0,59 | 146 | 2 | 8,6 | 10 | 6 | 8 | 2 | 5,2 | 9 | 8 | 35 | 3,1 | 4,5 | 9,7 | 0,10 | 2,9 | 4,2 |
| 4/16 Hypoxämie | | | | | | | | | | | | | | | | | | |
| 4/16 Obstruktion | | | | | | | | | | | | | | | | | | |

Tabelle 42. *Aortenstenose und Aorteninsuffizienz*

| Lungenfunktion | | Alter | Hb g-% | TK %S | VK %TK | FRK %TK | VT %TK | F | SKK %VK | AGW %S | Spez. V. ml/ml | VD/VT | $O_2$-Sttg. % | $P_{CO_2}$ mmHg | St. bic mval/l |
|---|---|---|---|---|---|---|---|---|---|---|---|---|---|---|---|
| *Aortenstenose, mittelschwer* | | | | | | | | | | | | | | | |
| Mitteldruckgradient li Ventr.- Aorta 39 ± 22 mmHg | | | | | | | | | | | | | | | |
| n = 10, 9 Männer | X̄ | 33,5 | 14,4 | 101 | 75 | 37 | 9 | 17,9 | 71 | 86 | 34,7 | 0,41 | 96,5 | 38,8 | 23,4 |
| 1/10 Obstruktion | ± | 12,6 | 1,5 | 12 | 3 | 4 | 2 | 3,5 | 8 | 9 | 6,5 | 0,08 | 1,1 | 3,0 | 1,2 |
| *Aortenstenose, schwer* | | | | | | | | | | | | | | | |
| Mitteldruckgradient li Ventr.- Aorta 61 ± 23 mmHg | | | | | | | | | | | | | | | |
| n = 22, 17 Männer | X̄ | 41,5 | 13,8 | 99 | 74 | 39 | 12 | 14,0 | 68 | 81 | 37,7 | 0,44 | 96,1 | 35,5 | 23,0 |
| 2/22 Hypoxämie | ± | 10,8 | 1,0 | 11 | 4 | 5 | 3 | 3,0 | 8 | 13 | 6,3 | 0,09 | 1,5 | 4,7 | 1,5 |
| 4/22 Obstruktion | | | | | | | | | | | | | | | |
| *Aorteninsuffizienz, mittelschwer* | | | | | | | | | | | | | | | |
| Regurgitation 15 ± 6 cm | | | | | | | | | | | | | | | |
| n = 14, 11 Männer | X̄ | 32,9 | 13,9 | 93 | 75 | 37 | 10 | 15,2 | 71 | 80 | 30,4 | 0,35 | 96,4 | 36,3 | 22,7 |
| 3/14 Obstruktion | ± | 7,3 | 1,7 | 14 | 6 | 6 | 1 | 2,3 | 13 | 18 | 3,8 | 0,11 | 1,0 | 5,6 | 1,1 |
| *Aorteninsuffizienz, schwer* | | | | | | | | | | | | | | | |
| Regurgitation 18 ± 6 cm | | | | | | | | | | | | | | | |
| n = 16, 9 Männer | X̄ | 33,3 | 13,4 | 88 | 76 | 37 | 10 | 17,0 | 73 | 81 | 35,9 | 0,44 | 96,5 | 36,4 | 23,3 |
| 1/16 Hypoxämie | ± | 11,1 | 1,3 | 11 | 4 | 6 | 2 | 2,1 | 10 | 17 | 5,0 | 0,12 | 1,0 | 4,9 | 2,5 |
| 1/16 Obstruktion | | | | | | | | | | | | | | | |
| *Aorteninsuffizienz, li Ventrikel dekompensiert* | | | | | | | | | | | | | | | |
| Regurgitation 16 ± 3 cm | | | | | | | | | | | | | | | |
| n = 7, 6 Männer | X̄ | 45,8 | 13,4 | 80 | 71 | 43 | 14 | 14,9 | 64 | 56 | 39,4 | 0,49 | 96,1 | 37,0 | 23,4 |
| 2/7 Hypoxämie | ± | 10,7 | 1,4 | 7 | 5 | 7 | 3 | 2,8 | 14 | 11 | 6,1 | 0,09 | 2,5 | 5,9 | 1,5 |
| 4/7 Obstruktion | | | | | | | | | | | | | | | |

Tabelle 42. (Fortsetzung)

| Hämodynamik | Fr. | c.i. $l/min/m^2$ | Vstr ml | Rbpulm dyn sec $cm^{-5}$ | $\bar{p}atrd$ mmHg | $\bar{p}cp$ mmHg | $\bar{p}aor$ mmHg |
|---|---|---|---|---|---|---|---|
| *Aortenstenose, mittelschwer* | | | | | | | |
| n = 10, 9 Männer | $\overline{X}$ 75 | 4,13 | 98 | 100 | 4 | 7 | 92 |
| | ± 10 | 0,45 | 20 | 40 | 3 | 3 | 12 |
| *Aortenstenose, schwer* | | | | | | | |
| n = 22, 17 Männer | $\overline{X}$ 76 | 2,98 | 70 | 159 | 3 | 12 | 87 |
| | ± 11 | 0,69 | 14 | 61 | 2 | 7 | 11 |
| *Aorteninsuffizienz, mittelschwer* | | | | | | | |
| n = 14, 11 Männer | $\overline{X}$ 74 | 3,59 | 87 | 105 | 3 | 8 | 86 |
| | ± 12 | 0,53 | 19 | 36 | 2 | 3 | 9 |
| *Aorteninsuffizienz, schwer* | | | | | | | |
| n = 16, 9 Männer | $\overline{X}$ 69 | 2,66 | 68 | 116 | 4 | 12 | 87 |
| | ± 10 | 0,28 | 12 | 42 | 2 | 4 | 14 |
| *Aorteninsuffizienz, linker Ventrikel dekompensiert* | | | | | | | |
| n = 7, 6 Männer | $\overline{X}$ 69 | 2,35 | 62 | 187 | 4 | 27 | 91 |
| | ± 12 | 0,48 | 13 | 114 | 2 | 5 | 23 |

Herzindex und Schlagvolumen entsprechen bei Aorteninsuffizienz nur den „Vorwärtswerten".

Tabelle 43. *Pericarditis constrictiva adhaesiva, „Cor bovinum" bei allgemeiner Arteriosklerose, Tricuspidalstenose*

| *Lungenfunktion* | | Alter | Hb g-% | TK %S | VK %TK | FRK %TK | VT %TK | F | SKK %VK | AGW %S | Spez.V. ml/ml | VD/VT | $O_2$-Sttg. % | $P_{CO_2}$ mmHg | St. bic mval/l |
|---|---|---|---|---|---|---|---|---|---|---|---|---|---|---|---|
| *Pericarditis constrictiva adhaesiva* | | | | | | | | | | | | | | | |
| n = 13, 10 Männer | $\overline{x}$ | 43,9 | 13,6 | 84 | 64 | 46 | 11 | 14,7 | 61 | 56 | 33,7 | 0,41 | 94,9 | 37,6 | 22,4 |
| 5/13 Hypoxämie | ± | 10,6 | 1,9 | 17 | 13 | 12 | 3 | 3,0 | 14 | 18 | 7,1 | 0,11 | 2,4 | 2,4 | 2,2 |
| 5/13 Obstruktion | | | | | | | | | | | | | | | |
| *„Cor bovinum"* | | | | | | | | | | | | | | | |
| n = 20, 13 Männer | $\overline{x}$ | 47,7 | 13,9 | 70 | 55 | 53 | 15 | 18,1 | 67 | 45 | 44,3 | 0,49 | 94,1 | 34,7 | 21,8 |
| 8/20 Hypoxämie | ± | 11,0 | 1,0 | 17 | 12 | 10 | 5 | 5,3 | 11 | 15 | 10,0 | 0,10 | 3,7 | 5,0 | 1,1 |
| 6/20 Obstruktion | | | | | | | | | | | | | | | |
| *Tricuspidalstenose. Tumor im linken Vorhof* | | | | | | | | | | | | | | | |
| Henry M. | | 24 | 13,8 | 86 | 76 | 41 | 18 | 9,9 | 85 | 86 | 32,0 | 0,34 | 95,5 | 33,5 | 21,5 |

| *Hämodynamik* | | Fr. | c.i. l/min/m² | Vstr ml | Rbpulm dyn sec cm⁻⁵ | p̄atrd mmHg | p̄cp mmHg | p̄aor mmHg |
|---|---|---|---|---|---|---|---|---|
| *Pericarditis constrictiva adhaesiva* | | | | | | | | |
| n = 13, 10 Männer | $\overline{x}$ | 79 | 2,50 | 57 | 127 | 14 | 17 | 93 |
| 3/13 VHF | ± | 16 | 0,50 | 19 | 38 | 5 | 4 | 19 |
| *„Cor bovinum"* | | | | | | | | |
| n = 20, 13 Männer | $\overline{x}$ | 82 | 1,75 | 35 | 550 | 15 | 27 | 100 |
| 14/20 VHF | ± | 17 | 0,30 | 9 | 330 | 4 | 5 | 26 |
| *Tricuspidalstenose* | | | | | | | | |
| Henry M. | | 86 | 1,75 | 39 | 190 | 15 | 6 | 95 |

Tabelle 44. *Vollständiger atrio-ventrikulärer Block vor und nach Einsetzen eines elektrischen Schrittmachers*

| Lungenfunktion | | Alter | Hb g-% | TK %S | VK %TK | FRK %TK | VT %TK | F | SKK %VK | AGW %S | Spez.V. ml/ml | VD/VT | $O_2$-Sttg. % | $P_{CO_2}$ mmHg | St. bic mval/l |
|---|---|---|---|---|---|---|---|---|---|---|---|---|---|---|---|
| n = 10, 8 Männer | | | | | | | | | | | | | | | |
| 3/10 Hypoxämie | | | | | | | | | | | | | | | |
| 7/10 Obstruktion | | | | | | | | | | | | | | | |
| vor | $\overline{X}$ | 62,0 | 13,4 | 93 | 70 | 40 | 12 | 14,1 | 59 | 67 | 39,6 | 0,45 | 94,7 | 38,5 | 23,4 |
| | ± | 15,2 | 1,6 | 10 | 8 | 8 | 5 | 3,3 | 13 | 19 | 7,6 | 0,12 | 3,0 | 8,0 | 2,3 |
| | | | | | | | | | | Arbeit, $\overline{X}$49 Watt | | 95,2 | 35,1 | 20,4 |
| | | | | | | | | | | ±13 | | 2,1 | 5,5 | 2,6 |
| einige Monate mit elektr. Schrittmacher | | | | | | | | | | | | | | | |
| | $\overline{X}$ | | 13,6 | 96 | 65 | 44 | 11 | 16,9 | 57 | 63 | 40,5 | 0,43 | 95,7 | 33,1 | 22,9 |
| | ± | | 1,5 | 22 | 6 | 10 | 3 | 3,8 | 9 | 16 | 9,8 | 0,12 | 1,5 | 5,4 | 0,5 |
| | | | | | | | | | | Arbeit, $\overline{X}$61 Watt | | 95,8 | 30,5 | 19,1 |
| | | | | | | | | | | ±11 | | 1,8 | 6,1 | 2,1 |

| Hämodynamik | | Fr. | c.i. l/min/m² | Vstr ml | Rbpulm dyn sec cm⁻⁵ | $\overline{p}$atrd mmHg | $\overline{p}$cp mmHg | $\overline{p}$aor mmHg |
|---|---|---|---|---|---|---|---|---|
| n = 10, 8 Männer | $\overline{X}$ | 35 | 2,63 | 140 | 150 | 6 | 12 | 101 |
| | ± | 5 | 0,74 | 37 | 68 | 3 | 6 | 18 |
| Arbeit liegend | $\overline{X}$ | 40 | 4,14 | 185 | 155 | 13 | 24 | 109 |
| 49 ± 13 Watt | ± | 8 | 1,01 | 54 | 54 | 7 | 5 | 21 |
| einige Monate mit elektr. Schrittmacher | | | | | | | | |
| | $\overline{X}$ | 70 | 2,64 | 65 | 164 | 3 | 8 | 100 |
| | ± | 1 | 0,62 | 13 | 79 | 2 | 3 | 14 |
| Arbeit liegend | $\overline{X}$ | 70 | 5,13 | 127 | 131 | 5 | 20 | 118 |
| 61 ± 11 Watt | ± | 2 | 2,10 | 47 | 96 | 2 | 6 | 16 |

Tabelle 45. *Coronare Durchblutungsstörung und akuter Herzinfarkt*

| *Lungenfunktion* | | Alter | Hb g-% | TK %S | VK %TK | FRK %TK | VT %TK | F | SKK %VK | AGW %S | Spez.V. ml/ml | VD/VT | $O_2$-Sttg. % | $P_{CO_2}$ mmHg | St. bic mval/l |
|---|---|---|---|---|---|---|---|---|---|---|---|---|---|---|---|
| *Coronare Durchblutungsstörung* | | | | | | | | | | | | | | | |
| *Obstruktion der A. coronaria sin. z. T. zusätzlich auch A. cor. dext* | | | | | | | | | | | | | | | |
| n = 11 Männer | $\overline{\times}$ | 50,1 | 14,8 | 101 | 74 | 36 | 9 | 13,7 | 74 | 95 | 30,8 | 0,40 | 95,0 | 42,7 | 23,2 |
| 3/11 Hypoxämie | $\pm$ | 7,8 | 1,3 | 12 | 5 | 5 | 3 | 4,0 | 9 | 19 | 3,4 | 0,04 | 1,1 | 2,2 | 1,8 |
| 2/11 Obstruktion | | | | | | | | | | | | | | | |
| *Akuter Herzinfarkt ohne kardiogenen Schock* | | | | | | | | | | | | | | | |
| n = 5 Männer | $\overline{\times}$ | 58,6 | 15,1 | | | | | | | | 35,0 | 0,39 | 90,4 | 34,0 | 24,3 |
| 4/5 Hypoxämie | $\pm$ | 5,0 | 1,5 | | | | | | | | 6,5 | 0,19 | 7,3 | 7,5 | 2,0 |

| *Hämodynamik* | | Fr. | c.i. l/min/m² | Vstr ml | Rbpulm dyn sec cm⁻⁵ | $\overline{p}$atrd mmHg | $\overline{p}$cp mmHg | $\overline{p}$aor mmHg |
|---|---|---|---|---|---|---|---|---|
| *Coronare Durchblutungsstörung* | | | | | | | | |
| n = 11 Männer | $\overline{\times}$ | 72 | 3,02 | 83 | 108 | 4 | 8 | 100 |
| | $\pm$ | 14 | 0,64 | 13 | 36 | 2 | 2 | 7 |
| *Akuter Herzinfarkt* | | | | | | | | |
| n = 5 Männer | $\overline{\times}$ | 71 | 2,90 | 70 | — | 5 | — | 90 |
| | $\pm$ | 16 | 0,54 | 18 | | 4 | | 14 |

Die Infarktpatienten wurden im Krankenbett mittels Einschwemmkatheter untersucht, die Obstruktion der Coronararterien wurde mittels Cineangiographie festgestellt.

Tabelle 46. *Adipositas permagna und „Pickwick"-Syndrom*

| Lungenfunktion | | Alter | Hb g-% | TK %S | VK %TK | FRK %TK | VT %TK | F | SKK %VK | AGW %S | Spez. V. ml/ml | VD/VT | $O_2$-Sttg. % | $P_{CO_2}$ mmHg | St. bic mval/l |
|---|---|---|---|---|---|---|---|---|---|---|---|---|---|---|---|
| mit $CO_2$-Retention *„Pickwick"-Syndrom* | Gr. 170 ± 5 cm Gw. 147 ± 18 kg | | | | | | | | | | | | | | |
| n = 7 Männer | $\overline{\times}$ | 45,5 | 15,3 | 75 | 60 | 49 | 11 | 18,7 | 66 | 50 | 27,1 | 0,50 | 83,1 | 55,9 | 26,4 |
| 2/7 Obstruktion | ± | 7,5 | 2,0 | 11 | 10 | 8 | 4 | 3,4 | 14 | 11 | 4,2 | 0,10 | 7,9 | 5,5 | 1,9 |
| 7/7 Cor pulm. | | | | | | | | | | | | | | | |
| *ohne $CO_2$-Retention* | Gr. 175 ± 6 cm Gw. 131 ± 6 kg | | | | | | | | | | | | | | |
| n = 6 Männer | $\overline{\times}$ | 46,3 | 14,6 | 87 | 64 | 41 | 12 | 15,9 | 71 | 66 | 29,0 | 0,32 | 94,5 | 39,6 | 23,4 |
| 3/6 Hypoxämie | ± | 7,9 | 1,0 | 12 | 6 | 6 | 3 | 3,0 | 9 | 10 | 5,4 | 0,09 | 1,3 | 3,0 | 1,0 |
| 1/6 Obstruktion | | | | | | | | | | | | | | | |
| 0/6 Cor pulm. | | | | | | | | | | | | | | | |
| *ohne $CO_2$-Retention* | Gr. 157 ± 6 cm Gw. 118 ± 17 kg | | | | | | | | | | | | | | |
| n = 6 Frauen | $\overline{\times}$ | 51,2 | 12,8 | 90 | 68 | 36 | 12 | 19,0 | 71 | 79 | 31,2 | 0,39 | 94,0 | 39,6 | 22,0 |
| 3/6 Hypoxämie | ± | 15,5 | 1,4 | 18 | 11 | 2 | 4 | 5,4 | 7 | 28 | 5,3 | 0,10 | 3,0 | 3,8 | 1,5 |
| 2/6 Obstruktion | | | | | | | | | | | | | | | |
| 0/6 Cor pulm. | | | | | | | | | | | | | | | |

Tabelle 47. *Hyper- und Hypothyreose. Portale Hypertension bei Lebercirrhose*

| *Lungenfunktion* | Alter | Hb | TK | VK | FRK | VT | F | SKK | AGW | Compl. | Visc. cm $H_2O$/l/sec | | Spez. V. | VD/VT | $O_2$-Sttg. | $P_{CO_2}$ | St. bic |
| | | | | | | | | | | | In | Ex | | | | | |
| | | g-% | %S | %TK | %TK | %TK | | %VK | %S | ml/cm $H_2O$ | | | ml/ml | | % | mmHg | mval/l |
|---|---|---|---|---|---|---|---|---|---|---|---|---|---|---|---|---|---|
| *Hyperthyreose*, Grundumsatz 149% ± 20% | | | | | | | | | | | | | | | | | |
| n = 8, ⊼ | 49,1 | 12,3 | 89 | 61 | 49 | 10 | 21,4 | 65 | 56 | 180 | 3,5 | 4,2 | 33,5 | 0,41 | 95,8 | 37,5 | 22,8 |
| 2 Männer ± | 18,3 | 0,9 | 13 | 6 | 8 | 2 | 6,1 | 11 | 9 | 35 | 1,8 | 2,1 | 6,1 | 0,11 | 1,3 | 2,3 | 0,9 |
| 3/8 Hypoxämie | | | | | | | | | | | | | | | | | |
| 3/8 Obstruktion | | | | | | | | | | | | | | | | | |
| *Hypothyreose*, Grundumsatz 87% ± 6% | | | | | | | | | | | | | | | | | |
| n = 8, 1 Mann ⊼ | 49,4 | 11,1 | 80 | 70 | 46 | 9 | 14,5 | 66 | 66 | 220 | 5,0 | 6,0 | 31,4 | 0,35 | 94,5 | 37,1 | 23,4 |
| ± | 18,5 | 1,7 | 15 | 7 | 7 | 2 | 3,6 | 9 | 8 | 55 | 2,3 | 2,5 | 3,6 | 0,11 | 2,2 | 5,9 | 1,1 |
| 3/8 Hypoxämie | | | | | | | | | | | | | | | | | |
| 2/8 Obstruktion | | | | | | | | | | | | | | | | | |
| *Portale Hypertension* | | | | | | | | | | | | | | | | | |
| n = 20, ⊼ | 52,2 | 11,3 | 95 | 68 | 42 | 11 | 14,7 | 69 | 75 | — | — | — | 39,3 | 0,44 | 96,3 | 35,9 | 23,3 |
| 17 Männer ± | 6,8 | 1,9 | 15 | 8 | 9 | 3 | 2,8 | 9 | 18 | | | | 7,0 | 0,09 | 1,6 | 4,2 | 2,0 |
| 3/20 Hypoxämie | | | | | | | | | | | | | | | | | |
| 6/20 Obstruktion | | | | | | | | | | | | | | | | | |

Tabelle 47. (Fortsetzung)

| Hämodynamik | Fr. | c.i. l/min/m² | Vstr ml | Rbpulm dyn sec cm⁻⁵ | $\bar{p}$atrd mmHg | $\bar{p}$cp mmHg | $\bar{p}$aor mmHg |
|---|---|---|---|---|---|---|---|
| *Hyperthyreose* | | | | | | | |
| n = 8, 2 Männer | $\overline{\mathrm{X}}$ 113 | 5,10 | 71 | 155 | 2 | 7 | 88 |
| 2/8 VHF | $\pm$ 17 | 2,33 | 30 | 87 | 1 | 4 | 19 |
| *Hypothyreose* | | | | | | | |
| n = 8, 1 Mann | $\overline{\mathrm{X}}$ 72 | 2,57 | 63 | 170 | 3 | 5 | 90 |
| | $\pm$ 15 | 0,80 | 26 | 80 | 1 | 2 | 16 |
| *Portale Hypertension* | | | | | | | |
| n = 20, 17 Männer | $\overline{\mathrm{X}}$ 77 | 3,59 | 82 | 107 | 3 | 5 | 91 |
| | $\pm$ 15 | 1,09 | 15 | 38 | 1 | 2 | 15 |

Leberdurchblutung 554 $\pm$ 217 ml/min/m²
$\bar{p}$ Milz 23 $\pm$ 5 mmHg
$\bar{p}$ V. cava inf. 8 $\pm$ 3 mmHg

Tabelle 48a u. b. *Coma diabeticum. Gase und Elektrolyte im arteriellen Blut und im Liquor cerebrospinalis vor und nach 6 Std-Therapie*

### a) Vorwiegend hyperosmolares Koma

n = 5 Frauen. 59,0 $\pm$ 20,0 J. (1 exitus)

| | vor Therapie | | | | 6 Std-Therapie | | | |
| --- | --- | --- | --- | --- | --- | --- | --- | --- |
| | art. Blut | | Liquor | | art. Blut | | Liquor | |
| Hb g-% | 14,3 $\pm$ 1,8 | | | | 14,1 $\pm$ 1,3 | | | |
| $O_2$-Sttg., % | 91,7 $\pm$ 1,5 | | | | 93,2 $\pm$ 1,5 | | | |
| pH | 7,19 $\pm$ 0,08 | | 7,23 $\pm$ 0,11 | | 7,37 $\pm$ 0,05 | | 7,29 $\pm$ 0,05 | |
| $P_{CO_2}$ mmHg | 32,7 $\pm$ 7,5 | | 42,0 $\pm$ 11,2 | | 36,2 $\pm$ 5,5 | | 41,2 $\pm$ 6,5 | |
| $CO_2$ mmol/l | 13,2 $\pm$ 2,2 | | 17,8 $\pm$ 4,4 | | 21,7 $\pm$ 3,9 | | 19,9 $\pm$ 2,9 | |
| St. bic. mval/l | 13,5 $\pm$ 1,7 | | | | 21,6 $\pm$ 2,9 | | | |
| Na mval/l | 137,0 $\pm$ 11,6 | | 171,2 $\pm$ 12,5 | | 149,7 $\pm$ 8,6 | | 160,6 $\pm$ 9,8 | |
| K mval/l | 4,3 $\pm$ 1,1 | | 3,3 $\pm$ 0,3 | | 3,9 $\pm$ 0,8 | | 2,9 $\pm$ 0,4 | |
| Cl mval/l | 97,4 $\pm$ 14,6 | | 150,6 $\pm$ 16,5 | | 101,7 $\pm$ 8,0 | | 126,0 $\pm$ 11,5 | |
| Ca mg-% | 10,0 $\pm$ 1,1 | | 7,4 $\pm$ 1,0 | | 9,9 $\pm$ 1,5 | | 7,5 $\pm$ 0,6 | |
| anorg. Ph. mg-% | 4,5 $\pm$ 3,5 | | 2,8 $\pm$ 0,3 | | 2,4 $\pm$ 0,6 | | 1,9 $\pm$ 0,3 | |
| „Säure-Rest" mval/l | 19,9 $\pm$ 2,5 | | 7,7 $\pm$ 3,3 | | 19,2 $\pm$ 4,7 | | 19,3 $\pm$ 3,9 | |
| Glucose mg-% | 1764 $\pm$ 388 | | 802 $\pm$ 123 | | 734 $\pm$ 290 | | 715 $\pm$ 179 | |
| Urea mg-% | 198 $\pm$ 50 | | 174 $\pm$ 54 | | 181 $\pm$ 33 | | 177 $\pm$ 67 | |
| Molalität mosmol/kg $H_2O$ | 444 $\pm$ 26 | | 433 $\pm$ 34 | | 405 $\pm$ 13 | | 407 $\pm$ 10 | |

(Molalitäten z. T. berechnet).

### b) Vorwiegend ketoacidotisches Koma

n = 6 (3 Männer). 47,6 $\pm$ 13,8 J. (kein exitus)

| | vor Therapie | | | | 6 Std-Therapie | | | |
| --- | --- | --- | --- | --- | --- | --- | --- | --- |
| | art. Blut | | Liquor | | art. Blut | | Liquor | |
| Hb g-% | 11,1 $\pm$ 1,2 | | | | 9,9 $\pm$ 1,6 | | | |
| $O_2$-Sttg., % | 92,8 $\pm$ 3,2 | | | | 93,8 $\pm$ 2,9 | | | |
| pH | 6,97 $\pm$ 0,07 | | 7,09 $\pm$ 0,04 | | 7,31 $\pm$ 0,04 | | 7,20 $\pm$ 0,04 | |
| $P_{CO_2}$ mmHg | 22,5 $\pm$ 3,9 | | 26,4 $\pm$ 4,3 | | 29,3 $\pm$ 13,3 | | 32,3 $\pm$ 13,9 | |
| $CO_2$ mmol/l | 5,7 $\pm$ 0,7 | | 8,7 $\pm$ 2,6 | | 16,2 $\pm$ 9,3 | | 13,9 $\pm$ 8,8 | |
| St. bic mval/l | 7,4 $\pm$ 0,8 | | | | 17,1 $\pm$ 7,2 | | | |
| Na mval/l | 126,0 $\pm$ 8,5 | | 151,6 $\pm$ 9,1 | | 133,6 $\pm$ 10,1 | | 142,8 $\pm$ 6,9 | |
| K mval/l | 6,0 $\pm$ 1,0 | | 3,7 $\pm$ 0,2 | | 3,4 $\pm$ 0,6 | | 2,8 $\pm$ 0,2 | |
| Cl mval/l | 88,7 $\pm$ 10,0 | | 129,3 $\pm$ 7,2 | | 95,1 $\pm$ 9,8 | | 118,6 $\pm$ 3,0 | |
| Ca mg-% | 8,9 $\pm$ 0,8 | | 6,4 $\pm$ 0,4 | | 8,2 $\pm$ 1,0 | | 5,5 $\pm$ 0,7 | |
| anorg. Ph. mg-% | 8,9 $\pm$ 2,9 | | 2,0 $\pm$ 0,2 | | 1,7 $\pm$ 0,7 | | 1,6 $\pm$ 0,2 | |
| „Säure-Rest" mval/l | 28,5 $\pm$ 10,3 | | 18,0 $\pm$ 5,0 | | 14,4 $\pm$ 5,6 | | 14,7 $\pm$ 4,5 | |
| Glucose mg-% | 884 $\pm$ 185 | | 527 $\pm$ 80 | | 368 $\pm$ 192 | | 322 $\pm$ 207 | |
| Urea mg-% | 126 $\pm$ 41 | | 109 $\pm$ 34 | | 114 $\pm$ 40 | | 102 $\pm$ 29 | |
| Molalität mosmol/kg $H_2O$ | 366 $\pm$ 15 | | 369 $\pm$ 20 | | 340 $\pm$ 15 | | 340 $\pm$ 17 | |

Tabelle 49. *Urämische Acidose. Gase und Elektrolyte im arteriellen Blut und im Liquor cerebro-spinalis vor und nach $3^1/_2$—$4^1/_2$ Std Hämodialyse*

n = 7 (5 Männer) 48,5 $\pm$ 14,3 J.

| | vor Hämodialyse | | 4 Std Hämodialyse | |
| --- | --- | --- | --- | --- |
| | art. Blut | Liquor | art. Blut | Liquor |
| Hb g-% | 10,5 $\pm$ 2,4 | | 9,4 $\pm$ 2,1 | |
| Eiweiß g-% | 6,0 $\pm$ 0,2 | | 5,8 $\pm$ 0,2 | |
| Eiweiß mg-% | | 60 $\pm$ 26 | | 59 $\pm$ 27 |
| $O_2$-Sttg., % | 95,5 $\pm$ 1,3 | | 94,8 $\pm$ 2,3 | |
| pH | 7,17 $\pm$ 0,07 | 7,27 $\pm$ 0,03 | 7,45 $\pm$ 0,06 | 7,30 $\pm$ 0,04 |
| $P_{CO_2}$ mmHg | 30,9 $\pm$ 6,8 | 34,8 $\pm$ 4,6 | 28,6 $\pm$ 4,1 | 34,3 $\pm$ 5,2 |
| $CO_2$ mmol/l | 11,9 $\pm$ 4,1 | 16,1 $\pm$ 1,6 | 20,4 $\pm$ 3,1 | 16,9 $\pm$ 2,0 |
| St. bic. mval/l | 12,7 $\pm$ 1,4 | | 21,6 $\pm$ 3,0 | |
| Na mval/l | 133,1 $\pm$ 7,7 | 145,7 $\pm$ 9,8 | 136,9 $\pm$ 4,7 | 139,4 $\pm$ 5,3 |
| K mval/l | 5,9 $\pm$ 1,4 | 3,1 $\pm$ 0,4 | 4,2 $\pm$ 0,5 | 2,7 $\pm$ 0,3 |
| Cl mval/l | 89,4 $\pm$ 6,5 | 125,2 $\pm$ 10,2 | 98,6 $\pm$ 2,1 | 119,2 $\pm$ 6,1 |
| Ca mg-% | 7,2 $\pm$ 1,0 | 6,5 $\pm$ 1,0 | 10,4 $\pm$ 1,1 | 4,4 $\pm$ 0,8 |
| anorg. Ph. mg-% | 16,8 $\pm$ 4,3 | 3,6 $\pm$ 1,8 | 5,8 $\pm$ 2,5 | 2,6 $\pm$ 1,7 |
| „Säure-Rest" mval/l | 28,1 $\pm$ 7,4 | 14,0 $\pm$ 4,9 | 14,2 $\pm$ 8,0 | 10,2 $\pm$ 3,0 |
| Glucose mg-% | 99 $\pm$ 32 | 83 $\pm$ 34 | 195 $\pm$ 70 | 75 $\pm$ 29 |
| Urea mg-% | 574 $\pm$ 186 | 511 $\pm$ 172 | 226 $\pm$ 65 | 401 $\pm$ 127 |
| Molalität mosmol/kg $H_2O$ | 415 $\pm$ 46 | 397 $\pm$ 44 | 366 $\pm$ 20 | 365 $\pm$ 28 |

Tabelle 50. *Goodpasture-Syndrom (Einzelbeispiele)*

| Lungenfunktion | Alter | Hb g-% | TK %S | VK %TK | FRK %TK | VT %TK | F | SKK %VK | AGW %S | Spez.V. ml/ml | VD/VT | $O_2$-Sttg. % | $P_{CO_2}$ mmHg | St. bic mval/l |
|---|---|---|---|---|---|---|---|---|---|---|---|---|---|---|
| *Goodpasture Syndrom* | | | | | | | | | | | | | | |
| Gianfranco G. | 21 | 11,6 | 94 | 79 | 37 | 9 | 12,8 | 89 | 100 | 27,1 | 0,38 | 97,0 | 43,5 | 26,0 |
| | | | | | | | | | | Arbeit 150 Watt | | 97,0 | 41,5 | 20,5 |
| Reinhold S. | 30 | 10,7 | 84 | 73 | 44 | 8 | 13,8 | 75 | 72 | 26,5 | 0,33 | 96,0 | 40,0 | 24,5 |
| | | | | | | | | | | Arbeit 125 Watt | | 95,5 | 27,0 | 17,0 |

Tabelle 51. *Pharmakologische Beeinflussung der Spontanatmung bei chronischer alveolärer Hypoventilation wegen obstruktiven Emphysem*

| | Micoren® 6,5 ± 0,5 mg/kg i.v. n = 12 (9 Männer) 55,4 ± 9,7 J. | | Valium® 0,16 mg/kg i.v. n = 5 (3 Männer) 57,4 ± 7,3 J. | | |
|---|---|---|---|---|---|
| | vor | 10 min | vor | 15—20 min | 60 min |
| $O_2$-Sttg., % | 86,7 ± 5,7 | 88,1 ± 4,3 | 85,9 ± 5,2 | 73,1 ± 12,7 | 81,2 ± 6,8 |
| $P_{O_2}$ mmHg | 60,0 ± 8,4 | 60,2 ± 7,9 | 57,0 ± 10,4 | 45,0 ± 10,4 | 20,2 ± 8,4 |
| pH | 7,34 ± 0,03 | 7,38 ± 0,05 | 7,35 ± 0,03 | 7,33 ± 0,03 | 7,36 ± 0,02 |
| $P_{CO_2}$ mmHg | 54,5 ± 6,8 | 47,5 ± 7,9 | 52,2 ± 4,5 | 58,9 ± 5,5 | 55,7 ± 5,0 |
| $CO_2$ mmol/l | 30,2 ± 2,2 | 28,8 ± 2,5 | 30,6 ± 2,6 | 31,8 ± 3,2 | 32,6 ± 3,1 |
| St. bic. mval/l | 25,8 ± 1,2 | 25,8 ± 1,3 | 26,6 ± 2,2 | 26,5 ± 2,3 | 27,8 ± 2,1 |
| Puls | 74 ± 8 | 78 ± 9 | 86 ± 7 | 92 ± 12 | 86 ± 12 |
| p̄abrach | 92 ± 8 | 102 ± 12 | 95 ± 8 | 92 ± 13 | 87 ± 8 |

# Literatur

Eine größere Zusammenstellung der älteren Literatur findet sich in der 2. Auflage „Physiologie und Pathophysiologie der Atmung" ROSSIER, P. H., BÜHLMANN, A. A., WIESINGER, K. Berlin-Heidelberg-New York: Springer (1958). Für die vorliegende Monographie wurde nur ein Teil der neueren, seit 1959 erschienenen Arbeiten berücksichtigt. Die Einteilung entspricht den Kapiteln des Buches.

I. Normale Physiologie der Atmung

    A. Atemmechanik
    B. Gaswechsel
    C. Gastransport im Blut
    D. Atemregulation
    E. Atmung während des Lebensablaufes

II. Allgemeine Pathophysiologie der Atmung

    B. Abnorme atmosphärische Bedingungen
    C. Pathophysiologische Syndrome

III. Spezielle Pathophysiologie der Atmung

    A. Erkrankungen des Thoraxskeletes, der Pleura und der Lungen
    B. Herz- und Gefäßerkrankungen
    C. Die Atmung bei extra-thorakalen Erkrankungen
    D. Respiratorische Notfallsituationen
    E. Lungenfunktion und Operabilität
    F. Lungenfunktion und Invalidität

IV. Tabellen

## I. Normale Physiologie der Atmung

### A. Atemmechanik


1. AGOSTINI, E., MOGNONI, P.: Deformation of the chest wall during breathing efforts. J. appl. Physiol. 21, 1827 (1966).
2. ALBRIGHT, C. D., BONDURANT, S.: Some effects of respiratory frequency on pulmonary mechanics. J. clin. Invest. 44, 1362 (1965).
3. BACHOFEN, H.: Die mechanischen Eigenschaften der Lunge. Untersuchungen mit dem Ganzkörperplethysmographen an Gesunden, Lungen- und Herzkranken. Bern-Stuttgart: Huber 1969.
4. BRUNES, L., HOLMGREN, A.: Total airway resistance and its relationship to body size and lungvolumes in healthy young women. Scand. J. clin. Lab. Invest. 18, 316 (1966).
5. COMROE, J. H., Jr.: Physiology of respiration. Chicago: Year Book Med. Publishers Inc. 1965.
6. DITTMER, D. S., GREBE, R. M.: Handbook of respiration. Unter Mitarb. v. ALTMANN, P. L. GIBSON J. F. Jr. WANG, C. C.: Philadelphia-London: Saunders Comp. 1958.
7. GRANATH, A., HORIE, E., LINDERHOLM, H.: Compliance and resistance of the lungs in the sitting and supine positions at rest and during work. Scand. J. clin. Lab. Invest. 11, 226 (1959).
8. HORSFIELD, K., CUMMING, G.: Functional consequences of airway morphology. J. appl. Physiol. 24, 384 (1968).
9. JAEGER, M. J.: Die Entstehung von Schleifen im Druck-Fluß-Diagramm der Atemwege mit besonderer Berücksichtigung der Ergebnisse der Ganzkörperplethysmographie. Klin. Wschr. 46, 1156 (1968).

10. Jaeger, M. J., Matthys, H.: The pattern of flow in the upper human airways. Resp. Physiol. **6**, 113 (1968/69).
11. — Otis, A. B.: Effects of compressibility of alveolar gas on dynamics and work of breathing. J. appl. Physiol. **19**, 83 (1964).
12. Linderholm, H.: Lung mechanics in sitting and horizontal postures studied by body plethysmographic methods. Amer. J. Physiol. **204**, 85 (1963).
13. Rankin, J., Dempsey, J. A.: Respiratory muscles and the mechanisms of breathing. Amer. J. phys. Med. **46**, 198 (1967).
14. Shephard, R. J.: The oxygen cost of breathing during vigorous exercise. Quart. J. exp. Physiol. **51**, 336 (1966).
15. Slonim, N. B., Chapin, J. L.: Respiratory physiology. St. Louis: Mosby Comp. 1967.
16. Weibel, E. R.: Morphometry of the human lung. Berlin-Göttingen-Heidelberg: Springer 1963.

### B. Gaswechsel

1. Asmussen, E.: Muscular exercise. In: Handbook of physiology — respiration II. Washington D. C.: Amer. Physiol. Soc. 1965.
2. Bake, B., Bjure, J., Grimby, G., Milic-Emili, J., Nilsson, N. J.: Regional distribution of inspired gas in supine man. Scand. J. Resp. Dis. **48**, 189 (1967).
3. Bryan, A. C., Bentivoglio, L. G., Beerel, F., MacLeish, H., Zidulka, A., Bates, D. V.: Factors affecting regional distribution of ventilation and perfusion in the lung. J. appl. Physiol. **19**, 395 (1964).
4. Comroe, J. H., Jr.: The main functions of the pulmonary circulation. Circulation **33**, 146 (1966).
5. Cotes, J. E., Snidal, D. P., Shepard, R. H.: Effect of negative intraalveolar pressure on pulmonary diffusing capacity. J. appl. Physiol. **15**, 372 (1960).
6. Cudkowicz, L.: Bronchial arterial blood flow in man. A review. med. thorac. **19**, 582 (1962).
7. Cumming, G.: Gas mixing efficiency in the human lung. Resp. Physiol. **2**, 213 (1967).
8. Dejours, P., Puccinelli, R., Armand, J., Dicharry, M.: Breath-to-breath variations of pulmonary gas exchange in resting man. Resp. Physiol. **1**, 265 (1966).
9. Dempsey, J. A., Rankin, J.: Physiologic adaptations of gas transport systems to muscular work in health and disease. J. phys. Med. **46**, 582 (1967).
10. Ekelund, L. G.: Circulatory and respiratory adaptation during prolonged exercise. Acta physiol. scand. **70**, Suppl. **292**, 9 (1967).
11. Englert, M.: Le réseau capillaire pulmonaire chez l'homme. Paris: Masson & Cie. 1967.
12. Fenn, W. O., Rahn, H.: (Ed.): Handbook of physiology, Section 3, Respiration Vol. I and II. Washington D. C.: Amer. Physiol. Society 1964 and 1965.
13. Fowler, K. T.: Vertical gradient of perfusion in the erect human lung. J. appl. Physiol. **20**, 1163 (1965).
14. Freyschuss, U., Holmgren, A.: On the variation of $DL_{CO}$ with increasing oxygen uptake during exercise in healthy ordinarily untrained young men and women. Acta physiol. scand. **65**, 193 (1965).
15. Friehoff, F.: Der Gasaustausch bei gesunden Männern unter Ruhebedingungen und während körperlicher Arbeit. Pflügers Arch. ges. Physiol. **270**, 431 (1960).
16. Gomez, D. M., Briscoe, W. A., Cumming, G.: Continuous distribution of specific tidal volume throughout the lung. J. appl. Physiol. **19**, 683 (1964).
17. Hart, M. C., Orzalesi, M. M., Cook, C. D.: Relation between anatomic respiratory dead space and body size and lung volume. J. appl. Physiol. **18**, 519 (1963).
18. Holmgren, A.: On the variation of $DL_{CO}$ with increasing oxygen uptake during exercise in healthy trained young men and women. Acta physiol. scand. **65**, 207 (1965).
19. — Svanborg, N.: Venous admixture during exercise in sitting position. Scand. J. clin. Lab. Invest. **17**, 209 (1965).
20. Lassen, N. A., Fritts, H. W., Jr., Caldwell, P. R. B., Giuntini, C., Dansgaard, W., Cournand, A.: Intrapulmonary exchange of the stable isotope $O_2{}^{18}$ injected intravenously in man. J. appl. Physiol. **20**, 809 (1965).
21. Milic-Emili, J., Henderson, J. A. M., Dolovich, M. B., Trop, D., Kaneko, K.: Regional distribution of inspired gas in the lung. J. appl. Physiol. **21**, 749 (1966).

22. Miller, J. M., Johnson, R. L., Jr.: Effect of lung inflation on pulmoary diffusing capacity at rest and exercise. J. clin. Invest. **45**, 493 (1966).

23. Raine, J. M., Bishop, J. M.: A-a difference in $O_2$ tension and physiological dead space in normal man. J. appl. Physiol. **18**, 284 (1963).

24. Rankin, J.: Evaluation of alveolar capillary diffusion. In: Clinical cardiopulmonary physiology by Gordon, B. L., 2 edit. New York-London: Grune & Stratton 1960.

25. Ross, J. C., Ley, G. D., Coburn, R. F., Eller, J. L., Forster, R. E.: Influence of pressure suit inflation on pulmonary diffusing capacity in man. J. appl. Physiol. **17**, 259 (1962).

26. Schoedel, W., Baltzer, G.: Einstrom und Ausstrom von Blut über broncho-pulmonale Gefäßverbindungen. Pflügers Arch. ges. Physiol. **275**, 539 (1962).

27. Spicer, W. S., Jr., Johnson, R. L., Jr., Forster II, R. E.: Diffusing capacity and blood flow in different regions of the lung. J. appl. Physiol. **17**, 587 (1962).

28. Turino, G. M., Bergofsky, E. H., Goldring, R. M., Fishman, A. P.: Effect of exercise on pulmonary diffusing capacity. J. appl. Physiol. **18**, 447 (1963).

29. Ulmer, W., Lechner, G.: Untersuchungen über die Größe des absoluten Totraumes und dessen Beziehungen zum funktionellen Totraum, zur Ausatemgeschwindigkeit und zum Atemvolumen. Pflügers Arch. ges. Physiol. **268**, 470 (1959).

30. — Stammberger, M.: Untersuchungen über den funktionellen Totraum bei Arbeit und bei willkürlich vertiefter Atmung. Pflügers Arch. ges. Physiol. **268**, 484 (1959).

31. Weibel, E. R.: Airways and respiratory surface. In: The lung, by A. A. Liebow and D. E. Smith. Internat. Acad. of Pathology Monograph No. 8. Baltimore: Williams & Wilkins 1968.

32. West, J. B., Hugh-Jones, P.: Pulsatile gas flow in bronchi caused by the heart beat. J. appl. Physiol. **16**, 697 (1961).

33. — Jones, N. L.: Effects of changes in topographical distribution of lung blood flow on gas exchange. J. appl. Physiol. **20**, 825 (1965).

### C. Gastransport im Blut

1. Berndt, J.: Die Regulation des Säure-Basen-Gleichgewichts im Liquor cerebrospinalis. In: Hydrodynamik, Elektrolyt- und Säure-Basen-Haushalt im Liquor und Nervensystem. Kienle, G. (Hrsg.) Stuttgart: Thieme 1967.

2. Beutler, E.: "A shift to the left" or "A shift to the right" in the regulation of erythropoiesis. Blood **33**, 496 (1969).

3. Bühlmann, A. A., Scheitlin, W., Rossier, P. H.: Die Beziehungen zwischen Blut und Liquor cerebrospinalis bei Störungen des Säure-Basen-Gleichgewichtes. Schweiz. med. Wschr. **93**, 427 (1963).

4. Hilpert, P., Fleischmann, R. G., Kempe, D., Bartels, H.: The Bohr effect related by blood and eryhtrocyte pH. Amer. J. Physiol. **205**, 337 (1963).

5. Holmgren, A., Åstrand, P. O.: $D_L$ and the dimensions and functional capacities of the $O_2$ transport system in humans. J. appl. Physiol. **21**, 1463 (1966).

6. Lübbers, D. W., Luft, U. C., Thews, G., Witzleb, E.: Oxygen transport in blood and tissue. Stuttgart: Thieme 1968.

7. Moll, W.: Die Carrier-Funktion des Hämoglobins beim Sauerstoff-Transport im Erythrocyten. Pflügers Arch. ges. Physiol. **275**, 412 (1962).

8. — Die Oxygenation der Erythrocyten in der Lunge durch Diffusion, Reaktion und spezifischen Transport. Pflügers Arch. ges. Physiol. **275**, 420 (1962).

9. Roos, A., Thomas, L. J., Jr.: The in-vitro and in-vivo carbon dioxide dissociation curves of true plasma. Anesthesiology **28**, 1048 (1967).

10. Schwab, M.: Das Säure-Basen-Gleichgewicht im arteriellen Blut und cisternalen Liquor cerebrospinalis. In: Hydrodynamik, Elektrolyt- und Säure-Basen-Haushalt im Liquor und Nervensystem. Kienle, G. (Hrsg.) Stuttgart: Thieme 1967.

11. Sommerkamp, H., Riegel, K., Hilpert, P., Brecht, K.: Über den Einfluß der Kationenkonzentration im Erythrocyten auf die Lage der Sauerstoff-Dissoziationskurve des Blutes. Pflügers Arch. ges. Physiol. **272**, 591 (1961).

12. Stueck, G. H., Jr., Fisher, R. G.: Simultaneous cerebrospinal fluid and serum acid-base balance, ionic patterns and ionic and osmolality distribution ratios. Bull. John Hopk. Hosp. **108**, 339 (1961).

13. WEIL, J. V., JAMIESON, G., BROWN, D. W., GROVER, R. F.: The red cell mass-arterial oxygen. Relationship in normal man. J. clin. Invest. **47**, 1627 (1968).

### D. Atemregulation

1. BAND, D. M., CAMERON, I. R., SEMPLE, S. J. G.: Oscillations in arterial pH with breathing in the cat. J. appl. Physiol. **26**, 261 (1969).
2. — — — Effect of different methods of $CO_2$ administration on oscillations of arterial pH in the cat. J. appl. Physiol. **26**, 268 (1969).
3. CROPP, G. J. A., COMROE, J. H., Jr.: Role of mixed venous blood $P_{CO_2}$ in respiratory control. J. appl. Physiol. **16**, 1029 (1961).
4. GRAY, B. A.: Response of the perfused carotid body to changes in pH and $P_{CO_2}$. Resp. Physiol. **4**, 229 (1968).
5. HILPERT, P., SCHLOSSER, D., BARBEY, K., BARTELS, H.: Regulation von Atmung und Kreislauf durch den $O_2$-Druck im venösen Mischblut. Pflügers Arch. ges. Physiol. **279**, 1 (1964).
6. KAPPEY, F., ALBERS, C., SCHMIDT, R.: Die ventilatorische $CO_2$-Reaktion des Hundes während der Wärmetachypnoe. Pflügers Arch. ges. Physiol. **275**, 312 (1962).
7. KATSAROS, B., LOESCHCKE, H. H., LERCHE, D., SCHÖNTHAL, H., HAHN, N.: Wirkungen der Bicarbonat-Alkalose auf die Lungenbelüftung beim Menschen. Bestimmung der Teilwirkungen von pH und $CO_2$-Druck auf die Ventilation und Vergleich mit den Ergebnissen bei Acidose. Pflügers Arch. ges. Physiol. **271**, 732 (1960).
8. LAMB, T. W., ANTHONISEN, N. R., TENNEY, S. M.: Controlled frequency breathing during muscular exercise. J. appl. Physiol. **20**, 244 (1965).
9. LAMBERTSEN, C. J., SEMPLE, S. J. G., SMYTH, M. G., GELFAND, R.: $H^+$ and $P_{CO_2}$ as chemical factors in respiratory and cerebral circulatory control. J. appl. Physiol. **16**, 473 (1961).
10. LOESCHCKE, H. H.: Regulation der Atmung. Pflügers Arch. ges. Physiol. **281**, 7 (1964).
11. MITCHELL, R. A., LOESCHCKE, H. H., MASSION, W. H., SEVERINGHAUS, J. W.: Respiratory responses mediated through superficial chemosensitive areas on the medulla. J. appl. Physiol. **18**, 523 (1963).

### E. Atmung während des Lebensablaufes

1. BECKLAKE, M. R., FRANK, H., DAGENAIS, G. R., OSTIGUY, G. L., GUZMAN, C. A.: Influence of age and sex on exercise cardiac output. J. appl. Physiol. **20**, 938 (1965).
2. BERGLUND, E., BIRATH, G., BJURE, J., GRIMBY, G., KJELLMER, I., SANDQVIST, L., SÖDERHOLM, B.: Spirometric studies in normal subjects. I. Forced expirograms in subjects between 7 and 70 years of age. Acta med. scand. **173**, 187 (1963).
3. COOK, C. D., HAMANN, J. F.: Relation of lung volumes to height in healthy persons between the ages of 5 and 38 years. J. Pediat. **59**, 710 (1961).
4. DONEVAN, R. E., PALMER, W. H. VARVIS, C. J., BATES, D. V.: Influence of age on pulmonary diffusing capacity. J. appl. Physiol. **14**, 483 (1959).
5. DUBOIS, A. B., ALCALA, R.: Airway resistance and mechanics of breathing in normal subjects 75 to 90 years of age. In: Aging of the lung, by L. CANDER. New York: Grune and Stratton 1964.
6. DUNNILL, M. S.: Postnatal growth of the lung. Thorax **17**, 329 (1962).
7. EKELUND, L.-G.: Circulatory and respiratory adaptation during prolonged exercise. Acta physiol. scand. **70**, Suppl. 292 (1967).
8. HOLLAND, J., MILIC-EMILI, J., MACKLEM, P. T., BATES, D. V.: Regional distribution of pulmonary ventilation and perfusion in elderly subjects. Scand. J. clin. Invest. **47**, 81 (1968).
9. MAGEL, J. R., FAULKNER, J. A.: Maximum oxygen uptakes of college swimmers. J. appl. Physiol. **22**, 929 (1967).
10. MOREHOUSE, L. E., MILLER, A. T., Jr.: Physiology of exercise. 5th Ed. Saint Louis: Mosby Comp. 1967.
11. MOSTYN, E. M., HELLE, S., GEE, J. B. L., BENTIVOGLIO, L. G., BATES, D. V.: Pulmonary diffusing capacity of athletes. J. appl. Physiol. **18**, 687 (1963).

12. Murray, A. B., Cook, C. D.: Measurement of peak expiratory flow rates in 220 normal children from 4.5 to 18.5 years of age. J. Pediat. **62**, 186 (1963).
13. Prowse, C. M., Gaensler, E. A.: Respiratory and acid-base changes during pregnancy. Anesthesiology **26**, 381 (1965).
14. Rankin, J., Gee, J. B. L., Chosy, L. W.: The influence of age and smoking on pulmonary diffusing capacity in healthy subjects. Med. thorac. **22**, 366 (1965).
15. Schreiner, W. E., Bühlmann, A.: Die Kohlensäurespannung im menschlichen Fruchtwasser während der normalen Schwangerschaft. Schweiz. med. Wschr. **92**, 5 (1962).
16. — Tsakiris, A., Bühlmann, A.: Der Einfluß der mütterlichen Atmung auf die fetale Kohlensäurespannung ($P_{CO_2}$). Arch. Gynäk. **197**, 93 (1962).
17. Strang, L. B.: Alveolar gas and anatomical dead-space measurements in normal newborn infants. Clin. Sci. **21**, 107 (1961).
18. Wirz, P.: Vergleichende spiroergometrische Untersuchungen bei Sportlern. Schweiz. Z. Sportmed. **13**, 45 (1965).

## II. Allgemeine Pathophysiologie der Atmung

### B. Abnorme atmosphärische Bedingungen

1. Alexander, I. K., Hartley, L. H., Modelski, M., Grover, R. F.: Reduction of stroke volume during exercise in man following ascent to 3100 m altitude. J. appl. Physiol. **23**, 849 (1967).
2. Asmussen, E., Nielsen, M.: Alveolo-arterial gas exchange at rest and during work at different $O_2$ tensions. Acta physiol. scand. **50**, 153 (1960).
3. Bühlmann, A. A.: Zur Pathophysiologie des Tauchens. Z. Unfallmed. Berufskr. **4**, 227 (1967).
4. — Spiegel, M., Straub, P. W.: Hyperventilation und Hypovolämie beim Leistungssport in mittleren Höhen. Schweiz. med. Wschr. **99**, 1886 (1969).
5. Cole, R. B., Bishop, J. M.: Effect of varying inspired $O_2$ tension on alveolar-arterial $O_2$ tension difference in man. J. appl. Physiol. **18**, 1043 (1963).
6. Daum, S., Krofta, K., Nikodymova, L., Stiksa, J., Tlusty, L., Drab, K., Svorcik, C.: Study of pulmonary capillary circulation in acute hypoxia and respiratory acidosis. Bull. phys. path. Resp. **3**, 633 (1967).
7. Doll, E.: Die Atmung. Lehrbuch der speziellen pathologischen Physiologie, hrsg. von L. Heilmeyer. Stuttgart: G. Fischer 1968.
8. — Keul, A., Brechtel, A., Limon-Lason, R., Reindell, H.: Der Einfluß körperlicher Arbeit auf die arteriellen Blutgase in Freiburg und Mexico City. Sportarzt u. Sportmedizin **8**, 317 (1967).
9. Downes, J. J., Lambertsen, C. J.: Dynamic characteristics of ventilatory depression in man on abrupt administration of $O_2$. J. appl. Physiol. **21**, 447 (1966).
10. Dubois, A. B., Hyde, R. W., Hendler, E.: Pulmonary mechanics and diffusing capacity following simulated space flight of 2 weeks duration. J. appl. Physiol. **18**, 696 (1963).
11. — Turaids, T., Mammen, R. E., Nobrega, F. T.: Pulmonary atelectasis in subjects breathing oxygen at sea level or at simulated altitude. J. appl. Physiol. **21**, 828 (1966).
12. Ernsting, J.: The effect of brief profound hypoxia upon the arterial and venous oxygen tensions in man. J. Physiol. (London) **169**, 292 (1963).
13. Falchuk, K. H., Lamb, T. W., Tenney, S. M.: Ventilatory response to hypoxia and $CO_2$ following $CO_2$ exposure and $NaHCO_3$ ingestion. J. appl. Physiol. **21**, 393 (1966).
14. Fritts, H. W., Jr., Odell, J. E., Harris, P., Braunwald, E. W., Fishman, A. P.: Effects of acute hypoxia on the volume of blood in the thorax. Circulation **22**, 216 (1960).
15. Gill, M. B., Milledge, J. S., Pugh, L. G. C. E., West, J. B.: Alveolar gas composition at 21.000 to 25.700 Ft. (6400—7830 m). J. Physiol. (London) **163**, 373 (1962).
16. Grover, R., Reeves, J. T.: Exercise performance of athletes at sea level and 3100 meters altitude. Med. thorac. **23**, 129 (1966).
17. — — Grover, E. B., Leathers, J. E.: Muscular exercise in young men native to 3.100 m altitude. J. appl. Physiol. **22**, 555 (1967).
18. Grover, R. F., Reeves, J. T., Will, D. H., Blount, S. G., Jr.: Pulmonary vasoconstriction in steers at high altitude. J. appl. Physiol. **18**, 567 (1963).

19. HAAB, P., HELD, D. R., ERNST, H., FARHI, L. E.: Ventilation-perfusion relationships during high-altitude adaption. J. appl. Physiol. **26**, 77 (1969).
20. HARTLEY, L. H., ALEXANDER, J. K., MODELSKI, M., GROVER, R. F.: Subnormal cardiac output at rest and during exercise in residents at 3100 m altitude. J. appl. Physiol. **23**, 839 (1967).
21. HULTGREN, N. H., KELLY, J., MILLER, H.: Effect of oxygen upon pulmonary circulation in acclimatized men at high altitude. J. appl. Physiol. **20**, 239 (1965).
21a. — — — Pulmonary circulation in acclimatized men at high altitude. J. appl. Physiol. **20**, 233 (1965).
22. HULTGREN, H. N., LOPEZ, C. E., LUNDBERG, E., MILLER, H.: Physiologic studies of pulmonary edema at high altitude. Circulation **29**, 393 (1964).
23. KREUZER, F., TENNEY, S. M., MITHOEFER, J. C., REMMERS, J.: Alveolar-arterial oxygen gradient in Andean natives at high altitude. J. appl. Physiol. **19**, 13 (1964).
24. LAMBERTSEN, C. J.: Carbon dioxide and respiration in acidbase homeostasis. Anesthesiology **21**, 642 (1960).
25. — KOUGH, R. H., COOPER, D. Y., EMMEL, G. L., LOESCHCKE, H. H., SCHMIDT, D. F.: Comparison of relationship of respiratory minute volume to $P_{CO_2}$ and pH arterial and internal jugular blood in normal man during hyperventilation produced by low concentrations of $CO_2$ at 1 atmosphere and by $O_2$ at 3.0 atmospheres. J. appl. Physiol. **5**, 803 (1953).
26. LLOYD, T. C., Jr.: Pulmonary vasoconstriction during histotoxic hypoxia. J. appl. Physiol. **20**, 488 (1965).
27. LOESCHCKE, H. H., KATSAROS, B., ALBERS, C., MICHEL, C. C.: Über den zeitlichen Verlauf von Atemzugvolumen, Atem-Periodendauer, Atemminutenvolumen und endexspiratorischen $CO_2$-Druck bei Einatmung von Gasgemischen mit erhöhtem $CO_2$-Druck. Pflügers Arch. ges. Physiol. **277**, 671 (1963).
28. LUFT, U. C.: Aviation physiology — The effects of altitude. In: Handbook of physiology — Respiration II. Washington D.C.: Amer. Physiol. Soc. 1965.
29. NORTHWAY, W. H., Jr., ROSAN, R. C., PORTER, D. Y.: Pulmonary disease following respirator therapy. New Engl. J. Med. **276**. 357 (1967).
30. PAULI, H. G., NOE, F. E., COATES, E. O.: Ventilatory response to increasing arterial $CO_2$ tension employing a rebreatingh method in normal individuals and in patients with cardiac disease. J. Lab. clin. Med. **54**, 26 (1959).
31. PIERCE, E. C., Jr., LAMBERTSEN, C. J., STRONG, M. J., ALEXANDER, S. C., STEELE, D.: Blood $P_{CO_2}$ and brain oxygenation at reduced ambient pressure. J. appl. Physiol. **17**, 899 (1962).
32. POWER, G. G., Jr., HYDE, R. W., SEVER, R. J., HOPPIN, F. G., Jr., NAIRN, J. R.: Pulmonary diffusing capacity and capillary blood flow during forward acceleration. J. appl. Physiol. **20**, 1199 (1965).
33. REEVES, J. T., GROVER, R. F., COHN, J. E.: Regulation of ventilation during exercise at 10.200 ft in athletes born at low altitude. J. appl. Physiol. **22**, 546 (1967).
34. SEVERINGHAUS, J. W., CHIODI, H., EGER, E. I., BRANDSTATER, B., HORNBERIN, T. F. Cerebral blood flow in man at high altitude. Circulation Res. **19**, 274 (1966).
35. — MITCHELL, R. A., RICHARDSON, B. W., SINGER, M. M.: Respiratory control a high altitude suggesting active transport regulation of CSF pH. J. appl. Physiol. **18**, 1155 (1963).
36. SPIEGEL, M. V.: Die bronchialen Strömungswiderstände bei Überdruck. Z. klin. Med. **157**, 405 (1963).
37. TAPIA, F., MARTICORENA, E., DYER, J., SEVERINO, J., GAMBOA, R., BANCHERO, N., PENELOZA, D.: Acute pulmonary edema caused by ascending to high altitudes. Circulation **26**, 794 (1962).
38. TENNEY, S. M., REMMERS, J. E., MITHOEFER, J. C.: Interaction of $CO_2$ and hypoxic stimuli on ventilation at high altitude. Quart. J. exp. Physiol. **48**, 192 (1963).
39. VALTIN, H., TENNEY, S. M., LARSON, S. L.: Carbon dioxide diuresis at high altitude. Clin. Sci. **22**, 391 (1962).
40. WALDVOGEL, W., BÜHLMANN, A. A.: Man's reaction to long-lasting over-pressure exposure. Examination of the saturated organism at a helium pressure of 21—22 ata. Helv. med. Acta **34**, 130 (1968).

41. WEST, J. B.: Diffusing capacity of the lung for carbon monoxide at high altitude. J. appl. Physiol. **17**, 421 (1962).
42. — LAHIRI, S., GILL, M. B., MILLEDGE, J. S., PUGH, L. G. C. E., WARD, M. P.: Arterial oxygen saturation during exercise at high altitude. J. appl. Physiol. **17**, 617 (1962).
43. WOOD, J. D.: Oxygen toxicity. In: BENNETT, P. B., ELLIOTT, D. H.: The physiology and medicine of diving. London: Baillière Tindall and Cassell.

### C. Pathophysiologische Syndrome

1. ANDERSON, T. W., and R. J. SHEPHARD: The effects of hyperventilation and exercise upon the pulmonary diffusing capacity. Respiration **25**, 465 (1968).
2. BERGOFSKY, E. H., BASS, B. G., FERRETTI, R., FISHMAN, A. P.: Pulmonary vasoconstriction in response to precapillary hypoxemia. J. clin. Invest. **42**, 1201 (1963).
3. — LEHR, D. E., FISHMAN, A. P.: The effect of changes in hydrogen ion concentration on the pulmonary circulation. J. clin. Invest. **41**, 1492 (1962).
4. BÜHLMANN, A. A., HOSSLI, G., HUNZIKER, A.: Respiratorische Azidose und Kreislauf mit besonderer Berücksichtigung des Gehirnkreislaufes. Schweiz. med. Wschr. **90**, 7 (1960).
5. — SCHEITLIN, W., ROSSIER, P. H.: Die Beziehungen zwischen Blut und Liquor cerebrospinalis bei Störungen des Säure-Basen-Gleichgewichtes. Schweiz. med. Wschr. **93**, 427 (1963).
6. — Das Hyperventilationssyndrom. Beitr. Klin. Tuberk. **138**, 355 (1968).
7. FERGUSON, A., ADDINGTON, W. W., GAENSLER, E. A.: Dyspnea and bronchospasm from inappropriate postexercise hyperventilation. Ann. int. Med. **71**, 1063 (1969).
8. FISHMAN, A. P.: Respiratory gases in the regulation of the pulmonary circulation. Physiol. Rev. **41**, 214 (1961).
9. GEISLER, L., HERBERG, D., CEGLA, U., UTZ, G.: Untersuchungen über die $CO_2$-sensible zentrale Atmungsregulation an Lungengesunden und bei verschiedenen Krankheitsbildern. Schweiz. med. Wschr. **99**, 144 (1969).
10. GOLDRING, R. M., TURINO, G. M., COHEN, G., GREGORY-JAMESON, A., BASS, B. G., FISHMAN, A. P.: The catecholamines in the pulmonary arterial pressor response to acute hypoxia. J. clin. Invest. **41**, 1211 (1962).
11. GROVER, R. F.: Comparative physiology of hypoxic pulmonary hypertension. Proc. int. Symp. cardiovasc. Effects hypoxic. Kingston/Ont. 1965. Basel-New York: Karger 1966.
12. GURTNER, H. P.: Die Verteilung der Lungendurchblutung beim chronischen Emphysem. Ein Beitrag zur Methodik der Verteilungsstörung. Bern-Stuttgart: H. Huber 1968.
13. HAMM, J.: Diffusionskapazität. Beitr. Klin. Tuberk. **133**, 292 (1966).
14. HATZENFELD, C., WIENER, F., BRISCOE, W. A.: Effects of uneven ventilation-diffusion ratios on pulmonary diffusing capacity in disease. J. appl. Physiol. **23**, 1 (1967).
15. HERBERG, D., SCHENCK, P.: Vorkommen und Nachweis einer Diffusionsstörung bei gleichzeitig bestehender obstruktiver Ventilationsstörung. Klin. Wschr. **41**, 531 (1963).
16. HERTZ, C. W.: Einfluß einseitiger Ventilationsstörungen auf das Belüftungs-Durchblutungsverhältnis jeder Lungenseite und auf die Arterialisierung. II. Mitteilung: Untersuchungen bei Luftatmung. Dtsch. Arch. klin. Med. **207**, 193 (1961).
17. JOHNSON, R. L., Jr., TAYLOR, H. F., DE GRAFF, A. C., Jr.: Functional significance of a low pulmonary diffusing capacity for carbon monoxide. J. clin. Invest. **44**, 789 (1965).
18. KING, T. K. C., BRISCOE, W. A.: The distribution of ventilation, perfusion, lung volume and transfer factor (diffusing capacity) in patients with obstructive lung disease. Clin. Sci. **35**, 153 (1968).
19. LANGER, G. A., BORNSTEIN, D. L., FISHMAN, A. P.: Cardiogenic oscillations in expired nitrogen and regional alveolar hypoventilation. J. appl. Physiol. **15**, 855 (1960).
20. LANPHIER, E. H.: Pulmonary function. In: BENNETT, P. B., ELLIOTT, D. H.: The physiology and medicine of diving. London: Baillière Tindall and Cassell 1969.
21. MACKLEM, P. T., BECKLAKE, M. R.: The relationship between the mechanical and diffusing properties of the lung in health and disease. Amer. Rev. resp. Dis. **87**, 47 (1963).
22. — FRASER, R. G., BATES, D. V.: Bronchial pressures and dimensions in health and obstructive airway disease. J. appl. Physiol. **18**, 699 (1963).
23. MATTHES, K., HERBERG, D.: Über den Aussagewert des Arbeitsversuches zur Erfassung von Diffusionsstörungen. Med. thorac. **19**, 171 (1962).

24. MÜRTZ, R.: Atmung. In: GROSSE-BROCKHOFF, F.: Pathologische Physiologie. 2. Aufl. Springer: Berlin-Heidelberg-New York 1969.
25. SAID, S. I., AVERY, M. E., DAVIS, R. K., BANERJEE, C. M., EL GOHARY, M.: Pulmonary surface activity in induced pulmonary edema. J. clin. Invest. 44, 458 (1965).
26. SCHÄFER, K. E.: Carbon dioxide effects. In: P. B. Bennett, D. H. Elliott: The physiology and medicine of diving. London: Ballière Tindall and Cassel 1969.
27. SCHERRER, M.: Störungen des Gasaustausches in der Lunge. Bern und Stuttgart: H. Huber 1961.
28. STRAUB, P. W., BÜHLMANN, A. A.: Hyperventilation und Blutvolumen. Schweiz. med. Wschr. 98, 1256 (1968).
29. ULMER, W. T., REICHEL, G.: Die Atemregulation bei chronisch-obstruktiven Ventilationsstörungen. Med. thorac. 24, 338 (1967).
30. — REIF, E., WELLER, W.: Die obstruktiven Atemwegserkrankungen. Pathophysiologie des Kreislaufes, der Ventilation und des Gasaustausches. Stuttgart: Thieme 1966.
31. VAN HEIJST, A. N. P., MAAS, A. H. J., VISSER, B. F.: L'équilibre acido-basique dans le sang et le liquide céphalo-rachidien dans l'hypercapnie chronique. Bull. physio-Path. Resp. 1965, 169.
32. WEIMANN, G.: Das Hyperventilationssyndrom. München-Berlin-Wien: Urban und Schwarzenberg 1968.
33. WIENER, F., HATZFELD, C., BRISCOE, W. A.: Limits to arterial nitrogen tension in unevenly ventilated and perfused human lungs. J. appl. Physiol. 23, 439 (1967).
34. ZBOROWSKA-SLUIS, T. D., DOSSETOR, J. B.: Hyperlactatemia of hyperventilation. J. appl. Physiol. 22, 746 (1967).

# III. Spezielle Pathophysiologie der Atmung

*A. Erkrankungen des Thoraxskeletes, der Pleura und der Lungen*

1. ANTHONISEN, N. R., BASS, H., HECKSCHER, T.: Xe[133] studies of patients after pneumonectomy. Scand. J. resp. Dis. 49, 81 (1968).
2. BANYAI, A. L., GORDON, B. L.: Advances in cardiopulmonary dieseases. Vol. III. Chicago: Year Book Med. Publ. 1966.
3. BASS, H., HENDERSON, J. A. M., HECKSCHER, T., ORIOL, A., ANTHONISEN, N. R.: Regional structure and function in bronchiectasis. A correlative study using bronchography and Xe[133]. Amer. Rev. resp. Dis. 97, 598 (1968).
4. BATES, D. V., GORDON, C. A., PAUL, G. I., PLACE, R. E. G., WOOLF, C. R.: Chronic bronchitis. Report on the third and fourth stages of the coordinated study of chronic bronchitis in the department of veterans affairs, Canada. Med. Serv. J. Canada 12, 5 (1966).
5. BAUMANN, P. C., UNSELD, H., BÜHLMANN, A. A., ROSSIER, P. H.: Die Lungenfunktion nach schweren Thoraxverletzungen. Praxis 57, 255 (1968).
6. BECKLAKE, M. R.: Pneumoconioses. In: Handbook of physiology. Respiration II, p. 1601, Washington, D.C.: Amer. Physiol. Soc. 1965.
7. BENTIVOGLIO, L. G., BEEREL, F., STEWART, P. B., BRYAN, A. C., BALL, W. C., Jr., BATES, D. V.: Studies of regional ventilation and perfusion in pulmonary emphysema using xenon[133]. Amer. Rev. resp. Dis. 88, 315 (1963).
8. BERGOFSKY, E. H., TURINO, G. M., FISHMAN, A. P.: Cardiorespiratory failure in kyphoscoliosis. Medicine 38, 263 (1959).
9. BIRATH, G., CARO, J., MALMBERG, R., SIMONSSON, B. G.: Airways obstruction in pulmonary tuberculosis. Scand. J. resp. Dis. 47, 27 (1966).
10. — MALMBERG, R., SIMONSSON, B. G.: Lung function after pneumonectomy in man. Clin. Sci. 29, 59 (1965).
11. BJURE, J., SÖDERHOLM, B., WIDIMSKY, J.: Cardiopulmonary function studies in workers dealing with asbestos and glasswool. Thorax 19, 22 (1964).
12. BOUSHY, S. F., BILLIG, D. M., KOHEN, R.: Changes in pulmonary function after bullectomy. Amer. J. Med. 47, 916 (1969).
13. BROMBERG, P. A., ROBIN, E. D.: Abnormalities of lung function in tuberculosis. Advanc. Tuberc. Res. 12, 1 (1963).

14. Bühlmann, A. A., Gierhake, W.: Die Lungenfunktion bei der jugendlichen Kyphoskoliose. Schweiz. med. Wschr. **90**, 1153 (1960).

15. — Schuppli, M.: Atemmechanische Untersuchungen bei Silikose. Dtsch. med. Wschr. **85**, 1745 (1960).

16. Burrows, B., Fletcher, C. M., Heard, B. E., Jones, N. L., Wootliff, J. S.: The emphysematous and bronchial types of chronic airways obstruction. A clinicopathological study of patients in London and Chicago. Lancet **1966 I**, 830.

17. Bütikofer, E., Rohner, R., Scherrer, M.: Farmerlunge in der Schweiz. Schweiz. med. Wschr. **99**, 793, 840 (1969).

18. Cherniack, R. M., Hodson, A.: Compliance of the chest wall in chronic bronchitis and emphysema. J. appl. Physiol. **18**, 707 (1963).

19. Colp, C. R., Sung Suh Park, Williams, M. H., Jr.: Pulmonary function studies in pneumonia. Amer. Rev. resp. Dis. **85**, 808 (1962).

20. Cudkowicz L., I. M. Madoff, W. H. Abelmann: Rheumatoid lung disease. A case report which includes respiratory function studies and a lung biopsy. Brit. J. Dis. Chest **1961 I**, 1.

21. De Coster, A., Denolin, H., Englert, M., Degré, S., Kornitzer, M., Dumont, A.: Répercussions ventilatoires et circulatoires de la pneumonectomie. Poumon et Cœur **21**, 781 (1965).

22. De Weck, A. L., Gutersohn, J., Bütikofer, E.: La maladie des laveurs de fromage („Käsewascherkrankheit"): une forme particulière du syndrome du poumon du fermier. Schweiz. med. Wschr. **99**, 872 (1969).

23. Doll, E., Keul, J., Reindell, H., Wurm, K., Markodimitrakis, H.: III. Beurteilung des Therapieerfolges von Corticoiden durch Messung des arteriellen Sauerstoffdruckes unter Belastung. Dtsch. Arch. klin. Med. **209**, 517 (1964).

24. — Reindell, H., Wurm, K., Ganz, R.: Der Sauerstofftransport in der Lunge bei der Lungensarcoidose (Morbus Boeck). I. Vergleichende atemphysiologische, klinische und röntgenologische Untersuchungen vor Therapie. Dtsch. Arch. klin. Med. **209**, 470 (1964).

25. Filley, G. F., Beckwitt, H. J., Reeves, J. T., Mitchell, R. S.: Chronic obstructive bronchopulmonary disease. II. Oxygen transport in two clinical types. Amer. J. Med. **44**, 26 (1968).

26. Gaensler, E. A.: Lung displacement: abdominal enlargement, pleural space disorders, deformities of the thoracic cage. In: Handbook of physiology — respiration II, p. 1623. Washington, D.C.: Amer. Physiol. Soc. 1965.

27. — Müller, B.: Aging of the lung after pneumonectomy. In: Cander: Aging of the lung, p. 322. New York: Grune and Stratton 1964.

28. Gattiker, H., Bühlmann, A.: Cardiopulmonary function and exercise tolerance in supine and sitting position in patients with pectus excavatum. Helv. med. Acta **33**, 122 (1966).

29. Goldring, R. M., Fishman, A. P., Turino, G. M., Cohen, H. I., Denning, C. R., Andersen, D. H.: Pulmonary hypertension and cor pulmonale in cystic fibrosis of the pancreas. J. Pediat. (St. Louis) **65**, 501 (1964).

30. Gucker, T.: III. Changes in vital capacity in scoliosis. Preliminary report on effects of treatment. J. Bone Jt. Surg. **44-A**, 469 (1962).

31. Hamm, J., Gaensler, E. A.: Wert der CO-Methoden zur Messung der Diffusionskapazität bei Lungenfibrosen. Verh. dtsch. Ges. inn. Med. **60**, 288 (1963).

32. Hany, A., Burckhardt, P., Bühlmann, A.: Zur Klinik und Pathophysiologie der Lungenasbestose. Schweiz. med. Wschr. **97**, 597 (1967).

33. Heckscher, T., Bass, H., Oriol, A., Rose, B., Anthonisen, N. R., Bates, D. V.: Regional lung function in patients with bronchial asthma. J. clin. Invest. **47**, 1063 (1968).

34. Helander, E., Lindell, S. E., Söderholm, B., Westling, H.: The pulmonary circulation and ventilation in bronchial asthma. Acta allerg. (Kbh.) **21**, 441 (1966).

35. Herzog, H.: Pathophysiologische Grundlagen und Indikationen zu operativen Eingriffen beim Lungenemphysem. Helv. chir. Acta **32**, 393 (1965).

36. Hoffman, L., Cohn, J. E., Gaensler, E. A.: Respiratory abnormalities in eosinophilic granuloma of the lung. Long-term study of five cases. New Engl. J. Med. **267**, 577 (1962).

37. Holmgren, A., Svanborg, N.: On the influence of body position on steady-state diffusing capacity during exercise, studied in patient with pulmonary sarcoidosis. Acta med. scand. 179, 703 (1966).
38. Jäger, L.: Funktionsdiagnostik und Pathophysiologie des Asthma bronchiale. Abhandlungen über die Pathophysiologie der Regulationen, H. 13. Jena: VEB Gustav Fischer 1968.
39. Julin, A., Wilhelmsen: Bronchial asthma and chronic bronchitis in a random population sample. Scand. J. Resp. 48, 330 (1967).
40. Keller, R., Herzog, H.: Erweiterte Funktionsdiagnostik obstruktiver Erkrankungen der Atemwege mit der Ganzkörperplethysmographie. Beitr. Klin. Tuberk. 139, 100 (1969).
41. King, T. K. C., Briscoe, W. A.: Blood gas exchange in emphysema: an example illustrating method of calculation. J. appl. Physiol. 23, 672 (1967).
42. Kirin, I., Saunier, C., Sadoul, P.: Hypoxie et pression partielle de $CO_2$ artérielle chez les ouvriers soumis a des risques pneumoconiotiques. Rev. méd. Nancy 87, 134 (1962).
43. Laurenzi, G. A., G. M. Turino, Fishman, A. P.: Bullous disease of the lung. Amer. J. Med. 32, 361 (1962).
44. Lourenço, R. V., Turino, G. M., Davidson, L. A. G., Fishman, A. P.: The regulation ventilation in diffuse pulmonary fibrosis. Amer. J. Med. 38, 199 (1965).
45. Macklem, P. T., Fraser, R. G., Brown, W. G.: The detection of the flow-limiting bronchi in bronchitis and emphysema by airway pressure measurements. Med. thorac. 22, 220 (1965).
46. Malmberg, R.: Gas exchange in pulmonary tuberculosis. I. Examination of 116 cases with extensive pleural-pulmonary disease. Scand. J. resp. Dis. 47, 262 (1967).
47. McDermott, M.: Lung airways resistance changes due to the inhalation of dusts and gases. In: Proceedings of the symposium on body plethysmography, Nijmegen, 17—18. Sept. 1968. Respiration 26, 242 (1969).
48. Mellins, R. B., Lord, G. P., Fishman, A. P.: Dynamic behavior of the lung in acute asthma. Med. thorac. 24, 81 (1967).
49. Mitchell, R. S., Vincent, T. N., Ryan, S., Filley, G. F.: Chronic obstructive bronchopulmonary disease. IV. The clinical and physiological differentiation of chronic bronchitis and emphysema. Amer. J. med. Sci. 247, 513 (1964).
50. Polgar, G., Denton, R.: Cystic fibrosis in adults. Studies of pulmonary function and some physical properties of bronchial mucus. Amer. Rev. resp. Dis. 85, 319 (1962).
51. Poppius, H.: Airway obstruction, distribution of inspired gas, and physiologic dead space in pulmonary tuberculosis. Ann. Acad. Scient. Fennicae Series A. V. Medica 1965, Helsinki.
52. Rankin, J., Kobayashi, M., Barbee, R. A., Dickie, H. A.: Agricultural dusts and diffuse pulmonary fibrosis. Arch. environm. Hlth. 10, 278 (1965).
53. Rees, H. A., Millar, J. S., Donald, K. W.: A study of the clinical course and arterial blood gas tensions of patients in status asthmaticus. Quart. J. Med. 37, 541 (1968).
54. Regli, J.: Asthma, chronische Bronchitis und Emphysem als Einzelfaktoren und als Trias. Bibl. tuberc. et med. thorac. 25, 1 (1969).
55. Reichel, G., Ulmer, W. T.: Störungen der Lungenfunktion bei Silikosen verschiedener Schwergrade und deren Abgrenzung von Funktionsstörungen beim obstruktiven Lungenemphysem. Wien. Z. inn. Med. 41, 262 (1960).
56. Rodewald, G., Harms, H.: Pathophysiologie und Spätschäden bei Thoraxverletzungen. Thoraxchirurgie 12, 93 (1964).
57. Sadoul, P., Durand, D., Aubriot, G.: Examens spirographiques au cours du cancer bronchique. J. Frçs. Méd. Chir. thorac. 14, 361 (1960).
58. Scherrer, M.: Zur Frage der Erfassung des Alveolarsepten- und Kapillarschwundes bei chronisch obstruktivem Lungenemphysem mit gasanalytischen Untersuchungsmethoden. Acta allerg. (Kbh.) 16, 416 (1961).
59. Schlie, G.: Extreme arterielle Hypoxämiezustände bei obstruktivem Lungenemphysem. Respiration 25, 173 (1968).
60. Schmidt, O.-P., Günther, W., Bottke, H.: Das bronchitische Syndrom, 2. Aufl. München: J. F. Lehmann 1967.
61. Simonsson, B. G.: Clinical and physiological studies on chronic bronchitis. I. Clinical description of the patient material. Acta allerg. (Kbh.) 20, 257 (1965).

62. SIMONSSON, B. G.: Clinical and physiological studies on chronic bronchitis. II. Classification according to spirometric findings and effect of bronchodilators. Acta allerg. (Kbh.) **20**, 301 (1965).
63. — Clinical and physiological studies on chronic bronchtiis. III. Bronchial reactivity to inhaled acetylcholine. Acta allerg. (Kbh.) **20**, 325 (1965).
64. — Clinical and physiological studies on chronic bronchitis. IV. Effect of isoprenaline aerosol on the "Alveolar nitrogen plateau". Acta allerg. (Kbh.) **20**, 349 (1965).
65. SWENSON, E. W., BIRATH, G., BERGH, N. P., BERGLUND, E.: Respiratory gas exchange in patients up to one year after pulmonary resection. Acta tuberc. pneumol. scand. **41**, 216 (1962).
66. TING, E. Y., WILLIAMS, M. H., Jr.: Mechanics of breathing in sarcoidosis of lung. J. Amer. med. Ass. **192**, 619 (1965).
67. TURINO, G. M., GOLDRING, R. M., FISHMAN, A. P.: Cor pulmonale in the musculoskeletal abnormalities of the thorax. Bull. N.Y. Acad. Med. **41**, 959 (1965).
68. UEHLINGER, A., FUCHS, W. A., BÜHLMANN, A. A., UEHLINGER, E.: Über Lungenfibrosen. Klinik, Radiologie, Pathophysiologie und pathologische Anatomie. Dtsch. med. Wschr. **85**, 1829 (1960).
69. WASSNER, U. J.: Funktionelle Spätfolgen nach Lungenresektionen. Langenbecks Arch. dtsch. Z. Chir. **295**, 732 (1960).
70. WILLIAMS, M. H., Jr., SERIFF, N. S., AKYOL, T., YOO, OK HI: The diffusing capacity of the lung in acute pulmonary tuberculosis. Amer. Rev. resp. Dis. **84**, 814 (1961).
71. WILLIAMS, R., HUGH-JONES, P.: The significance of lung function changes in asbestosis. Thorax **15**, 109 (1960).
72. YOUNG, W. A., SHAW, D. B., BATES, D. V.: Effects of low concentrations of ozone on pulmonary function in man. J. appl. Physiol. **19**, 765 (1964).

*B. Herz- und Gefäßerkrankungen*

1. ANTHONISEN, N. R., SMITH, H. J.: Respiratory acidosis as a consequence of pulmonary edema. Ann. intern. Med. **62**, 991 (1965).
2. BJURE, J., PAULIN, S., SÖDERHOLM, B., WILHELMSEN, L.: Pulmonary gas exchange and hemodynamics in patients with recurrent pulmonary embolism and polycythemia vera. Cor Vasa **9**, 34 (1967).
3. BLACKMON, J. R., ROWELL, L B., KENNEDY, J. W., TWISS, R. D., CONN, R. D.: Physiological significance of maximal oxygen intake in "pure" mitral stenosis. Circulation **36**, 497 (1967).
4. BÜHLMANN, A. A., GATTIKER, H.: Herzzeitvolumen, Schlagvolumen und physische Arbeitskapazität. Schweiz. med. Wschr. **94**, 443 (1964).
5. CRAWFORD, D. W., SIMPSON, E., MCILROY, M. B.: Cardiopulmonary function in Fallots tetralogy after palliative shunting operations. Amer. Heart J. **74**, 463 (1967).
6. DOLLERY, C. T., WEST, J. B., WILCKEN, D. E. L., GOODWIN, J. F., HUGH-JONES, P.: Regional pulmonary blood flow in patients with circulatory shunts. Brit. Heart J. **23**, 225 (1961).
7. — — —HUGH-JONES, P.: A comparison of the pulmonary blood flow between left and right lungs in normal subjects and patients with congential heart disease. Circulation **24**, 617 (1961).
8. FABEL, H., HAMM, J., WILKE, K. H.: Die Mechanik der Atmung bei Mitralstenosen. Dtsch. Arch. klin. Med. **209**, 577 (1964).
9. GURTNER, H. P., GERTSCH, M., SALZMANN, G., SCHERRER, M., STUCKI, P., WYSS, F.: Häufen sich die primär vaskulären Formen des chronischen Cor pulmonale? Schweiz. med. Wschr. **98**, 1579, 1695 (1968).
10. HAMM, J., SCHÖLMERICH, P.: Über Lungenschwellung und Lungenstarrheit: Atemmechanische Untersuchungen an 100 Mitralstenosen. Klin. Wschr. **42**, 1108 (1964).
11. HERZOG, H.: Störungen der Respirationsorgane als Ursache der pulmonalen Hypertension. Thoraxchirurgie **14**, 500 (1966).
12. JULIAN, D. G., TRAVIS, D. M., ROBIN, E. D., CRUMP, C. H.: Effect of pulmonary artery occlusion upon end-tital $CO_2$ tension. J. appl. Physiol. **15**, 87 (1960).
13. KAFER, E. R.: Respiratory function in pulmonary thrombembolic disease. Amer. J. Med. **47**, 904 (1969).

14. LANDRIGAN, P. L., PURKIS, I. E., ROY, D. E., CUDKOWICZ, L.: Cardio-respiratory studies in a patient with an absent left pulmonary artery. Thorax **18**, 77 (1963).
15. LICHTLEN, P., BÜHLMANN, A. A.: Hämodynamische und ergometrische Untersuchungen nach Mitralcommissurotomie. Schweiz. med. Wschr. **97**, 429 (1967).
16. MOCETTI, T., BÜHLMANN, A. A.: Die Lungenfunktion bei multipler Lungengefäß-obstruktion. Respiration **26**, 24 (1969).
17. NAGER, F., BÜHLMANN, A. A.: Therapie und Prognose des chronischen Cor pulmonale. Schweiz. med. Wschr. **100**, 135 (1970).
18. RAINE, J., BISHOP, J. M.: The distribution of alveolar ventilation in mitral stenosis at rest and after exercise. Clin. Sci. **24**, 63 (1963).
19. ROSSIER, P. H., BÜHLMANN, A. A.: Cor pulmonale. Respiratorischer Teil. Verh. dtsch. Ges. inn. Med. **72**, 491 (1966).
20. SÖDERHOLM, B., WERKÖ, L, WIDIMSKY, J.: The effect of acetylcholine on pulmonary circulation and gas exchange in gases of mitral stenosis. Acta med. scand. **172**, 95 (1962).
21. UEHLINGER, A., AMGWERD, R., BEELER, E., RUTISHAUSER, W., TSAKIRIS, A., UEHLINGER, E.: Multiple kleine arteriovenöse Lungenaneurysmen. Teleangiectasia multiplex miliaris pulmonum. Thoraxchirurgie **11**, 7 (1963).
22. WILHELMSEN, L.: Lung mechanics in rheumatic valvular disease. Acta med. scand. Suppl. **480**, 1 (1968).

## C. Die Atmung bei extra-thorakalen Erkrankungen

1. BARRERA, F., REIDENBERG, M. M., WINTERS, W. L.: Pulmonary function in the obese patient. Amer. J. med. Sci. **254**, 785 (1967).
2. BARTELHEIMER, E. W., SCHÜRMEYER, E.: Zur Pathogenese des Pickwickian-Syndroms. Med. Welt **1967**, 2947.
3. BARTLETT, D., Jr., TENNEY, S. M.: Tissue gas tensions in experimental anemia. J. appl. Physiol. **18**, 734 (1963).
4. BÜHLMANN, A. A., SCHEITLIN, W., ROSSIER, P. H.: Die Beziehungen zwischen Blut und Liquor cerebrospinalis bei Störungen des Säure-Basen-Gleichgewichtes. Schweiz. med. Wschr. **93**, 427 (1963).
5. CALDWELL, P. R. B., FRITTS, H. W., Jr., COURNAND, A.: Oxyhemoglobin dissociation curve in liver disease. J. appl. Physiol. **20**, 316 (1965).
6. COHEN, N., MENDELOW, H.: Concurrent "active juvenile cirrhosis" and "primary pulmonary hypertension". Amer. J. Med. **39**, 127 (1965).
7. DEMPSEY, J. A., REDDAN, W., BALKE, B., RANKIN, J.: Work capacity determinants and physiologic cost of weight-supported work in obesity. J. appl. Physiol. **21**, 1815 (1966).
8. — — RANKIN, J., BALKE, B.: Alveolar-arterial gas exchange during muscular work in obesity. J. appl. Physiol. **21**, 1807 (1966).
9. FABEL, H., HAMM, J.: Atemmechanik und arterielle Blutgase bei Fettsucht. Beitr. Klin. Tuberk. **135**, 298 (1967).
10. FIELD, M., BLOCK, J. B., LEVIN, R., RALL, D. P.: Significance of blood lactate elevations among patients with acute leukemia and other neoplastic proliferative disorders. Amer. J. Med. **40**, 528 (1966).
11. FRICK, P. G., SCHMID, J. R., KISTLER, H. J., HITZIG, W. H.: Hyponatremia associated with hyperproteinemia in multiple myeloma. Helv. med. Acta **33**, 317 (1966).
12. FRICK, P. G., SENNING, Å.: Behandlung schwerer metabolischer Alkalosen mit parenteraler $^1/_{10}$—$^1/_5$ n-Salzsäure. Dtsch. med. Wschr. **88**, 1924 (1963).
13. FROESCH, E. R., BÜHLMANN, A. A., ROSSIER, P. H.: Das Coma diabeticum in heutiger Sicht. Verh. dtsch. Ges. inn. Med. **72**, 199 (1966).
14. GEISLER, L., HERBERG, D.: Untersuchungen über den Einfluß einiger häufig verwendeter Pharmaka auf die Erregbarkeit des Atemzentrums beim Menschen. Therapiewoche **17**, 1941 (1967).
15. — — SCHLIERF, G.: Primäre alveoläre Hypoventilation. Dtsch. med. Wschr. **92**, 2056 (1967).
16. — — SCHÖNTHAL, H.: $CO_2$-Antwortkurven bei Patienten mit Pickwick-Syndrom. Verh. dtsch. Ges. inn. Med. **73**, 864 (1967).

17. HADORN, W., SCHERRER, M.: Essentielle alveoläre Hypoventilation mit Cor pulmonale. Schweiz. med. Wschr. **89**, 647 (1959).

18. HUNZIKER, A., FRICK, P., REGLI, F., ROSSIER, P. H.: Zentralbedingte chronische alveoläre Hypoventilation bei Malazien in der Medulla oblongata. Dtsch. med. Wschr. **89**, 676 (1964).

19. KARETZKY, M. S., and J. C. MITHOEFER: The cause of hyperventilation and arterial hypoxia in patients with cirrhosis of the liver. J. med. Sci. **254**, 797 (1967).

20. LAMB, T. W.: Tissue gas tensions during methemoglobinemia. J. appl. Physiol. **21**, 858 (1966).

21. LAMBERTSEN, C. J.: Drugs and respiration Ann. Rev. Pharmacol. **6**, 327 (1966).

22. — WENDEL, H., LONGENHAGEN, J. B.: The separate and combined respiratory effects of chlorpromazine and meperidine in normal men controlled at 46 mm Hg alveolar $P_{CO_2}$. J. Pharmacol. exp. Therap. **131**, 381 (1961).

23. LERCHE, D.: Atemregulation bei Barbituratvergiftung und bei Cor pulmonale. Z. ges. exp. Med. **146**, 147 (1968).

24. LERTZMAN, M., FROME, B. M., ISRAELS, L. G., CHERNIACK, R. M.: Hypoxia in polycythemia vera. Ann. intern. Med. **60**, 409 (1964).

25. LOURENÇO, R. V.: Diaphragm acitivity in obesity. J. clin. Invest. **48**, 1609 (1969).

26. MANNHART, M., KOSTYAL, A., BAUMANN, H. R., HERZOG, H.: Central alveolar hypoventilation during exertion with normal arterial blood gas tension at rest. Helv. med. Acta **33**, 479 (1966).

27. MASPOLI, M.: Le Valium®, son action sur la respiration. Schweiz. med. Wschr. **97**, 320 (1967).

28. NAIMARK, A., CHERNIACK, R. M.: Compliance of the respiratory system and its components in health and obesity. J. appl. Physiol. **15**, 377 (1960).

29. PFEFFER, S. H., DESFORGES, G., GAENSLER, E. A.: Pulmonary hemosiderosis and glomerular kidney disease: Goodpasture's syndrome. Med. thorac. **22**, 470 (1965).

30. RHOADS, G. G., BRODY, J. S.: Idiopathic alveolar hypoventilation: Clinical spectrum. Ann. intern. Med. **71**, 271 (1969).

31. RODMAN, TH., RESNICK, M. E., BERKOWITZ, R. D., FENNELLY, J. F., OLIVIA, J.: Alveolar hypoventilation due to involvement of the respiratory center by obscure disease of the central nervous system. Amer. J. Med. **32**, 208 (1962).

32. ROSSIER, P. H., REUTTER, F., FRICK, P.: Das hyperosmolare nicht azidotische Koma bei Diabetes mellitus. Dtsch. med. Wschr. **86**, 2145 (1961).

33. SCHWAB, M.: Das Säure-Basen-Gleichgewicht im arteriellen Blut und Liquor cerebrospinalis bei chronischer Niereninsuffizienz. Klin. Wschr. **40**, 765 (1962).

34. VALTIN, H., TENNEY, S. M.: Respiratory adaptation to hyperthyroidism. J. appl. Physiol. **15**, 1107 (1960).

35. WILLIAMS, M. H., Jr.: Hypoxemia due to venous admixture in cirrhosis of the liver. J. appl. Physiol. **15**, 253 (1960).

36. WILSON, W. R., BEDELL, G. N.: The pulmonary abnormalities in myxedema. J. clin. Invest. **39**, 42 (1960).

37. WOOD, J. A., LANGER, G. A., FISHMAN, A. P.: Pulmonary hypertension associated with cirrhosis of the liver and with portocaval shunts. Circulation **37**, 88, (1968).

### D. Respiratorische Notfallsituationen

1. ALBERS, C.: Die ventilatorische Kontrolle des Säure-Basen-Gleichgewichts in Hypothermie. Anaesthesist **11**, 43 (1962).

2. BLAUENSTEIN, U. W.: Über den Einfluß mäßiger Hypothermie auf die Säure-Basen- und Elektrolytverhältnisse im Liquor cerebrospinalis und arteriellen Blut. Anaesthesist **14**, 361 (1965).

3. BRADLEY, R. D., SPENCER, G. T., SEMPLE, S. J. G.: Tracheostomy and artificial ventilation in the treatment of acute exacerbations of chronic lung disease. A study in twenty-nine patients. Lancet **1964 I**, 854 (1964).

4. BÜHLMANN, A. A.: Theoretische Grundlagen der respiratorischen Reanimation. Helv. med. Acta **27**, 548 (1960).

5. Bühlmann, A. A., Gattiker, H., Hossli, G.: Die Behandlung des Lungenödems mit Überdruckbeatmung. Experimentelle Untersuchungen bei chronischer Lungenstauung. Schweiz. med. Wschr. **94**, 1547 (1964).
6. — Wyler, M.: Pathophysiologie der Langzeitbeatmung. In: Anaesthesiologie und Wiederbelebung, Bd. 27. Berlin-Heidelberg-New York: Springer 1968.
7. Dottori, O., Malmberg, R., Berglund, E., Bergh, N. P.: Treatment of ventilatory insufficiency with three types of respirators. Acta anaesth. scand. **8**, 233 (1964).
8. Hardaway, R. M., James, P. M., Jr., Anderson, R. W., Bredenberg, C. E., West, R. L.: Intensive study and treatment of shock in man. (Schocklunge). J. Amer. med. Ass. **199**, 779 (1967).
9. Hyde, R. W., Rawson, A. J.: Unintentional iatrogenic oxygen pneumonitis response to therapy. Ann. intern. Med. **71**, 517 (1969).
10. Scaparelli, E. M.: Respiratory distress syndrome of the newborn. Ann. Rev. Med. **19**, 153 (1968).
11. Severinghaus, J. W., Larson, C. P., Jr.: Respiration in anesthesia. In: Handbook of physiology — Respiration II, p. 1219. Washington, D.C.: Amer. Physiolog. Soc. 1965.

### *E. Lungenfunktion und Operabilität*

1. Lebram, C., Bühlmann, A. A.: Zur Letalität und Häufigkeit schwerer respiratorischer Störungen nach thoraxchirurgischen Eingriffen bei eingeschränkter Lungenfunktion. Schweiz. med. Wschr. **98**, 444 (1967).

### *F. Lungenfunktion und Invalidität*

1. Bühlmann, A. A.: Ergometrie. In: Hertz, C. W.: Begutachtung von Lungenfunktionsstörungen, S. 154. Stuttgart: Thieme 1968.
2. — Gasaustausch bei schwerster körperlicher Arbeit. In: Physiologie und Pathologie des Gasaustausches in der Lunge. Bad Oeynhausener Gespräche IV. Berlin-Göttingen-Heidelberg: Springer 1961.
3. — Gattiker, H.: Herzzeitvolumen, Schlagvolumen und physische Arbeitskapazität. Schweiz. med. Wschr. **94**, 443 (1964).
4. — Scherrer, M., Herzog, H.: Vorschläge zur einheitlichen Beurteilung der Arbeitsfähigkeit durch die Lungenfunktionsprüfung. Schweiz. med. Wschr. **91**, 105 (1961).
5. Fruhmann, G.: Zur quantitativen Feststellung der Lungenfunktion für klinische und gutachterliche Fragestellungen. Z. ges. exp. Med. **138**, 1 (1964).
6. Herzog, H., Keller, R.: Möglichkeiten des Rückschlusses von einer einmaligen Untersuchung auf den funktionellen Dauerzustand des Atmungsorgans. In: Begutachtung von Lungenfunktionsstörungen, S. 163. Stuttgart: Thieme 1968.

## IV. Tabellen

1. Alexander, J. K., Hartley, L. H., Modelski, M., Grover, R. F.: Reduction of stroke volume during exercise in man following ascent to 3100 m altitude. J. appl. Physiol. **23**, 849 (1967).
2. Amrein, R., Keller, R., Joos, H., Herzog, H.: Neue Normalwerte für die Lungenfunktionsprüfung mit der Ganzkörperplethysmographie. Dtsch. med. Wschr. **94**, 1785 (1969).
3. Bachofen, H.: Die mechanischen Eigenschaften der Lunge. Bern-Stuttgart: Huber 1969.
4. Bühlmann, A. A.: Klinische Funktionsprüfung des Herzens. Schweiz. med. Wschr. **95**, 1327 (1965).
5. Englert, M.: Le réseau capillaire pulmonaire chez l'homme. Paris: Masson & Ci. 1967.
6. Kory, R. C.: Compartments of lung volume and their physiologic significance. In: Advances in cardiopulmonary diseases by A. L. Banyai and B. L. Gordon. Vol. III, p. 13. Chicago: Yeark Book Medical Publ. Inc. 1966.
7. Miller, W. F., Johnson, R. L., Jr., Wu, Nancy: Relationships between fast vital capacity and various timed expiratory capacities. J. appl. Physiol. **14**, 157 (1959).
8. Weibel, E. R.: Morphometry of the human lung. Berlin-Göttingen-Heidelberg: Springer 1963.
9. Zehnder, H.: Untersuchungen der Lungenfunktion bei Gesunden. Helv. med. Acta **27**, 245 (1960).

# Sachregister

Die *kursiven* Seitenzahlen weisen auf ausführliche Besprechungen im Text hin